普通高校本科计算机专业特色教材精选·网络与通信

计算机网络实践与习题指导

崔贯勋　刘亚辉　主　编

倪　伟　何　波　副主编

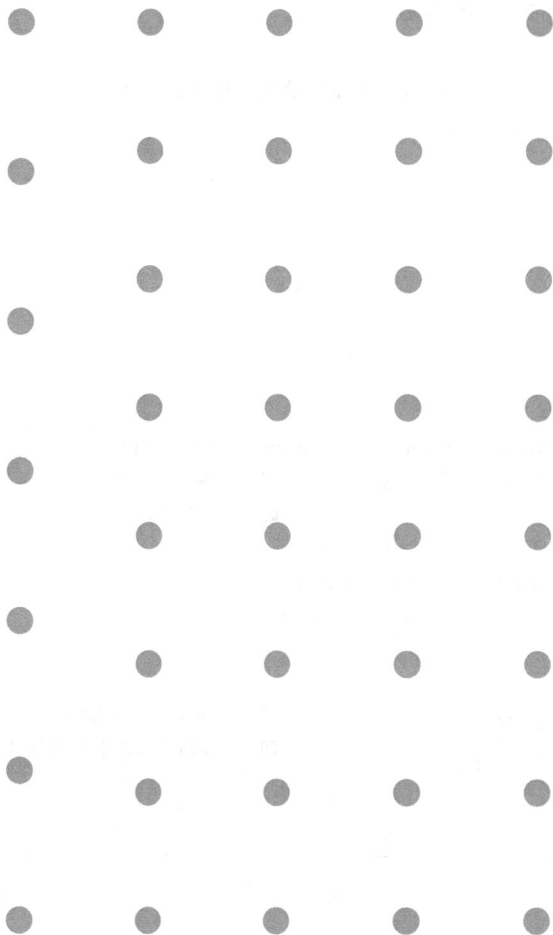

清华大学出版社

北京

内 容 简 介

本书分为 9 章,前 7 章是实验部分,为网络基础、交换技术、路由技术、网络安全技术、无线局域网、IPv6 和网络故障排除等主题设计了 39 个实验项目;第 8 章是课程设计部分,讲述计算机网络课程设计的目的、流程及任务要求,分网络管理与维护、网络工具开发、网络应用程序开发、网络规划与设计和网络安全算法实现 5 个主题设计了 87 个参考题目;第 9 章是习题解答,通过 11 套综合试题,加深学生对网络的基本概念、基本原理及基本技术的理解及运用,并供学生进行练习,以检验对课程的学习效果。

作为计算机网络课程的学习辅助配套教材,本书既有大量的习题精解,又有由浅入深的实验指导,还有培养学生综合动手实践能力的课程设计内容。书中实验项目丰富,内容全面,结构合理,系统性强,知识点突出,解析深入浅出。每个实验项目都具有较强的针对性和实用性,叙述和分析透彻,包括实验背景、网络拓扑结构、实验目的和要求、配置步骤等,具有可读性、可操作性和实用性强的特点,特别适合于课堂教学。本书适合用作各大专院校相关专业的"计算机网络"课程教学、实验参考书,也可以用作网络管理和维护人员的工具用书。

图书在版编目(CIP)数据

计算机网络实践与习题指导/崔贯勋,刘亚辉主编. --北京: 清华大学出版社,2015(2019.8重印)
普通高校本科计算机专业特色教材精选·网络与通信
ISBN 978-7-302-40760-7

Ⅰ. ①计… Ⅱ. ①崔… ②刘… Ⅲ. ①计算机网络—高等学校—教学参考资料 Ⅳ. ①TP393

中国版本图书馆 CIP 数据核字(2015)第 161820 号

责任编辑:张 玥 赵晓宁
封面设计:常雪影
责任校对:时翠兰
责任印制:杨 艳

出版发行:清华大学出版社
    网   址:http://www.tup.com.cn,http://www.wqbook.com
    地   址:北京清华大学学研大厦 A 座   邮 编:100084
    社 总 机:010-62770175   邮 购:010-62786544
    投稿与读者服务:010-62776969,c-service@tup.tsinghua.edu.cn
    质 量 反 馈:010-62772015,zhiliang@tup.tsinghua.edu.cn
    课 件 下 载:http://www.tup.com.cn,010-62795954
印 装 者:北京建宏印刷有限公司
经 销:全国新华书店
开 本:185mm×260mm   印 张:20   字 数:461 千字
版 次:2015 年 9 月第 1 版   印 次:2019 年 8 月第 2 次印刷
印 数:2001~2300
定 价:44.50 元

产品编号:064205-01

前言

PREFACE

"计算机网络"是高等学校计算机科学与技术学科下属各专业的专业基础课程,讲授计算机网络的基本原理,其地位相当重要。本书作为计算机网络课程的实验与习题指导教材,旨在通过逐步实验引导,帮助学生深入理解课堂讲授内容,掌握计算机网络的基本原理与网络上数据传输的过程,加深学生对计算机网络理论知识的理解,并提高学生的动手实践能力,通过习题可以帮助学生巩固所学的理论知识。

《计算机网络实践与习题指导》共 9 章,覆盖了网络基础、交换技术、路由技术、网络安全技术、无线局域网、IPv6 和网络故障排除等主题内容,并为网络管理与维护、网络工具开发、网络应用程序开发、网络规划与设计和网络安全算法实现这 5 个主题设计了 87 个综合课程设计题目供学生选择。为了便于学生加深对网络知识的理解,设计了 11 套综合测试题供学生练习测试。本书内容丰富,实例众多,针对性强,叙述和分析透彻,具有可读性、可操作性和实用性强的特点。第 1 章是网络基础实验,介绍常用的网络命令和双绞线的制作等;第 2 章介绍交换机技术;第 3 章介绍路由技术;第 4 章介绍网络安全技术;第 5 章介绍无线局域网技术;第 6 章介绍 IPv6 技术;第 7 章介绍网络故障检测与排除技术;第 8 章介绍网络综合课程设计内容,全面系统地运用相关网络技术解决实际问题;第 9 章是综合测试题。《计算机网络实践与习题指导》图文并茂,结构合理,既适合作为计算机相关专业本专科教材,也可供网络工程技术人员参考。

本书的编写由重庆理工大学的崔贯勋负责组织安排,崔贯勋与重庆理工大学的刘亚辉、倪伟、何波、罗娅和罗颂共同完成本书内容的编写。倪伟编写第 1 章,崔贯勋编写第 2～第 7 章,罗颂和崔贯勋编写第 8 章,何波、罗娅和罗颂编写第 9 章。书中的实验平台为 H3C 研发、生产的交换、路由与无线设备。在本书的编写过程中,除了参考仪器设备配套的技术资料并得到该公司相关人员的大力帮助与支持外,还参考了一些其他文献资料,这些文献在书后参考文献中一一列出,在此一并深表感谢(如果有作者发现自己的文献被引用但没有列出,在此深表歉意并请与作者联系)。

由于编者水平有限,加上计算机网络的飞速发展,新的理念和技术层出不穷,在本书中难免会存在一些问题或不足之处,恳请广大读者批评指正。

编　者

2015 年 6 月

目 录

CONTENTS

第 1 章　计算机网络基础实验 ················· 1

　　实验 1.1　常见网络命令的应用 ················· 1

　　实验 1.2　双绞线的制作 ················· 7

第 2 章　交换技术实验 ················· 11

　　实验 2.1　交换机基础配置实验 ················· 11

　　实验 2.2　MAC 地址与端口绑定实验 ················· 16

　　实验 2.3　端口配置实验 ················· 19

　　实验 2.4　VLAN 基础配置实验 ················· 22

　　实验 2.5　VLAN 的设计与应用实验 ················· 27

　　实验 2.6　VLAN 间路由实验 ················· 31

　　实验 2.7　链路带宽聚合实验 ················· 34

　　实验 2.8　镜像实验 ················· 36

　　实验 2.9　STP 配置实验 ················· 41

　　实验 2.10　交换设备的 DHCP 配置实验 ················· 45

第 3 章　路由技术实验 ················· 49

　　实验 3.1　路由器配置基础实验 ················· 49

　　实验 3.2　路由器维护技术实验 ················· 55

　　实验 3.3　系统管理实验 ················· 59

　　实验 3.4　链路层协议实验 ················· 66

　　实验 3.5　网络协议实验 ················· 73

　　实验 3.6　路由协议实验 ················· 75

　　实验 3.7　组播协议实验 ················· 80

　　实验 3.8　QOS 实验 ················· 84

　　实验 3.9　网络可靠性实验 ……………………………………………………… 93

　　实验 3.10　路由综合实验 ……………………………………………………… 99

第 4 章　网络安全技术实验 …………………………………………………… 103

　　实验 4.1　访问控制列表实验 ………………………………………………… 103

　　实验 4.2　网络地址转换实验 ………………………………………………… 106

　　实验 4.3　GRE 配置实验 …………………………………………………… 112

　　实验 4.4　IPSec 配置实验 …………………………………………………… 115

　　实验 4.5　MPLS 配置实验 …………………………………………………… 120

　　实验 4.6　网络攻击检测与防范实验 ………………………………………… 129

第 5 章　无线局域网技术实验 ………………………………………………… 135

　　实验 5.1　简单的 FAT AP 无线局域网实验 ………………………………… 135

　　实验 5.2　安全可靠的 FAT AP 无线局域网实验 …………………………… 138

　　实验 5.3　简单的 AC＋FIT AP 无线局域网实验 …………………………… 149

　　实验 5.4　安全可靠的 AC＋FIT AP 无线局域网实验 ……………………… 155

第 6 章　IPv6 实验 ……………………………………………………………… 165

　　实验 6.1　IPv6 基础实验 …………………………………………………… 165

　　实验 6.2　IPv6 部署实验 …………………………………………………… 170

第 7 章　网络故障排除实验 …………………………………………………… 183

　　实验 7.1　物理层及以太网故障排除 ………………………………………… 183

　　实验 7.2　数据链路层故障排除 ……………………………………………… 187

　　实验 7.3　网络层故障排除 …………………………………………………… 195

　　实验 7.4　安全 VPN 故障排除 ……………………………………………… 201

　　实验 7.5　无线网络故障排除 ………………………………………………… 211

第 8 章　计算机网络课程设计 ………………………………………………… 225

　　8.1　课程设计纲要 …………………………………………………………… 225

　　8.2　课程设计参考题目 ……………………………………………………… 227

第 9 章　计算机网络习题 ……………………………………………………… 257

　　9.1　综合测试题一 …………………………………………………………… 257

　　9.2　综合测试题二 …………………………………………………………… 261

　　9.3　综合测试题三 …………………………………………………………… 264

　　9.4　综合测试题四 …………………………………………………………… 269

　　9.5　综合测试题五 …………………………………………………………… 274

9.6　综合测试题六 …………………………………………………… 279

9.7　综合测试题七 …………………………………………………… 283

9.8　综合测试题八 …………………………………………………… 286

9.9　综合测试题九 …………………………………………………… 290

9.10　综合测试题十 ………………………………………………… 293

9.11　综合测试题十一 ……………………………………………… 295

参考文献…………………………………………………………… **311**

第 **1** 章 计算机网络基础实验

CHAPTER

本章主要是介绍计算机网络技术基础实验,包括 Windows 常见网络命令的使用、双绞线的制作等内容。通过本章实验,读者能够掌握双绞线的制作方法和 Windows 常用的网络管理命令的使用方法,当网络出现故障时能够找出故障原因并加以解决。

实验 1.1 常见网络命令的应用

【实验背景】

随着网络的快速发展,网络对人们的工作和生活的影响越来越大,然而在网络的使用过程中经常会出现各种各样的故障导致网络无法正常使用,有时甚至造成工作无法正常开展,因此,掌握网络常见的故障检测与诊断技术以解决常见的网络问题很有必要。

【实验目的】

(1) 熟悉常用网络命令的使用方法。
(2) 当网络发生故障时能够进行检测并修复。

【实验内容】

常见的网络管理命令的使用。

【实验设备】

接入网络的计算机一台。

【实验步骤】

1. Arp

Arp 命令显示和修改"地址解析协议(ARP)"所使用的到以太网的 IP 或令牌环物理地址翻译表。该命令只有在安装了 TCP/IP 协议之后才可用。

```
arp - a [inet_addr] [-N [if_addr]
arp - d inet_addr [if_addr]
arp - s inet_addr ether_addr [if_addr]
```

参数：

- -a：通过询问 TCP/IP 显示当前 ARP 项。如果指定了 inet_addr，则只显示指定计算机的 IP 和物理地址。
- -g：与-a 相同。
- inet_addr：以加点的十进制标记指定 IP 地址。
- -N：显示由 if_addr 指定的网络界面 ARP 项。
- if_addr：指定需要修改其地址转换表接口的 IP 地址（如果有的话）。如果不存在，将使用第一个可适用的接口。
- -d：删除由 inet_addr 指定的项。
- -s：在 ARP 缓存中添加项，将 IP 地址 inet_addr 和物理地址 ether_addr 关联。物理地址由以连字符分隔的 6 个十六进制字节给定。使用带点的十进制标记指定 IP 地址。项是永久性的，即在超时到期后项自动从缓存删除。
- ether_addr：指定物理地址。

2. Finger

在运行 Finger 服务的指定系统上显示有关用户的信息。根据远程系统输出不同的变量。该命令只有在安装了 TCP/IP 协议之后才可用。

```
finger [-l] [user]@computer[...]
```

参数：

- -l：以长列表格式显示信息。
- user：指定要获得相关信息的用户。省略用户参数以显示指定计算机上所有用户的信息。
- @computer：指定远程主机上所有登录进入的用户。

3. Ftp

将文件传送到正在运行 FTP 服务的远程计算机或从正在运行 FTP 服务的远程计算机传送文件（有时称为 daemon）。Ftp 可以交互使用。单击"相关主题"列表中的"ftp 命令"以获得可用的 ftp 子命令描述。该命令只有在安装了 TCP/IP 协议之后才可用。Ftp 是一种服务，一旦启动，将创建在其中可以使用 ftp 命令的子环境，通过输入 quit 子命令可以从子环境返回到 Windows 命令提示符。当 ftp 子环境运行时，它由 ftp 命令提示符代表。

```
ftp [-v] [-n] [-i] [-d] [-g] [-s:filename] [-a] [-w:windowsize] [computer]
```

参数：

- -v：禁止显示远程服务器响应。
- -n：禁止自动登录到初始连接。

- -i：多个文件传送时关闭交互提示。
- -d：启用调试，显示在客户端和服务器之间传递的所有 ftp 命令。
- -g：禁用文件名组，它允许在本地文件和路径名中使用通配符字符（＊和?）（请参阅联机"命令参考"中的 glob 命令）。
- -s:filename：指定包含 ftp 命令的文本文件。当 ftp 启动后，这些命令将自动运行。该参数中不允许有空格。使用该开关而不是重定向（＞）。
- -a：在捆绑数据连接时使用任何本地接口。
- -w:windowsize：替代默认大小为 4096 的传送缓冲区。
- computer：指定要连接到远程计算机的计算机名或 IP 地址。如果指定，计算机必须是行的最后一个参数。

4. Ipconfig

该命令用于显示所有当前的 TCP/IP 网络配置值、刷新动态主机配置协议（DHCP）和域名系统（DNS）设置。使用不带参数的 IPCONFIG 可以显示所有适配器的 IP 地址、子网掩码、默认网关。

```
ipconfig [/all] [/renew [adapter] [/release [adapter] [/flushdns]
[/displaydns] [/registerdns] [/showclassid adapter] [/setclassid adapter
[classID]
```

/all 显示所有适配器的完整 TCP/IP 配置信息。在没有该参数的情况下，IPCONFIG 只显示 IP 地址、子网掩码和各个适配器的默认网关值。适配器可以代表物理接口（例如安装的网络适配器）或逻辑接口（例如拨号连接）。

参数：

- renew［adapter］：更新所有适配器（如果未指定适配器），或者特定适配器（如果包含了 adapter 参数）的 DHCP 配置。该参数仅在具有配置为自动获取 IP 地址的网卡的计算机上可用。要指定适配器名称，需要输入使用不带参数的 IPCONFIG 命令显示的适配器名称。
- release［adapter］：发送 DHCPRELEASE 消息到 DHCP 服务器，以释放所有适配器（如果未指定适配器）或特定适配器（如果包含了 adapter 参数）的当前 DHCP 配置并丢弃 IP 地址配置。该参数可以禁用配置为自动获取 IP 地址的适配器的 TCP/IP。要指定适配器名称，需要输入使用不带参数的 IPCONFIG 命令显示的适配器名称。
- flushdns：清理并重设 DNS 客户解析器缓存的内容。如有必要，在 DNS 疑难解答期间可以使用本过程从缓存中丢弃否定性缓存记录和任何其他动态添加的记录。
- displaydns：显示 DNS 客户解析器缓存的内容，包括从本地主机文件预装载的记录及由计算机解析的名称查询而最近获得的任何资源记录。DNS 客户服务在查询配置的 DNS 服务器之前使用这些信息快速解析被频繁查询的名称。
- registerdns：初始化计算机上配置的 DNS 名称和 IP 地址的手工动态注册。可以使用该参数对失败的 DNS 名称注册进行疑难解答或解决客户和 DNS 服务器之间的动态更新问题,而不必重新启动客户计算机。TCP/IP 协议高级属性中的 DNS 设置可以确定 DNS 中注册了哪些名称。

- showclassid adapter:显示指定适配器的 DHCP 类别 ID。要查看所有适配器的 DHCP 类别 ID,可以使用星号(*)通配符代替 adapter。该参数仅在具有配置为自动获取 IP 地址的网卡的计算机上可用。
- setclassid adapter [classID]:配置特定适配器的 DHCP 类别 ID。要设置所有适配器的 DHCP 类别 ID,可以使用星号(*)通配符代替 adapter。该参数仅在具有配置为自动获取 IP 地址的网卡的计算机上可用。如果未指定 DHCP 类别的 ID,则会删除当前类别的 ID。

注意:IPCONFIG 等价于 WINIPCFG,后者在 Windows 上可用。尽管 Windows XP 没有提供像 WINIPCFG 命令一样的图形化界面,但可以使用"网络连接"查看和更新 IP 地址。要做到这一点,需要打开网络连接,右键单击某一网络连接,从弹出的快捷菜单中选择"状态"命令,然后在弹出的对话框中选择"支持"选项卡。

该命令最适用于配置为自动获取 IP 地址的计算机。

如果 adapter 名称包含空格,则在该适配器名称两边使用引号(即"adapter name")。

对于适配器名称,IPCONFIG 可以使用星号(*)通配符字符。例如,local * 可以匹配所有以字符串 local 开头的适配器,而 * Con * 可以匹配所有包含字符串 Con 的适配器。

只有当 TCP/IP 协议在网络连接中安装为网络适配器属性的组件时该命令才可用。

5. Nbtstat

该诊断命令使用 NBT(TCP/IP 上的 NetBIOS)显示协议统计和当前 TCP/IP 连接。该命令只有在安装了 TCP/IP 协议之后才可用。

```
nbtstat [- a remotename] [-A IP address] [- c] [- n] [- R] [- r] [- S] [- s]
[interval]
```

参数:

- -a remotename:使用远程计算机的名称并列出其名称表。
- -A IP address:使用远程计算机的 IP 地址并列出名称表。
- -c:给定每个名称的 IP 地址并列出 NetBIOS 名称缓存的内容。
- -n:列出本地 NetBIOS 名称。"已注册"表明该名称已被广播(Bnode)或者 WINS(其他节点类型)注册。
- -R:清除 NetBIOS 名称缓存中的所有名称后,重新装入 Lmhosts 文件。
- -r 列出 Windows 网络名称解析的名称解析统计。在配置使用 WINS 的 Windows 计算机上,此选项返回要通过广播或 WINS 来解析和注册的名称数。
- -S:显示客户端和服务器会话,只通过 IP 地址列出远程计算机。
- -s:显示客户端和服务器会话,尝试将远程计算机 IP 地址转换成使用主机文件的名称。

- interval：重新显示选中的统计,在每个显示之间暂停 interval 秒。按 Ctrl＋C 组合键停止重新显示统计信息。如果省略该参数,nbtstat 打印一次当前的配置信息。

6. Netstat

显示协议统计和当前的 TCP/IP 网络连接。该命令只有在安装了 TCP/IP 协议后才可以使用。

```
netstat [-a] [-e] [-n] [-s] [-p protocol] [-r] [interval]
```

参数:
- -a：显示所有连接和侦听端口。服务器连接通常不显示。
- -e：显示以太网统计。该参数可以与-s 选项结合使用。
- -n：以数字格式显示地址和端口号(而不是尝试查找名称)。
- -s：显示每个协议的统计。默认情况下,显示 TCP、UDP、ICMP 和 IP 的统计。-p 选项可以用来指定默认的子集。
- -p protocol：显示由 protocol 指定的协议的连接。protocol 可以是 tcp 或 udp。如果与-s 选项一同使用显示每个协议的统计,protocol 可以是 tcp、udp、icmp 或 ip。
- -r：显示路由表的内容。
- interval：重新显示所选的统计,在每次显示之间暂停 interval 秒。按 Ctrl＋B 组合键停止重新显示统计。如果省略该参数,netstat 将打印一次当前的配置信息。

7. Ping

验证与远程计算机的连接。该命令只有在安装了 TCP/IP 协议后才可以使用。

```
ping [-t] [-a] [-n count] [-l length] [-f] [-i ttl] [-v tos] [-r count] [-s count]
[-j computer-list] | [-k computer-list] [-w timeout] destination-list
```

参数:
- -t Ping：指定的计算机直到中断。
- -a：将地址解析为计算机名。
- -n count：发送 count 指定的 ECHO 数据包数,默认值为 4。
- -l length：发送包含由 length 指定的数据量的 ECHO 数据包。默认为 32 字节,最大值是 65 527。
- -f：在数据包中发送"不要分段"标志,数据包就不会被路由上的网关分段。
- -i ttl：将"生存时间"字段设置为 ttl 指定的值。
- -v tos：将"服务类型"字段设置为 tos 指定的值。
- -r count：在"记录路由"字段中记录传出和返回数据包的路由。count 可以指定最少 1 台,最多 9 台计算机。
- -s count：count 为指定的跃点数的时间戳。
- -j computer-list：利用 computer-list 指定的计算机列表路由数据包。连续计算机可以被中间网关分隔(路由稀疏源),IP 允许的最大数量为 9。
- -k computer-list：利用 computer-list 指定的计算机列表路由数据包。连续计算机不能被中间网关分隔(路由严格源),IP 允许的最大数量为 9。

- -w timeout：指定超时间隔,单位为 ms。
- destination-list：指定要 ping 的远程计算机。

8. Pathping

这个命令工作起来就像是把 ping 和 tracert 这两个命令结合在了一起。要做的第一件事情是在命令行输入 pathping,例如"pathping 目标"。这里的目标可以是一个主机名称,也可以是一个 IP 地址,例如 pop3.catalog.com 或者 209.217.46.121。接下来将得到一个分为两部分的报告。第一部分是通向目的地的线路上的每一个跳点的列表;第二部分是每一个跳点的统计,包括每一个跳点的数据包丢失的数量。它使用下面例子中显示的一些开关(switch),如:

```
pathping -n -w 1000 msn.com
```

这个命令告诉 pathping 不解析路由器的 IP 地址,并且为每一个回显应答信息等待 1s(1000ms)。

下面是一些最重要的 pathping 命令开关(switch)：

- n：不显示每一台路由器的主机名。
- hvalue：设置跟踪到目的地的最大跳点数量。默认是 30 个跳点。
- wvalue：设置等待应答的最多时间(按 ms 计算)。
- p：设置在发出新的 ping 命令之前等待的时间(按 ms 计算)。默认是 250ms。
- qvalue：设置 ICMP 回显请求信息发送的数量。默认是 100。

9. Route

控制网络路由表,该命令只有在安装了 TCP/IP 协议后才可以使用。

```
route [-f] [-p] [command [destination] [mask subnetmask] [gateway] [metric costmetric]
```

参数：

- -f：清除所有网关入口的路由表。如果该参数与某个命令组合使用,路由表将在运行命令前清除。
- -p：该参数与 add 命令一起使用时,将使路由在系统引导程序之间持久存在。默认情况下,系统重新启动时不保留路由。与 print 命令一起使用时,显示已注册的持久路由列表。忽略其他所有总是影响相应持久路由的命令。
- command：指定下列的一个命令。
- print：打印路由。
- add：添加路由。
- delete：删除路由。
- change：更改现存路由。
- destination：指定发送 command 的计算机。
- mask subnetmask：指定与该路由条目关联的子网掩码。如果没有指定,将使用 255.255.255.255。

- gateway：指定网关,名为 Networks 的网络数据库文件和名为 Hosts 的计算机名数据库文件中均引用全部 destination 或 gateway 使用的符号名称。如果命令是 print 或 delete,目标和网关还可以使用通配符,也可以省略网关参数。
- metric costmetric：指派整数跃点数(从 1 到 9999)在计算最快速、最可靠和(或)最便宜的路由时使用。

10. Tracert

该诊断实用程序将包含不同生存时间(TTL)值的 Internet 控制消息协议(ICMP)回显数据包发送到目标,以决定到达目标采用的路由。要在转发数据包上的 TTL 之前至少递减 1,所以 TTL 是有效的跃点计数。数据包上的 TTL 到达 0 时,路由器应该将"ICMP 已超时"的消息发送回源系统。Tracert 先发送 TTL 为 1 的回显数据包,并在随后的每次发送过程中将 TTL 递增 1,直到目标响应或 TTL 达到最大值,从而确定路由。路由通过检查中级路由器发送回的"ICMP 已超时"的消息来确定路由。不过,有些路由器悄悄地下载包含过期 TTL 值的数据包,而 tracert 看不到。

```
tracert [-d] [-h maximum_hops] [-j computer-list] [-w timeout]target_name
```

参数：
- -d：指定不将地址解析为计算机名。
- -h maximum_hops：指定搜索目标的最大跃点数。
- -j computer-list：指定沿 computer-list 的稀疏源路由。
- -w timeout：每次应答等待 timeout 指定的微秒数。
- target_name：目标计算机的名称。

11. Telnet

Telnet 命令允许用户与使用 Telnet 协议的远程计算机通信。运行 Telnet 时可以不使用参数,以便输入由 Telnet 提示符表明的 Telnet 上下文。可以从 Telnet 提示符下,使用 Telnet 命令管理运行 Telnet 客户端的计算机。

实验 1.2 双绞线的制作

【实验背景】

双绞线是局域网中最常见的传输介质,不论是办公场所还是家庭几乎都需要,但网线在使用过程中由于各种原因可能会造成损伤而阻断通信的现象发生,为了修复受损的网线,掌握双绞线的制作方法很有必要。

【实验目的】

(1) 掌握直连双绞线的制作方法。
(2) 掌握交叉双绞线的制作方法。

【实验内容】

(1) 直连双绞线的制作。

(2) 交叉双绞线的制作。

【实验设备】

双绞线、RJ-45 水晶头、网络测试仪、夹线钳。

【实验步骤】

1. 直连双绞线的制作

关于 RJ45 头的边接标准有两个：T568A 和 T568B。两者只是颜色上的区别，本质的问题是要保证 1-2 线对是一个绕对、3-6 线对是一个绕对、4-5 线对是一个绕对、7-8 线对是一个绕对。常用的接线法是 T568B 接线方法，如图 1.1 和图 1.2 所示。

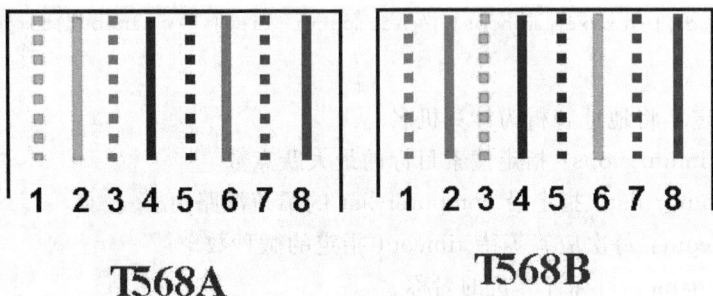

图 1.1   水晶头的线序

T568A 的排线顺序为绿白、绿、橙白、蓝、蓝白、橙、棕白、棕。

T568B 的排线顺序为橙白、橙、绿白、蓝、蓝白、绿、棕白、棕。

直连双绞线的制作步骤如下：

(1) 先抽出一小段线，然后把外皮剥除一段，如图 1.3 所示。

(2) 将双绞线反向缠绕开。

(3) 根据标准排线。注意，这一步非常重要，如图 1.4 所示。

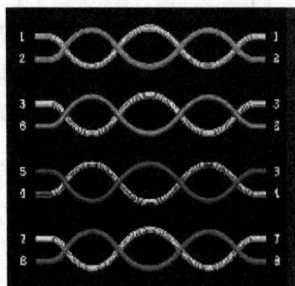

图 1.2   双绞线的构成

图 1.3   剥线

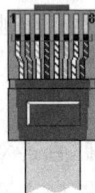

图 1.4   排线

（4）铰齐线头。

（5）插入插头，如图 1.5 所示。

（6）用压线钳夹紧，如图 1.6 所示。

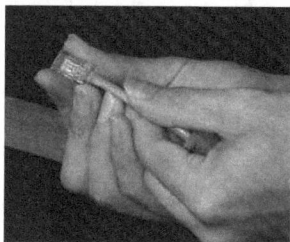

图 1.5 插入水晶头

图 1.6 压线钳夹紧水晶头

（7）使用万用表或测试仪测试。

2. 交叉双绞线的制作

交叉线用于两台计算机间不用集线器（HUB）而直接连接，以便使两台计算机之间共享。

交叉双绞线的制作步骤如下：

（1）利用斜口钳剪下所需要的双绞线长度，至少 0.6m，最多不超过 100m。然后再利用双绞线剥线器（实际用什么剪都可以）将双绞线的外皮除去 2～3cm。有一些双绞线电缆上含有一条柔软的尼龙绳，如果在剥除双绞线的外皮时觉得裸露出的部分太短而不利于制作 RJ-45 接头时，可以紧握双绞线外皮，再捏住尼龙线往外皮的下方剥开，就可以得到较长的裸露线。

（2）接下来就要进行拨线的操作。将裸露的双绞线中的橙色对线拨向自己的前方，棕色对线拨向自己的方向，绿色对线拨向左方，蓝色对线拨向右方。

（3）将绿色对线与蓝色对线放在中间位置，而橙色对线与棕色对线保持不动，即放在靠外的位置。

（4）交叉线的线序如图 1.7 所示。

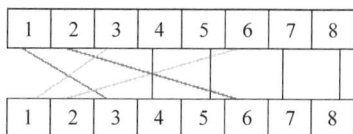

1	2	3	4	5	6	7	8
1	2	3	4	5	6	7	8

图 1.7 双绞线的错线连接

注意：网线的使用环境：

（1）双绞线连接网卡与集线器：直连线。

（2）双绞线连接两个集线器：交叉线。

（3）双绞线直连两个网卡：交叉线。

第 **2** 章 交换技术实验

CHAPTER

本章主要是介绍构建交换网络的以太网交换技术,包括交换机的基本配置,端口技术和 MAC 地址绑定,VLAN 和 STP 配置等内容。通过本章实验,读者能够掌握交换机的基本使用与配置方法,使用端口技术改善交换网络的性能,划分配置 VLAN,应用交换机构建中小型局域网络。

实验 2.1 交换机基础配置实验

【实验背景】

交换机是目前局域网中广泛使用的网络设备,它工作在 OSI 参考模型第二层(数据链路层),用来解决网络瓶颈和带宽不足的问题,是多个计算机或网段之间的数据交换设备。

交换机与集线器的区别在于:集线器是一种物理层共享设备,它本身不能识别数据报的目的地址,以广播方式向所有端口传送数据,每一台主机通过验证数据包头的地址信息来决定是否接收,因此多个端口同时要传输数据时会发生冲突;而交换机内部拥有一条高带宽的背板总线和内部交换结构,能够根据局域网的拓扑结构自动形成端口 MAC 地址表,在数据链路层进行数据转发时,依照此表迅速地转发数据包,减少了网络冲突,增加了网络带宽。必须先对交换机进行正确配置,交换机才能正常工作,网络管理员对交换机进行初始配置前,必须通过交换机的 Console 口搭建配置环境。网络管理员通过 Console 口对交换机进行初始配置后,可以通过 Telnet 对交换机进行远程管理。

【实验目的】

掌握交换机的管理特性,学会配置交换机的基本方法和命令行视图及常用命令。

【实验内容】

(1) 通过 Console 口配置交换机。

（2）通过 Telnet 登录并配置交换机。

（3）了解交换机命令行接口视图。

（4）实验常用命令及帮助的使用。

【实验设备】

H3C 系列交换机一台，PC 两台，专用配置电缆一根，直连双绞线一根。网络拓扑结构如图 2.1 所示。

图 2.1   通过 Console 口/Telnet 配置交换机

【实验步骤】

1. 通过 Console 口配置交换机

（1）按图 2.1 搭建实验环境。

将 PC 终端的 COMM 口通过配置电缆与以太网交换机的 Console 口连接。

（2）创建超级终端。

在 PC 上选择"开始"→"所有程序"→"附件"→"通讯"→"超级终端"命令，设置终端通信参数为：波特率为 9600b/s、8 位数据位、1 位停止位、无校验和无流控，如图 2.2 所示。

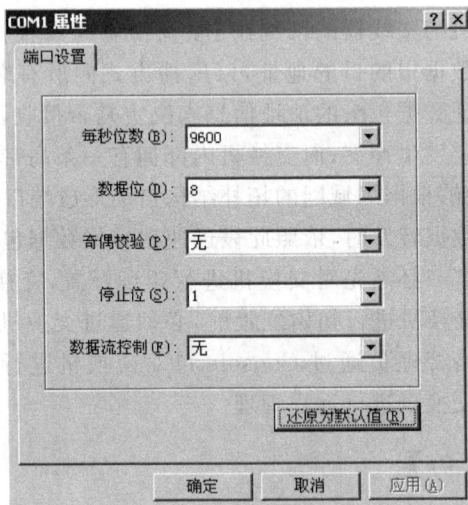

图 2.2   超级终端设置

（3）命令行接口。

启动交换机，单击"确定"按钮，终端上显示以太网交换机自检信息。自检结束后提示用户按 Enter 键，进入交换机命令行视图。

```
<H3C>
```

2. 命令行接口视图介绍

命令行提供多种视图,针对不同的命令细则,须在相应的视图中进行配置。

表 2.1 中列出了交换机常见命令视图。

表 2.1　交换机命令行视图

命 令 视 图	提 示 符	功　　能	进 入 命 令	退出命令
用户视图	\<H3C>	查看简单的运行状态和信息	与交换机建立连接即进入	quit
系统视图	[H3C]	配置系统参数	System-view	quit
以太网端口视图	[H3C-Ethernet 1/0/1]	配置和查看端口信息	Interface ethernet 1/0/1	quit
VLAN 端口视图	[H3C-Vlan-interface1]	配置 VLAN 端口	Interface vlan-interface 1	quit
VLAN 配置视图	[H3C-vlan5]	VLAN 端口的增加、删除	Vlan 5	quit
AUX 用户接口视图	[H3C-ui-aux0]	设置用户访问控制权限	User-interface aux 0	quit

3. 实验常用命令

(1) 查看当前设备配置。

```
<H3C>display current-configuration
```

(2) 保存当前设备配置。

```
<H3C>save
```

(3) 查看 Flash 中的配置信息。

```
<H3C>display saved-configuration
```

(4) 删除 Flash 中的配置信息。

```
<H3C>reset saved-configuration
```

(5) 重启交换机。

```
<H3C>reboot
```

(6) 显示系统版本信息。

```
<H3C>display version
```

(7) 显示历史命令,命令行接口为每个用户默认保存 10 条历史命令。

```
[H3C]display history-command
```

（8）查看接口状态。

```
[H3C]display interface
```

（9）关闭/启用端口。

```
[H3C-Ethernet 1/0/1]shutdown
[H3C-Ethernet 1/0/1]undo shutdown
```

（10）设备重新命名，设备的默认名为 H3C。

```
[H3C]sysname CQUT                //把设备的名字更改为 CQUT
```

4. 通过 Telnet 配置交换机

（1）配置交换机的虚接口的 IP 地址。

```
<H3C>
<H3C>system-view
[H3C]interface Vlan-interface 1
[H3C-Vlan-interface1]ip address 192.168.10.10 255.255.255.0
```

（2）在交换机上配置 Telnet 用户认证口令。

```
<H3C>system-view
[H3C] telnet server enable
[H3C] user-interface vty 0
[H3C-ui-vty0] authentication-mode password
[H3C-ui-vty0] set authentication password simple xxxx(xxxx 是要设置的该 Telnet 用
户登录口令)
```

（3）配置 PC 的 IP 地址和子网掩码，使之与交换机 VLAN 的 IP 地址在同一网段，如 IP 地址为 192.168.10.15，子网掩码为 255.255.255.0。

（4）在 PC 上运行 Telnet 程序，输入交换机管理 VLAN 的 IP 地址，然后单击"确定"按钮，如图 2.3 所示。

（5）如图 2.4 所示，终端上显示 Password:，提示用户输入已设置的登录口令，口令输入正确后则出现命令行提示符＜H3C＞。如果出现 Too many users!的提示，表示当前 Telnet 到交换机的用户过多，请稍候再连接（H3C 系列以太网交换机最多允许 5 个 Telnet 用户同时登录）。特别注意：输入密码时没有任何显示，包括星号（＊）。

图 2.3　运行 Telnet

注意事项：

（1）通过 Telnet 配置交换机时，不要删除或修改对应本 Telnet 连接的交换机上的 VLAN 接口的 IP 地址，否则会导致 Telnet 连接断开。

（2）Telnet 用户登录时，默认可以访问命令级别为 0 级的命令。参照命令：

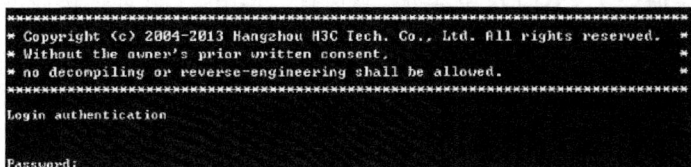

图 2.4　Telnet 登录界面

[H3C] super password [level level]{simple|cipher}password

<H3C>super level

（3）有些以太网交换机还可以修改 Telnet 用户登录后的用户级别。参考命令：

[H3C-ui-vty0]user privilege level 3

（4）三层交换机可以有多个三层虚接口,它的管理 VLAN 可以是任意一个具有三层接口并配置了 IP 地址的 VLAN;而二层交换机只有一个二层虚接口,它的管理 VLAN 即是对应三层虚接口并配置了 IP 地址的 VLAN。

（5）交换机默认的 TELNET 认证模式是密码认证,如果没有在交换机上配置口令,当 TELNET 登录交换机时,系统会出现 password required,but none set. 的提示。

5．以本地提供用户名和口令认证为例进行 Telnet 用户认证

[H3C]user-interface vty 0 4

[H3C -ui-vty0-4] authentication-mode scheme

[H3C -ui-vty0-4]quit

[H3C]telnet server enable

[H3C]local-user CQUT

[H3C -Luser-CQUT]password simple jsjxy

[H3C -Luser-CQUT]service-type telnet

[H3C -Luser-CQUT] authorization-attribute level 3

再次使用 Telnet 登录 192.168.10.10,按照提示输入 user：CQUT,password：jsjxy即进入用户视图。请注意与图 2.4 的区别。

6．交换机编辑特性介绍

在对交换机的配置过程中可以进行下列操作：

• 普通按键：输入字符到当前光标位置；

• BackSpace(退格键)：删除光标位置的前一个字符；

• ←(左光标键)：光标向左移动一个字符位置；

• →(右光标键)：光标向右移动一个字符位置；

• ↑↓(上下光标键)：显示历史命令；

• Tab 键：系统用完整的关键字替代原输入并换行显示。

输入关键字时,可以不必输入关键字的全部字符而只输入关键字的前几个字符,只要设备能唯一的识别,如 display 可以只输入 dis。

7．显示特性介绍

• Language-mode：在用户视图下使用该命令可以实现中英文显示方式切换；

- 暂停显示时输入 Ctrl+C 组合键：当信息一屏显示不完时，按此键可以停止显示和命令执行；
- 暂停显示时输入空格键：当信息一屏显示不完时，按此键可以继续显示下一屏信息；
- 暂停显示时输入回车键：当信息一屏显示不完时，按此键可以继续显示下一行信息。

8. 在线帮助介绍

- 完全帮助：在任何视图下，输入<?>获取该视图下所有命令及其简单描述。
- 部分帮助：
  ♦ 输入一个命令后接以空格间隔的<?>，如<H3C> display ?。如果该位置是关键字，则列出全部关键字及其简单描述；如果该位置为参数，则列出有关的参数及其描述。
  ♦ 输入一个字符串，其后紧跟<?>，如<H3C>p?，则列出以该字符串开头的所有命令。
  ♦ 输入一个命令，其后紧接一个"?"的字符串，如<H3C> display ver?，则列出该字符串开头的所有关键字。

9. 错误提示

当输入有误时将给以相应的错误提示。

```
[H3C] dispaly
      ^
    %Unrecognized command found at '^' position.
[H3C] display
           ^
    %Incomplete command found at '^' position.
[H3C] display interface serial 0 0
                               ^
    %Wrong parameter found at '^' position.
```

【思考题】

(1) 如何将交换机还原为出厂配置？
(2) 交换机和集线器的区别是什么？

实验 2.2　MAC 地址与端口绑定实验

【实验背景】

MAC 地址是局域网节点的物理地址，采用 6 字节 48 位表示。MAC 地址表是标识目的 MAC 地址与交换机端口之间映射关系的表。MAC 地址表用于二层转发，其 MAC 地址分为静态 MAC 地址和动态 MAC 地址。静态 MAC 地址由用户配置，具有最高优先级(不能被动态 MAC 地址覆盖)且永久生效;动态 MAC 地址由交换机在转发数据帧的过程中学习或者手动添加,且在有限时间内生效。当交换机接收到需要转发的数据帧时,首先学习数据帧的源 MAC 地址,与接收端口建立映射关系。然后根据目标 MAC 地址查询 MAC 地址表,如果查到相关表项,交换机将数据帧从相应端口转发;否则,交换机将数据帧在其所属广播域内广播。如果动态 MAC 地址长时间没有从转发数据帧中学习到,交换机就将其从 MAC 地址表中删除。在交换网络中,交换机既可以通过动态方式学习 MAC 地址,也可以由手工方式配置静态 MAC 地址与端口的映射。在某些主机的配置和位置比较固定的情形下,网络管理员可以考虑为其配置静态 MAC 地址,这样可以减少一些因动态地址老化而导致的网络广播流量,从而提高网络效率和稳定性。

【实验目的】

(1) 通过本实验学会并掌握查看 MAC 地址表的方法,并了解 MAC 地址表中各表项的意义。

(2) 学习 MAC 地址表的学习和老化过程。

(3) 了解 MAC 地址表的维护和管理方法。

(4) 掌握地址端口绑定的基本方法。

【实验内容】

(1) 交换机的 MAC 地址表操作。

(2) 计算机的 MAC 地址和交换机端口绑定。

【实验设备】

H3C 系列交换机一台,PC 两台,直连双绞线两根,专用配置电缆一根。网络拓扑结构如图 2.5 所示。

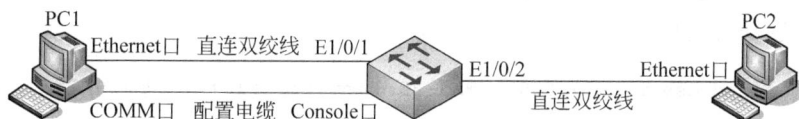

图 2.5　MAC 地址绑定拓扑结构图

【实验步骤】

(1) 配置静态 MAC 地址。

假设 PC1 的 MAC 地址为 0009-6BA5-B858,将交换机地址表中 MAC 地址 0009-6BA5-B858 的表项的端口号设置为 Ethernet 1/0/1,并将此表项设置为静态表项。

```
<H3C>system-view
[H3C]mac-address static 0009-6BA5-B858 interface ethernet 1/0/1 vlan 1
```

或者

```
[H3C-Ethernet 1/0/1]user-bind mac-addr 0009-6BA5-B858 ip-addr 192.168.1.5
[H3C-Ethernet 1/0/1]mac-address static 0009-6BA5-B858 vlan 1
```

注意：在一个交换机中，对同一个 MAC 地址只能有一个表项，在配置上述静态表项之前，必须把相应的动态表项释放掉。

（2）查看 MAC 地址表信息。

```
[H3C]display mac-address
MAC ADDR            VLAN ID  STATE          PORT INDEX         AGING TIME
0009-6BA5-B858      1        Config static  Ethernet 1/0/1     NOAGED
001B-FC35-F75E      1        Learned        Ethernet 1/0/2     AGING
---2 mac address(es) found ---
[H3C]
```

可以看到，MAC 地址表中有两项，前一项是刚设置的静态地址，后一项是交换机自动学习到的动态地址。

（3）禁止 Ethernet 1/0/1 再进行地址学习，只能连接一台计算机

将端口 Ethernet 1/0/1 与计算机的 MAC 地址进行静态绑定后，该端口还会继续学习 MAC 地址，也就是说其他计算机还可以连接到该端口。要想其他计算机不能连接到该端口，就要禁止该端口再进行地址学习。

```
[H3C-Ethernet 1/0/1] mac-address max-mac-count 0
```

（4）设置 PC1、PC2 的 IP 地址分别为 192.168.0.1、192.168.0.2，子网掩码都为 255.255.255.0，在 PC2 上运行以下命令：

```
C:\Documents and Settings\Administrator>ping 192.168.0.1
```

能 ping 通吗？将连接 PC1 的网线从 Ethernet 1/0/1 口拔出后再接到其他以太网口，再运行以上命令，这次能 ping 通吗？

（5）配置动态表项。

```
[H3C]mac-address dynamic 0009-6BA5-8888 interface Ethernet 1/0/3 vlan 1
```

（6）查看 MAC 地址的老化时间。

```
[H3C]display mac-address aging-time
```

注意：手动添加的动态表项和自动学习到的自动表项一样都有老化时间，而手动添加的静态表项没有老化时间。

（7）修改系统的老化时间为 1000s。

```
[H3C]mac-address timer aging-time 1000          //单位是秒
```

（8）设置端口可以学习的最大 MAC 地址数。

```
[H3C-Ethernet 1/0/1] mac-address max-mac-count 200
```

（9）增加一个黑洞 MAC 地址表项。

[H3C] mac-address blackhole 000f-e235-abcd vlan 1

注意：步骤(1)中 PC1 的 MAC 地址是假设的，实际上每台计算机的 MAC 地址是不同的，实验中应该使用自己计算机的 MAC 地址，方法是在计算机命令界面下运行以下命令：

C:\Documents and Settings\Administrator>Ipconfig/all

【思考题】

(1) 怎样解除 MAC 地址绑定？

(2) 以自己身边的网络环境为例，思考 MAC 地址绑定可应用在哪些方面？

实验 2.3 端口配置实验

【实验背景】

快速以太网交换机端口类型一般包括 100Base-T、1000Base-TX、1000Base-FX，其中 100Base-T 和 1000Base-TX 一般是由 100M/1000M 自适应端口提供，即通常所讲的 RJ-45 端口。RJ-45 端口可用于连接 RJ-45 接头，适用于由双绞线构建的网络，这种端口是最常见的，一般来说以太网交换机都会提供这种端口。平常所讲的多少口交换机就是指具有多少个 RJ-45 端口。RJ-45 端口可直接连接计算机、网络打印机等终端设备，也可以与其他交换机、路由器等设备进行连接来组建网络。交换机对端口数据进行同时交换，每一个端口属于一个冲突域，在划分了虚拟局域网以后每个虚拟局域网属于一个广播域。交换机端口是网络连通的重要部分，配置不当也会造成网络不通。根据实际的网络环境给设置端口设置恰当的功能和性质，能提高网络效率和网络安全性。

【实验目的】

通过本实验掌握交换机端口的基本配置命令的使用方法。

【实验内容】

(1) 查看交换机端口基本参数。

(2) 端口的常用配置命令。

【实验设备】

H3C 系列交换机一台，PC 两台，配置电缆一根。网络拓扑结构如图 2.6 所示。

图 2.6 端口配置实验拓扑结构图

【实验步骤】

(1) 进入系统视图。

```
<H3C>system-view
```

(2) 进入端口配置视图。

```
interface { interface_type interface_num | interface_name }
```

命令采用端口类型 槽位编号/端口编号的格式,对于固定端口的交换机,槽位编号一般取 0。

例如:

```
[H3C]Interface ethernet 1/0/1              //进入以太网口视图
```

(3) 设置端口参数。

① 设置端口的工作模式:半双工、全双工、自动。

```
duplex {half|full|auto}
```

默认情况下工作模式为 auto,自动协商方式,如果希望发送数据包的同时也可以接收数据包,可设置为全双工方式;如果希望发送数据包的同时不接收数据包,可设置为半双工方式。端口的工作模式一般和速率同时配置。

例如:

```
[H3C-Ethernet 1/0/1] speed 10
[H3C-Ethernet 1/0/1] duplex full
```

② 设置端口速率。

```
speed {10|100|1000|auto}
```

计算机和网卡应该配置为同一值,否则以小的为准。

③ 设置以太网端口的流量控制。

```
flow-control
```

对发送和接收的报文进行流量控制,默认情况是关闭流量控制的。

例如,开启以太网端口 Ethernet 1/0/3 的流量控制:

```
[H3C-Ethernet1/0/3]flow-control              //开启以太网端口的流量控制功能
[H3C-Ethernet1/0/3]flow-control receive enable     //开启以太网端口的接收流量控制
```

功能:

```
[H3C-Ethernet 1/0/3] undo flow-control     //关闭以太网端口 Ethernet 1/0/3 的流量控制
```

④ 关闭/启用端口。

```
shutdown|undo shutdown
```

交换机启动后,可以根据需要关闭或者启用端口,或者端口出现故障,也可以用这两条命令重启端口。一般默认情况下端口是打开的。

例如:

```
[H3C-Ethernet 1/0/1] shutdown
[H3C-Ethernet 1/0/1] undo shutdown
```

⑤ 设置端口 MDI/MDIX 状态。

```
[H3C-Ethernet1/0/1] mdi {across|auto|normal}
```

MDI 为介质相关接口;MDI-X 为介质非相关接口。

H3C1 交换机可以智能识别 MDI/MDIX 接口。

路由器和 PC 都属于 MDI 接口;以太网交换机提供的都是 MDI-X 接口。

⑥ 设置端口描述信息。

```
[H3C-Ethernet1/0/1]description Lab1-405
```

⑦ 以太网端口 down/UP 状态抑制时间。

```
[H3C-Ethernet1/0/1]link-delay 50              //设置以太网端口物理连接状态抑制时间
[H3C-Ethernet1/0/1]link-delay 50 mode up      //设置以太网端口 up 状态抑制时间
```

这两个命令对自然关闭/开启的端口有效,对手工关闭/开启(使用 shutdown/undo shutdown 命令)的端口无效。

⑧ 配置手工端口组。

```
[H3C]port-group manual My001
[H3C-port-group-manual-My001]group-member Ethernet1/0/1 to Ethernet1/0/5
Ethernet1/0/7                                 //添加以太网端口到指定手工端口组中
```

⑨ 端口批量配置。

```
[H3C]interface range name my interface ethernet1/0/1 to ethernet1/0/12
[H3C-if-range-my] quit
[H3C]interface range name my                  //进入 my 别名对应的批量端口配置视图
[H3C-if-range-my]shutdown
```

⑩ 端口隔离。

```
[H3C-Ethernet1/0/1]port-isolate enable        //设置端口为隔离组的普通端口
[H3C-Ethernet1/0/24]port-isolate uplink-port  //设置端口为隔离组的上行端口
```

【思考题】

两台交换机之间通过 Ethernet 1/0/1 口相连,协商后两个接口速率为 100Mb/s,如果用 speed 命令强制一个端口的速率为 10Mb/s,另一个端口的速率为 100Mb/s,通过实验测试你的想法是否正确?

实验 2.4　　VLAN 基础配置实验

【实验背景】

VLAN(虚拟局域网)是一种将局域网设备逻辑地而不是根据物理地址划分成一个个网段的技术。VLAN 技术将广播流量控制在一个 VLAN 内,降低广播包消耗带宽的比例。每一个 VLAN 都包含一组有着相同需求的计算机用户,但由于它是逻辑地而不是物理地划分,因此同一个 VLAN 内的各个计算机用户无须被放置在同一个物理空间里。一个 VLAN 内部的广播和单播流量都不会转发到其他 VLAN 中,从而有助于控制广播流量、简化网络管理、提高网络的安全性和组网的灵活性。划分 VLAN 可基于端口、协议、MAC 地址等,本实验主要以基于端口的 VLAN 来实验。某学校有财务处、人事处等部门,为了学校资料的安全,要求两个部门都不能互相访问其他部门的计算机资料,但部门内部可以互访。在这种需求下,可以划分 VLAN 来实现。GARP(Generic Attribute Registration Protocol,通用属性注册协议)作为一个属性注册协议的载体,可以用来传播属性。遵循 GARP 的应用实体称为 GARP 应用,GVRP(GARP VLAN Registration Protocol,GARP VLAN 注册协议)就是 GARP 的应用之一,用于注册和注销 VLAN 属性,而 VTP(VLAN Trunk Protocol,虚拟局域网干道协议)是思科的私有协议,GVRP 和 VTP 都是 VLAN 常用的管理技术。

【实验目的】

(1) 掌握 VLAN 相关命令。
(2) 掌握端口的 trunk 应用。
(3) 掌握端口的 Hybrid 应用。

【实验内容】

(1) 创建和删除 VLAN。
(2) 划分端口。
(3) 端口的 trunk 应用。

【实验设备】

H3C 系列交换机两台,PC 4 台,网线 7 根,配置电缆两根。网络拓扑结构如图 2.7 所示。

【实验步骤】

1. VLAN 级联静态配置

(1) 创建 VLAN。首先进入第一台交换机 SW1 系统视图,创建 vlan 10 和 vlan 20,然后为所划分的 vlan 指定端口,命令如下:

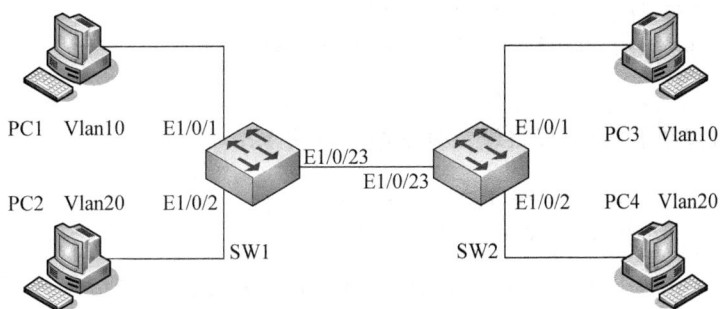

图 2.7 VLAN 基础配置实验拓扑结构图

```
<H3C>system-view
[H3C] sysname SW1
[SW1]vlan 10
```

注意：对于还没有创建的 vlan，vlan ID 命令是创建 vlan 并进入 vlan 视图；对已经创建的 vlan，该命令是直接进入 vlan 视图。其中 vlan 1 是默认存在的，且不能删除。例如：

```
[SW1-vlan10]port Ethernet 1/0/1 //为 vlan 10 指定端口,将以太网口 1 分配给 vlan 10
[SW1-vlan10]vlan 20               //进入 vlan20 视图
[SW1-vlan20]port Ethernet 1/0/2 to Ethernet 1/0/4 Ethernet 1/0/6
                //为 vlan 20 指定端口,将以太网口 1/0/2、1/0/3、1/0/4、1/0/6 分配给 vlan 20
```

（2）设置端口的 trunk 属性。

通过设置交换机端口的 trunk 属性,可以允许跨交换机的 vlan 通信。默认的 trunk 口属于所有的 vlan,传输所有的 vlan 数据。图 2.7 中相同 vlan 内的 pc1 和 pc3 或者 pc2 和 pc4 通信就需要设置两台交换机的 Ethernet 1/0/23 口为 trunk 口以传输来自 vlan 的数据。配置命令为：

```
[SW1-vlan20]quit
[SW1]interface ethernet 1/0/23
[SW1-Ethernet 1/0/23]port link-type trunk          //设置以太网口 3 为 trunk 模式
[SW1-Ethernet 1/0/23]port trunk permit vlan all
//允许所有的 vlan 数据帧通过,也可单个设置某个 vlan 数据通过,方法为[H3C-Ethernet
//1/0/23]port trunk permit vlan 10
```

（3）按同样方法配置 SW2。

```
<H3C>system-view
[H3C] sysname SW2
[SW2]vlan 10
[SW2-vlan10]port Ethernet 1/0/1
[SW2-vlan10]vlan 20
[SW2-vlan20]port Ethernet 1/0/2
[SW2-vlan20]quit
[SW2]interface ethernet 1/0/23
```

```
[SW2-Ethernet 1/0/23]port link-type trunk
[SW2-Ethernet 1/0/23]port trunk permit vlan all
```

备注：

① 在接口视图下，也可以将端口分配给相应的 VLAN，如：

```
[SW2-Ethernet 1/0/23]interface ethernet 1/0/3
[SW2-Ethernet 1/0/3]Port access vlan 20
```

也可以通过 port-group manual port-group-name 命令进入端口组视图，将当前端口组中的所有端口分配给 VLAN。或者通过 interface bridge-aggregation interface-number 进入二层聚合接口视图，配置对当前二层聚合接口及其所有成员端口都生效。若配置二层聚合接口时失败，则不再配置其成员端口；若配置某成员端口时失败，系统会自动跳过该成员端口继续配置其他成员端口。

②

```
[SW1]vlan 10 20
[SW1]mac-vlan mac-address 0016-ec71-ea50 vlan 10 //基于 MAC 地址的 VLAN
[SW1]mac-vlan mac-address 0010-5ce5-fb02 vlan 20
[SW1]interface Ethernet 1/0/1
[SW1-Ethernet1/0/1]port link-type hybrid
[SW1-Ethernet1/0/1]port hybrid vlan 10 20 untagged
[SW1-Ethernet1/0/1]mac-vlan enable
[SW1-Ethernet1/0/1]interface Ethernet 1/0/2
[SW1-Ethernet1/0/2]port link-type hybrid
[SW1-Ethernet1/0/2]port hybrid vlan 10 20 untagged
[SW1-Ethernet1/0/2]mac-vlan enable
```

③

```
[Sw1-vlan10] protocol-vlan [ protocol-index ] { at | ipv4 | ipv6 | ipx { ethernetii
| llc | raw | snap } | mode { ethernetii etype etype-id | llc { dsap dsap-id [ ssap
ssap-id ] | ssap ssap-id } | snap etype etype-id } }
                                        //配置基于协议的 VLAN 并指定协议模板
[Sw1-Ethernet1/0/1] port hybrid protocol-vlan vlan vlan-id { protocol-index [ to
protocol-end ] | all }                  //配置 Hybrid 端口与基于协议的 VLAN 关联
```

如：

```
[SW1] vlan 10
[SW1-vlan10]protocol-vlan ipv4
[SW1-vlan10]vlan 20
[SW1-vlan20] protocol-vlan ipv6
[SW1-vlan20]quit
[SW1]interface Ethernet 1/0/1
[SW1-Ethernet1/0/1]port link-type hybrid
[SW1-Ethernet1/0/1]port hybrid vlan 10 20 untagged
```

```
[SW1-Ethernet1/0/1]port hybrid protocol-vlan vlan 10 0
[SW1-Ethernet1/0/1]port hybrid protocol-vlan vlan 20 0
[SW1-Ethernet1/0/1]interface Ethernet 1/0/2
[SW1-Ethernet1/0/2]port link-type hybrid
[SW1-Ethernet1/0/2]port hybrid vlan 10 20 untagged
[SW1-Ethernet1/0/2]port hybrid protocol-vlan vlan 10 0
[SW1-Ethernet1/0/2]port hybrid protocol-vlan vlan 20 0
```

④

```
[Switch-vlan10] ip-subnet-vlan [ ip-subnet-index ] ip ip-address [ mask ]
    //配置当前 VLAN 与指定的 IP 子网关联
[Switch-Ethernet1/0/1] port hybrid ip-subnet-vlan vlan vlan-id
    //配置当前端口与基于 IP 子网的 VLAN 关联
```

如：

```
[SW1]vlan 10
[SW1-vlan10]ip-subnet-vlan ip 10.10.10.0 255.255.255.0
[SW1-vlan10]vlan 20
[SW1-vlan20]ip-subnet-vlan ip 20.20.20.0 255.255.255.0
[SW1]interface Ethernet 1/0/1
[SW1-Ethernet1/0/1]port link-type hybrid
[SW1-Ethernet1/0/1]port hybrid vlan 10 20 untagged
[SW1-Ethernet1/0/1]port hybrid ip-subnet-vlan vlan 10
[SW1-Ethernet1/0/1]port hybrid ip-subnet-vlan vlan 20
[SW1-Ethernet1/0/1]interface Ethernet 1/0/2
[SW1-Ethernet1/0/2]port link-type hybrid
[SW1-Ethernet1/0/2]port hybrid vlan 10 20 untagged
[SW1-Ethernet1/0/2]port hybrid ip-subnet-vlan vlan 10
[SW1-Ethernet1/0/2]port hybrid ip-subnet-vlan vlan 20
```

⑤ 修改 Trunk 端口或 Hybrid 端口的默认 VLAN 时，以保证两端交换机的默认 VLAN 相同为原则。Trunk 端口和 Hybrid 端口之间不能直接切换，只能先设为 Access 端口，再设置为其他类型端口。基于 MAC 的 VLAN、基于协议的 VLAN 和基于 IP 子网的 VLAN 只对 Hybrid 端口配置有效。

(4) 设置 PC1、PC2、PC3 和 PC4 的 IP 地址在同一网段，如分别设置为 192.168.10.1、192.168.10.2、192.168.10.3 和 192.168.10.4，子网掩码均为 255.255.255.0。

(5) 在 PC1 上分别 ping PC2、PC3 和 PC4 的 IP 地址，分析效果的异同。

(6) 在 SW1 上做如下设置：

```
[SW1]interface Ethernet 1/0/1
[SW1-Ethernet1/0/1]port link-type hybrid
[SW1-Ethernet1/0/1]port hybrid vlan 20 untagged
//端口 Ethernet 1/0/1 能够接收 VLAN 20 发过来的报文,并且发送这些 VLAN 的报文时不带
//VLAN 标签
```

在 SW2 上做如下设置：

```
[SW2]interface Ethernet 1/0/2
[SW2-Ethernet1/0/2]port link-type hybrid
[SW2-Ethernet1/0/2]port hybrid vlan 10 untagged
```

（7）在 PC1 上分别 ping PC2、PC3 和 PC4 的 IP 地址，分析效果的异同。

2. Vlan 级联动态配置

GVRP(VLAN 动态注册协议)协议动态创建和注册 VLAN 信息的方法如下：

（1）在交换机 SW1 上进行如下配置：

```
[SW1]gvrp
[SW1]interface ethernet 1/0/23
[SW1-Ethernet 1/0/23] gvrp
```

（2）在交换机 SW2 上进行如下配置：

```
[SW2]gvrp
[SW2]interface ethernet 1/0/23
[SW2-Ethernet 1/0/23] gvrp
```

（3）分别在交换机 SW1、SW2 上手动添加一个 VLAN5、VLAN10。

```
[SW1]vlan 5
[SW2]vlan 10
```

（4）分别在交换机 SW1、SW2 上执行如下命令，把信息记录下来。

```
[SW1]display gvrp local-vlan interface ethernet 1/0/23
[SW2]display gvrp local-vlan interface ethernet 1/0/23
```

（5）在交换机的 Trunk 端口上，VLAN 的 GVRP 注册有三种方法：

- Normal：默认的注册方法，表示允许在该端口上手工或动态创建、注册和注销 VLAN。
- Fixed：表示允许在该端口上手工创建和注册 VLAN，不允许动态注册和注销 VLAN，也就是说该端口不接收来自对端的动态 VLAN 信息。
- Forbidden：表示在端口将注销 VLAN1 之外的所有其他 VLAN，并且禁止在该端口创建和注册任何其他 VLAN。

执行以下命令，以验证上面的知识：

```
[SW1]interface Ethernet 1/0/23
[SW1-Ethernet 1/0/23]gvrp registration Forbidden
[SW1-Ethernet 1/0/23]quit
[SW1]vlan 6

[SW2]interface Ethernet 1/0/23
[SW2-Ethernet 1/0/23]gvrp registration Forbidden
```

```
[SW2-Ethernet 1/0/23]quit
[SW2]vlan 11

[SW1]display gvrp local-vlan interface ethernet 1/0/23
[SW2]display gvrp local-vlan interface ethernet 1/0/23
```

比较与第(4)步信息的差异。

(6) 在两个交换机上分别执行下列命令：

```
[SW1]interface Ethernet 1/0/23
[SW1-Ethernet 1/0/23]gvrp registration fixed
[SW1-Ethernet 1/0/23]quit
[SW1]vlan 7

[SW2]interface Ethernet 1/0/23
[SW2-Ethernet 1/0/23]gvrp registration fixed
[SW2-Ethernet 1/0/23]quit
[SW2]vlan 12

[SW1]display gvrp local-vlan interface ethernet 1/0/23
[SW2]display gvrp local-vlan interface ethernet 1/0/23
```

比较与第(4)、(5)步信息的差异。

实验 2.5　VLAN 的设计与应用实验

【实验背景】

　　VLAN 技术的应用给用户带来了便利,但在实际使用中,VLAN 技术无法适应很多特殊应用场景,VLAN 扩展新技术可以满足这些特殊的应用需求。isolate-user-vlan 通过设定端口的 hybrid 属性,利用 hybrid 端口对多个 vlan 的报文去除 vlan tag 的特性,通过对 MAC 地址表项在各 VLAN 的 MAC 地址表间进行复制的方法,可以使所有 secondary vlan 中包含的端口和交换机的上行端口都属于 isolate-user-vlan,同时在上行端口处设定在转发所有 secondary vlan 的报文时都去掉 vlan tag。这样对上层交换机来说,从下层设备收到的报文全部是不携带 vlan tag 的,所以不必关心下层的 VLAN 配置,可以在本地重新规划 VLAN 结构,节约了 VLAN 资源。Super VLAN 又称为 VLAN 聚合(VLAN Aggregation),其原理是一个 Super VLAN 包含多个 Sub VLAN,每个 Sub VLAN 是一个广播域,不同 Sub VLAN 之间相互隔离。Super VLAN 可以配置三层接口,Sub VLAN 不能配置三层接口。当 Sub VLAN 内的用户需要进行三层通信时,将使用 Super VLAN 三层接口的 IP 地址作为网关地址,这样多个 Sub VLAN 共用一个 IP 网段,从而节省了 IP 地址资源。VLAN VPN 是近年来随着 Internet 的广泛应用而迅速发展起来的一种新技术,用以实现在公用网络上构建私人专用网络。通过在客户端或运营商接入端对用户报文进行特殊处理,使公网设备可以为用户报文建立专用的传输隧道,保证数据的安全。VLAN-VPN 通过在运营商接入端为用户的私网报文封装外层 VLAN Tag,使报文携带两层 VLAN Tag 穿越运营商的骨干网络(公网)。在公网中,报文只根据外层 VLAN Tag(即公网 VLAN Tag)进行传输,用户的私网 VLAN Tag 则当作报文中的数据部分进行传输。

【实验目的】

(1) 熟悉 Isolate-user-vlan 的基本原理和配置。

(2) 熟悉 Super VLAN 的基本原理和配置。

【实验内容】

(1) Isolate-user-vlan 的配置。

(2) Super VLAN 的配置。

【实验设备】

H3C 系列三层交换机三台,PC 4 台,网线 7 根,配置电缆两根。网络拓扑结构如图 2.8 所示。

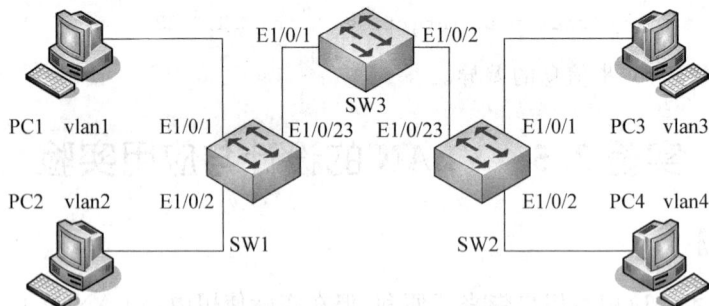

图 2.8 VLAN 的设计与应用实验拓扑结构图

【实验步骤】

1. Super VLAN 的配置

创建 Super VLAN 10,VLAN 接口的 IP 地址为 10.0.0.1/24;创建 Sub VLAN: vlan 2、vlan 3;端口 Ethernet1/0/2 属于 vlan 2,端口 Ethernet1/0/1 属于 vlan 3;各 Sub VLAN 的用户之间能够满足二层隔离和三层互通。

(1) 创建 VLAN 10,配置 VLAN 接口的 IP 地址为 10.0.0.1/24。

```
<H3C>system-view
[H3C]sysname SW1
[SW1] vlan 10
[SW1-vlan10] quit
[SW1] interface vlan-interface 10
[SW1-Vlan-interface10] ip address 10.0.0.1 255.255.255.0
```

（2）为实现 Super VLAN 特性，开启设备的本地代理功能。

```
[SW1-Vlan-interface10] local-proxy-arp enable
[SW1-Vlan-interface10] quit
```

（3）创建 vlan 2，并添加端口 Ethernet1/0/2。

```
[SW1] vlan 2
[SW1-vlan2] port ethernet 1/0/2
[SW1-vlan2] quit
```

（4）创建 vlan 3，并添加端口 Ethernet1/0/1。

```
[SW1] vlan 3
[SW1-vlan3] port ethernet 1/0/1
[SW1-vlan3] quit
```

（5）指定 vlan 10 为 Super VLAN，vlan 2 和 vlan 3 为 Sub VLAN。

```
[SW1] vlan 10
[SW1-vlan10] supervlan
[SW1-vlan10] subvlan 2 3
[SW1-vlan10] quit
[SW1] quit
```

（6）查看 Super VLAN 的相关信息，验证以上配置是否生效。

```
<SW1>display supervlan
```

2. Isolate-user-vlan 的配置

SW1 上的 VLAN 5 为 Isolate-user-vlan，包含上行端口 Ethernet1/0/23 和两个 Secondary VLAN（vlan 2 和 vlan 3），vlan 2 包含端口 Ethernet1/0/2，vlan 3 包含端口 Ethernet1/0/1。SW2 上的 vlan 6 为 Isolate-user-vlan，包含上行端口 Ethernet1/0/23 和两个 Secondary VLAN（vlan 3 和 vlan 4），vlan 3 包含端口 Ethernet1/0/1，vlan 4 包含端口 Ethernet1/0/2。从 SW3 看下接的设备 SW1 只有一个 VLAN（vlan 5），下接的设备 SW2 只有一个 VLAN（vlan 6）。

下面只列出 SW1 和 SW2 的配置过程。

（1）配置 SW1。

① 配置 vlan 5 为 Isolate-user-vlan。

```
<SW1>system-view
[SW1] vlan 5
[SW1-vlan5] isolate-user-vlan enable
[SW1-vlan5] quit
```

② 创建 Secondary VLAN。

```
[SW1] vlan 2 to 3
```

③ 配置 Isolate-user-vlan 和 Secondary VLAN 间的映射关系。

```
[SW1] isolate-user-vlan 5 secondary 2 to 3
```

④ 配置上行端口 Ethernet 1/0/23 在 vlan 5 中工作在 promiscuous 模式。

```
[SW1] interface ethernet 1/0/23
[SW1-Ethernet1/0/23] port isolate-user-vlan 5 promiscuous
[SW1-Ethernet1/0/23] quit
```

⑤ 将下行端口 Ethernet 1/0/1、Ethernet 1/0/2 分别添加到 vlan 3、vlan 2，并配置它们工作在 host 模式。

```
[SW1] interface ethernet 1/0/1
[SW1-Ethernet1/0/1] port access vlan 3
[SW1-Ethernet1/0/1] port isolate-user-vlan host
[SW1-Ethernet1/0/1] quit
[SW1] interface ethernet 1/0/2
[SW1-Ethernet1/0/2] port access vlan 2
[SW1-Ethernet1/0/2] port isolate-user-vlan host
[SW1-Ethernet1/0/2] quit
```

（2）配置 SW2。

① 配置 vlan 6 为 Isolate-user-vlan。

```
<SW2>system-view
[SW2] vlan 6
[SW2-vlan6] isolate-user-vlan enable
[SW2-vlan6] quit
```

② 创建 Secondary VLAN。

```
[SW2] vlan 3 to 4
```

③ 配置 Isolate-user-vlan 和 Secondary VLAN 间的映射关系。

```
[SW2] isolate-user-vlan 6 secondary 3 to 4
```

④ 配置上行端口 Ethernet 1/0/23 在 vlan 6 中工作在 promiscuous 模式。

```
[SW2] interface ethernet 1/0/23
[SW2-Ethernet1/0/23] port isolate-user-vlan 6 promiscuous
[SW2-Ethernet1/0/23] quit
```

⑤ 将下行端口 Ethernet 1/0/3、Ethernet 1/0/4 分别添加到 vlan 3、vlan 4，并配置它们工作在 host 模式。

```
[SW2] interface ethernet 1/0/3
[SW2-Ethernet1/0/3] port access vlan 3
[SW2-Ethernet1/0/3] port isolate-user-vlan host
```

```
[SW2-Ethernet1/0/3] quit
[SW2] interface ethernet 1/0/4
[SW2-Ethernet1/0/4] port access vlan 4
[SW2-Ethernet1/0/4] port isolate-user-vlan host
[SW2-Ethernet1/0/4] quit
```

（3）显示与验证。

显示 SW1 上的 Isolate-user-vlan 配置情况。

```
[SW1] display isolate-user-vlan
```

实验 2.6 VLAN 间路由实验

【实验背景】

划分 VLAN 可以隔离广播，提高网络效率和安全性，但也带来不同 VLAN 之间不能通信的问题，需要通过第三层的路由来实现。用单臂路由来实现不同 VLAN 通信时，通常是将路由器的以太口划分为几个子接口来对应不同的 VLAN，数据都从路由器的以太口进和出，形成网络通信的瓶颈。而且路由器价格成本高，用做局域网内的单臂路由也不是路由器的强项，所以不适合数据流量大的情况。

三层交换机的出现很好地解决了这一问题。三层交换机内设置了二层交换模块和三层路由模块，都是用硬件来实现的，它能自动识别不同子网和相同子网的帧，对相同子网的帧直接转发到相应的端口，对不同网段的帧则先路由到相应的子网。和传统路由器相比，它实现了高速路由，并且一次路由多次转发。

【实验目的】

通过本实验掌握实现不同 VLAN 通信的两种方式的配置，并了解其适用场合。

【实验内容】

三层交换机实现不同 VLAN 通信。

【实验设备】

H3C 系列二层交换机一台、路由器一台、计算机三台，网线 5 根。网络拓扑结构如图 2.9 所示。

【实验步骤】

1. 用三层交换机实现 VLAN 间路由

（1）用三层交换机实现不同 VLAN 通信，配置 VLAN 接口的虚拟 IP 地址作为 PC 的网关。

配置命令如下：

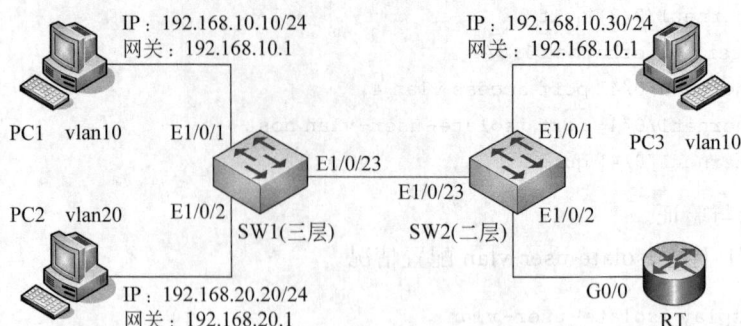

图 2.9　VLAN 间路由实验网络拓扑结构图

```
[SW1]vlan 10
[SW1-vlan10]port ethernet 1/0/1
[SW1-vlan10]vlan 20
[SW1-vlan20]port ethernet 1/0/2
[SW1-vlan20]quit
[SW1]int ethernet 1/0/23
[SW1-Ethernet 1/0/23]port link-type trunk
[SW1-Ethernet 1/0/23]port trunk permit vlan all
[SW1-Ethernet 1/0/23]port link-mode route
[SW1-Ethernet 1/0/23]ip address 10.1.1.1 24
[SW1-Ethernet 1/0/23]quit
[SW1]interface vlan-interface 10
[SW1-Vlan-interface10]ip address 192.168.10.1 255.255.255.0
[SW1-Vlan-interface10]interface vlan-interface 20
[SW1-Vlan-interface20]ip address 192.168.20.1 255.255.255.0
```

（2）二层交换机做如下配置：

```
[SW2]vlan 10
[SW2-vlan10]port ethernet 1/0/1
[SW2-vlan10]quit
[SW2]int ethernet 1/0/23
[SW2-Ethernet 1/0/23]port link-type trunk
[SW2-Ethernet 1/0/23]port trunk permit vlan all
```

（3）将 PC1、PC2 和 PC3 分别按图 2.9 所示参数进行配置，相互 ping 对方的 IP 地址。

```
[RT] interface gigabitethernet 0/0
[RT-Gigabit Ethernet 0/0] ip address 10.1.1.2 24
```

2．用路由器单臂路由

用路由器单臂路由只需要在路由器的对应以太网接口上创建所需的三层以太网子接口（对应以太网接口连接了多少个 VLAN 就需要创建多少个三层以太网子接口），并绑定各自的 VLAN,以实现不同 VLAN 间的数据包通过路由器上配置的子接口集中转发(各子接口就相当于对应 VLAN 的路由接口)。

以太网子接口也有二层和三层之分,二层以太网子接口用于解决二层报文不能跨 VLAN 转发的问题。通过配置二层以太网子接口,可以使一个子接口所在 VLAN 中的二层以太网报文转发到其他子接口(可以是同物理以太网接口上的子接口,也可以是不同物理以太网接口上的子接口)所在的 VLAN 中。也就是通过二层以太网子接口,在相同或者不同物理以太网接口上可实现 VLAN 间报文的相互转发,实现二层 VLAN 间相互通信。

三层以太网子接口(就是配置了 IP 地址的以太网子接口)可以解决三层物理以太网接口不能识别二层 VLAN 报文的问题。用户在一个物理三层以太网接口上配置了多个三层以太网子接口后,来自不同 VLAN 的数据包就可以从不同的子接口进行转发(如通常所说的单臂路由就是利用三层子接口实现的),为用户提供了很高的灵活性。

(1) 对交换机 SW1 做如下配置:

```
[SW1]vlan 10
[SW1-vlan10]port ethernet 1/0/1
[SW1-vlan10]vlan 20
[SW1-vlan20]port ethernet 1/0/2
[SW1-vlan20]quit
[SW1]int ethernet 1/0/23
[SW1-Ethernet 1/0/23]port link-type trunk
[SW1-Ethernet 1/0/23]port trunk permit vlan all
[SW1-Ethernet 1/0/23]quit
```

(2) 对交换机 SW2 做如下配置:

```
[SW2]vlan 10
[SW2-vlan10]port ethernet 1/0/1
[SW2-vlan10]quit
[SW2]int ethernet 1/0/23
[SW2-Ethernet 1/0/23]port link-type trunk
[SW2-Ethernet 1/0/23]port trunk permit vlan all
[SW2-Ethernet 1/0/23]int ethernet 1/0/2
[SW2-Ethernet 1/0/2]port link-type trunk
[SW2-Ethernet 1/0/2]port trunk permit vlan all
```

(3) 对路由器做如下配置:

```
[H3C]interface GigabitEthernet 0/0
[H3C-GigabitEthernet0/0]interface GigabitEthernet 0/0.10
[H3C-GigabitEthernet0/0.10]ip address 192.168.10.1 255.255.255.0
[H3C-GigabitEthernet0/0.10]vlan-type dot1q vid 10
[H3C-GigabitEthernet0/0.10]quit
[H3C]interface GigabitEthernet 0/0.20
```

```
[H3C-GigabitEthernet0/0.20]ip address 192.168.20.1 255.255.255.0
[H3C-GigabitEthernet0/0.20]vlan-type dot1q vid 20
[H3C-GigabitEthernet0/0.20]quit
[H3C]interface GigabitEthernet 0/0
[H3C-GigabitEthernet0/0]ip address 192.168.1.1 255.255.255.0
[H3C-GigabitEthernet0/0]undo shutdown
```

(4) 将 PC1、PC2 和 PC3 分别按图 2.9 所示参数进行配置。

【思考题】

(1) 端口 ethernet 1/0/23 能否设置为 Access 端口？

(2) 如果交换机 SW2 上加一台计算机进入 vlan 20,有办法让该计算机和 PC3 通信吗？如果有办法,该怎样配置？如果没有办法,为什么？

实验 2.7　链路带宽聚合实验

【实验背景】

以太网链路聚合简称链路聚合,它通过将多条以太网物理链路捆绑在一起成为一条逻辑链路,从而实现增加链路带宽的目的。同时,这些捆绑在一起的链路通过相互间的动态备份,可以有效地提高链路的可靠性。

【实验目的】

(1) 掌握链路汇聚命令的使用方法。

(2) 理解汇聚链路的报文转发方式。

【实验内容】

(1) 在交换机上实现二层静态聚合。

(2) 在交换机上实现二层动态聚合。

【实验设备】

H3C 系列交换机两台,计算机 4 台,网线 6 根,配置电缆两根。网络拓扑结构如图 2.10 所示。

【实验步骤】

(1) 按图 2.10 所示将网络搭建好。

(2) 配置 SW1。

① 创建 vlan 10,并将端口 Ethernet1/0/1 加入到该 VLAN 中。

```
<SW1>system-view
[SW1] vlan 10
```

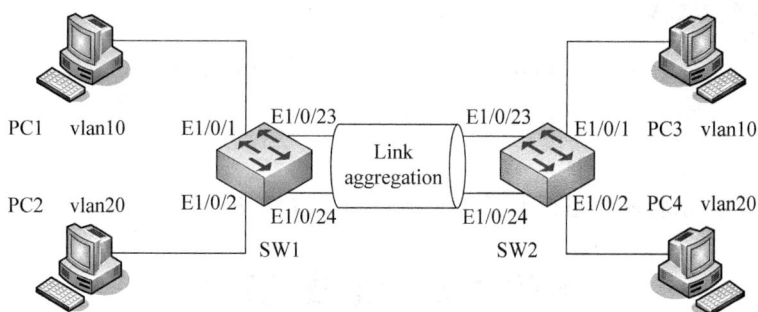

图 2.10　链路宽带聚合实验拓扑结构图

```
[SW1-vlan10] port ethernet1/0/1
[SW1-vlan10] quit
```

② 创建 vlan 20，并将端口 Ethernet1/0/2 加入到该 VLAN 中。

```
[SW1] vlan 20
[SW1-vlan20] port ethernet1/0/2
[SW1-vlan20] quit
```

③ 创建二层聚合接口 1。

```
[SW1] interface bridge-aggregation 1
[SW1-Bridge-Aggregation1] link-aggregation mode dynamic
                                     //如果把这条命令去掉就是静态链路汇聚
[SW1-Bridge-Aggregation1] quit
```

④ 分别将端口 Ethernet1/0/23～Ethernet1/0/24 加入到聚合组 1 中。

```
[SW1] interface ethernet1/0/23
[SW1-Ethernet1/0/23] port link-aggregation group 1
[SW1-Ethernet1/0/23] interface ethernet1/0/24
[SW1-Ethernet1/0/24] port link-aggregation group 1
[SW1-Ethernet1/0/24] quit
```

⑤ 配置二层聚合接口 1 为 Trunk 端口，并允许 VLAN 10 和 VLAN 20 的报文通过。

```
[SW1] interface bridge-aggregation 1
[SW1-Bridge-Aggregation1] port link-type trunk
[SW1-Bridge-Aggregation1] port trunk permit vlan 10 20
[SW1-Bridge-Aggregation1] quit
```

⑥ 配置全局按照报文的源 MAC 地址和目的 MAC 地址进行聚合负载分担。

```
[SW1] link-aggregation load-sharing mode source-mac destination-mac
```

（3）配置 SW2。

SW2 的配置与 SW1 相似，配置过程略。

(4) 检验配置效果。

```
[SW1] display link-aggregation summary          //查看 SW1 上所有聚合组的摘要信息
```

【思考题】

按图 2.10 所示将网络搭建好后,如果不进行端口汇聚配置,网络会出现异常吗?

实验 2.8 镜 像 实 验

【实验背景】

端口镜像(Port Mirroring)是把交换机的一个或多个端口(VLAN)的数据镜像到一个或多个端口的方法,以便监视进出网络的所有数据包,供安装了监控软件的管理服务器抓取数据,如网吧需提供此功能把数据发往公安部门审查。而企业出于信息安全、保护公司机密的需要,也迫切需要网络中有一个端口能提供这种实时监控功能。在企业中用端口镜像功能可以很好地对企业内部的网络数据进行监控管理,在网络出现故障的时候可以做到很好的故障定位。流镜像是指将指定报文复制到指定目的地,用于报文的分析和监控。流镜像通过 QoS 策略来实现,即使用流分类技术为待镜像报文定义匹配条件,再通过配置流行为将符合条件的报文镜像至指定目的地。其优势在于用户通过流分类技术可以灵活地制订匹配条件,从而对报文类型进行精细区分,以获取更加精确的统计信息。

而由于部署 IDS 产品需要监听网络流量(网络分析仪同样也需要),但是在目前广泛采用的交换网络中监听所有流量有相当大的困难,因此需要通过配置交换机来把一个或多个端口(VLAN)的数据转发到某一个端口来实现对网络的监听。

【实验目的】

(1) 了解镜像的原理。
(2) 掌握在交换机上进行镜像的方法。

【实验内容】

配置交换机以实现镜像功能。

【实验设备】

以太网交换机三台,计算机三台,服务器一台,双绞线 9 根,配置电缆两根。网络拓扑结构如图 2.11 所示。

【实验步骤】

1. 本地端口镜像

端口 Ethernet1/0/1～Ethernet1/0/3 分别连接不同的计算机,端口 Ethernet1/0/11 连接 ServerA,使 ServerA 可以监控所有进、出连接上述三个接口计算机的报文。

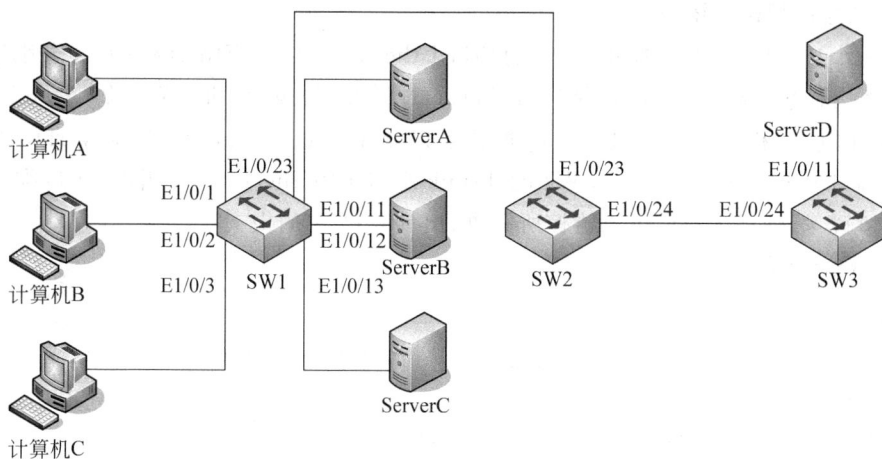

图 2.11 镜像实验拓扑结构图

（1）对交换机 SW1 做如下配置：

```
[H3C]sysname SW1
[SW1]mirroring-group 1 local              //创建本地镜像组
[SW1]mirroring-group 1 mirroring-port ethernet 1/0/1 to ethernet 1/0/3 both
                                          //指定被镜像端口
[SW1]mirroring-group 1 monitor-port ethernet 1/0/11       //指定镜像端口
[SW1]interface ethernet1/0/11
[SW1-Ethernet1/0/11]undo stp enable
```

（2）将服务器接在 SW1 的 ethernet1/0/11 号端口就可以监视相关端口的报文。

2. 利用远程镜像 VLAN 实现本地镜像支持多个目的端口

端口 Ethernet1/0/1～Ethernet1/0/3 分别连接不同的计算机，端口 Ethernet1/0/11～Ethernet1/0/13 分别连接不同的 Server，三个服务器都能够对三个不同的计算机发送和接收的报文进行镜像。

```
<H3C>system-view
[H3C]sysname SW1
[SW1] mirroring-group 1 remote-source
[SW1] mirroring-group 1 mirroring-port ethernet 1/0/1 to ethernet 1/0/3 both
    //将接入部门 A、B、C 的三个端口配置为远程源镜像组 1 的源端口
[SW1] mirroring-group 1 reflector-port Ethernet 1/0/5
//将设备上任意未使用的端口（此处以 Ethernet1/0/5 为例）配置为镜像组 1 的反射口。
[SW1] vlan10
[SW1-vlan10] port ethernet 1/0/11 to ethernet 1/0/13
[SW1-vlan10] quit
[SW1]mirroring-group 1 remote-probe vlan 10
    //创建 vlan10 作为镜像组 1 的远程镜像 vlan，并将接入三台数据检测设备的端口加入
    //vlan10，配置 vlan10 作为镜像组 1 的远程镜像 vlan
```

3. 二层远程端口镜像

在一个二层网络中,交换机 SW1 的端口 Ethernet1/0/1～Ethernet1/0/3 分别连接不同的计算机,并通过 Trunk 端口 Ethernet1/0/23 与交换机 SW2 的 Trunk 端口 Ethernet1/0/23 相连;交换机 SW3 通过端口 Ethernet1/0/11 连接 ServerD,并通过 Trunk 端口 Ethernet1/0/24 与 SW2 的 Trunk 端口 Ethernet1/0/24 相连,通过配置二层远程端口镜像,使 ServerD 可以监控所有进、出计算机 A 的报文。

(1) 配置 SW1。

```
<SW1>system-view
[SW1] mirroring-group 1 remote-source       //创建远程源镜像组 1
[SW1] vlan 2
[SW1-vlan2] mac-address mac-learning disable
//创建 VLAN 2 作为远程镜像 VLAN,并关闭远程镜像 VLAN 的 MAC 地址学习功能
[SW1-vlan2] quit
[SW1] mirroring-group 1 remote-probe vlan 2
[SW1] mirroring-group 1 mirroring-port ethernet 1/0/1 both
[SW1] mirroring-group 1 reflector-port ethernet 1/0/5
//配置远程源镜像组 1 的远程镜像 VLAN 为 VLAN 2,源端口为 Ethernet1/0/1,反射端口为
//Ethernet1/0/5
[SW1] interface ethernet 1/0/23
[SW1-Ethernet1/0/23] port link-type trunk
[SW1-Ethernet1/0/23] port trunk permit vlan 2
//配置端口 Ethernet1/0/23 为 Trunk 口,并允许 VLAN 2 的报文通过
[SW1-Ethernet1/0/23] quit
[SW1] interface ethernet 1/0/5
[SW1-Ethernet1/0/5] undo stp enable
//关闭反射端口 Ethernet1/0/5 上的生成树协议
```

(2) 配置 SW2。

```
<SW2>system-view
[SW2] vlan 2
[SW2-vlan2] mac-address mac-learning disable
//创建 VLAN 2 作为远程镜像 VLAN,关闭远程镜像 VLAN 的 MAC 地址学习功能
[SW2-vlan2] quit
[SW2] interface ethernet 1/0/23
[SW2-Ethernet1/0/23] port link-type trunk
[SW2-Ethernet1/0/23] port trunk permit vlan 2
[SW2-Ethernet1/0/23] interface ethernet 1/0/24
[SW2-Ethernet1/0/24] port link-type trunk
[SW2-Ethernet1/0/24] port trunk permit vlan 2
//配置端口 Ethernet1/0/23 和 Ethernet1/0/24 为 Trunk 口,并允许 VLAN 2 的报文通过
[SW2-Ethernet1/0/24] quit
```

（3）配置 SW3。

```
<SW3>system-view
[SW3] interface ethernet 1/0/24
[SW3-Ethernet1/0/24] port link-type trunk
[SW3-Ethernet1/0/24] port trunk permit vlan 2
```
//配置端口 Ethernet1/0/24 为 Trunk 口,并允许 VLAN 2 的报文通过
```
[SW3-Ethernet1/0/24] quit
[SW3] mirroring-group 1 remote-destination        //创建远程目的镜像组 1
[SW3] vlan 2
[SW3-vlan2] mac-address mac-learning disable
```
//创建 VLAN 2 作为远程镜像 VLAN,关闭远程镜像 VLAN 的 MAC 地址学习功能
```
[SW3-vlan2] quit
[SW3] mirroring-group 1 remote-probe vlan 2
[SW3] interface ethernet 1/0/11
[SW3-Ethernet1/0/11] mirroring-group 1 monitor-port
[SW3-Ethernet1/0/11] undo stp enable
[SW3-Ethernet1/0/11] port access vlan 2
```
//配置远程目的镜像组 1 的远程镜像 VLAN 为 VLAN 2,目的端口为 Ethernet1/0/11,在该端口
//上关闭生成树协议并将其加入 VLAN 2
```
[SW3-Ethernet1/0/11] quit
```

（4）检验配置效果。

配置完成后,用户可以通过 Server 监控所有进、出三台计算机的报文。

4. 流镜像的典型配置

某公司内的各部门之间使用不同网段的 IP 地址,其中计算机 A 和计算机 B 分别使用 192.168.1.0/24 和 192.168.2.0/24 网段,该公司的工作时间为每周工作日的 8 点到 18 点。通过配置流镜像,使 ServerA 可以监控计算机 B 访问互联网的 WWW 流量,以及计算机 B 在工作时间发往计算机 A 的 IP 流量。

（1）配置监控计算机 B 访问互联网的流量。

```
<SW1>system-view
[SW1] acl number 3000
[SW1-acl-adv-3000] rule permit tcp source 192.168.2.0 0.0.0.255 destination-
port eq www
```
//创建 ACL 3000,并定义计算机 B(192.168.2.0/24 网段)访问 WWW 的报文规则
```
[SW1-acl-adv-3000] quit
[SW1] traffic classifier tech_c
[SW1-classifier-tech_c] if-match acl 3000
[SW1-classifier-tech_c] quit
```
//创建流分类 tech_c,并配置报文匹配规则为 ACL 3000
```
[SW1] traffic behavior tech_b
[SW1-behavior-tech_b] mirror-to interface ethernet 1/0/11
```

//创建流行为 tech_b,并配置流镜像到端口 Ethernet1/0/11

[SW1-behavior-tech_b] quit

[SW1] qos policy tech_p

[SW1-qospolicy-tech_p] classifier tech_c behavior tech_b

//创建 QoS 策略 tech_p,并指定流分类 tech_c 采用流行为 tech_b

[SW1-qospolicy-tech_p] quit

[SW1] interface ethernet 1/0/2

[SW1-Ethernet1/0/2] qos apply policy tech_p inbound

//将 QoS 策略 tech_p 应用到端口 Ethernet1/0/2 的入方向上

[SW1-Ethernet1/0/2] quit

（2）配置监控计算机 B 发往计算机 A 的流量。

[SW1] time-range work 8:0 to 18:0 working-day

//定义工作时间：创建名为 work 的时间段,其时间范围为每周工作日的 8 点到 18 点

[SW1] acl number 3001

[SW1-acl-adv-3001] rule permit ip source 192.168.2.0 0.0.0.255 destination 192.

168.1.0 0.0.0.255 time-range work

//创建 ACL 3001,并定义如下规则：匹配在工作时间由计算机 B(192.168.2.0/24 网段)发往计

//算机 A(192.168.1.0/24 网段)的 IP 报文

[SW1-acl-adv-3001] quit

[SW1] traffic classifier mkt_c

[SW1-classifier-mkt_c] if-match acl 3001

//创建流分类 mkt_c,并配置报文匹配规则为 ACL 3001

[SW1-classifier-mkt_c] quit

[SW1] traffic behavior mkt_b

[SW1-behavior-mkt_b] mirror-to interface ethernet 1/0/11

//创建流行为 mkt_b,并配置流镜像到端口 Ethernet1/0/11

[SW1-behavior-mkt_b] quit

[SW1] qos policy tech_p

[SW1-qospolicy-tech_p] classifier mkt_c behavior mkt_b

//在 QoS 策略 tech_p 中,补充流分类 mkt_c 和流行为 mkt_b 的对应关系

（3）检验配置效果。

配置完成后,用户可以通过 ServerA 监控计算机 B 访问互联网的 WWW 流量,以及计算机 B 在工作时间发往计算机 A 的 IP 流量。

注意：

（1）一个目的端口只能处于一个监控任务中。当一个端口被配制成目的端口后就不能再成为源端口,同时冗余链路端口也不能成为监控的目的端口。特别需要指出的是,如果一个 Trunk 端口被配置成为监控的目的端口,则其 Trunk 功能也将自动停止。

（2）源端口又可以称作被监控端口。在一个监控任务中可以有一个或多个源端口,而且可以根据用户需要设置为输入方向、输出方向或双向。但无论哪种情况,在一个 SPAN 任务中,所有源端口的被监控方向都必须是一致的。

（3）Trunk 端口可以单独设为源端口,也可以与非 Trunk 端口一起被设置为源端口。

但要注意的是,在监控端口不会识别来自 Trunk 端口针对不同 VLAN 的数据封装格式。换句话说,在监控端口收到的数据包将无法辨明是来自哪个 VLAN。

（4）配置本地端口镜像时,必须预先创建本地镜像组。

（5）本地镜像组需要配置源端口、目的端口才能生效。其中源端口和目的端口不能是现有镜像组的成员端口,并且一个镜像组只能配置一个目的端口。

（6）用户不要在目的端口上开启 STP、RSTP 或 MSTP,否则可能会影响镜像功能的正常使用。

实验 2.9　STP 配置实验

【实验背景】

随着计算机和网络在工作和生活中的普遍应用,对网络的稳定性和可靠性的要求进一步提高。一旦出现线路故障将导致经济损失,给工作和生活带来不便,而冗余链路或者叫作备份链路是解决网络线路故障的比较简单有效的办法,可以保证单点出现故障后网络通信不受影响。但是冗余链路也带来了一系列环路问题,如广播风暴、多帧复制、MAC 地址表不稳定等,都可能使得网络崩溃,通信中断。生成树协议通过在交换机上运行一套算法,保证出现环路时切断备份链路,主链路出现故障时启用备份链路,不需人工干预。生成树协议(Spanning-Tree Protocol,STP)遵循 IEEE 802.1d 标准,主要解决当交换机中存在多条链路时,生成树算法只启用主要的一条链路,而将其他链路阻断,变为备份链路,当主链路出现故障时将自动启用备份链路。现在的网络拓扑中大量用到了冗余链路,如接入层到汇聚层到核心层,几乎都部署了双链路。另外,有改进了的生成树协议,即快速生成树协议(RSTP),在网络出现问题时有比较短的收敛时间。

【实验目的】

通过本实验掌握生成树协议的配置和修改树根等设置命令。

【实验内容】

配置生成树协议并观察运行状态。

【实验设备】

H3C 系列交换机 4 台,网线 8 根,计算机两台。网络拓扑结构如图 2.12 所示。

【实验步骤】

（1）按照如图 2.12 所示的内容将网络拓扑结构搭建好。

（2）观察交换机的状态,交换机的指示灯是否在不停地闪烁? 为什么会出现这种情况?

（3）根据图示在各交换机上创建 VLAN,为 VLAN 分配相应端口并允许相应 VLAN

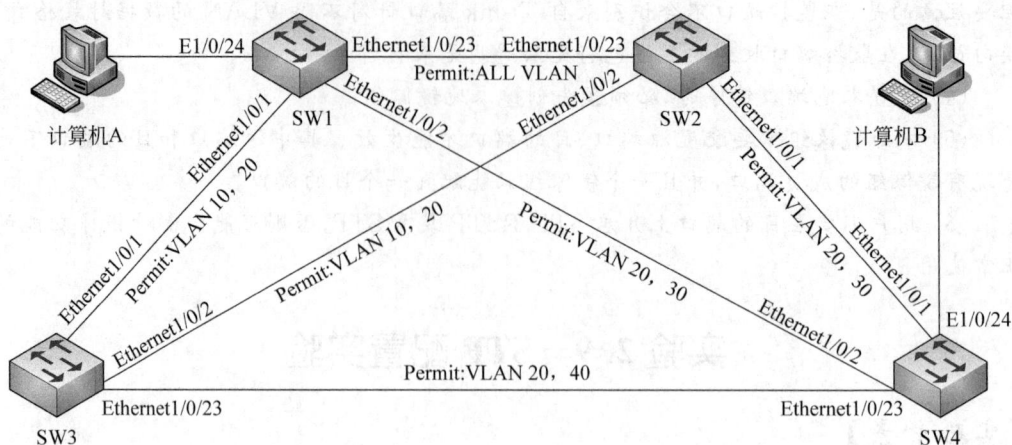

图 2.12　STP 实验拓扑结构图

通过,此处略。

(4) 基本 STP 配置举例。通过改变交换机或者端口的 STP 优先级,从而达到手工指定网络中的根网桥,以及端口的 STP 角色,完成阻断环路及链路的冗余备份。对交换机做如下配置:

① 配置 SW1。

```
[SW1]stp enable                          //全局启用 STP 功能
[SW1]interface ethernet1/0/24
[SW1-Ethernet1/0/24]stp disable     //将接计算机的端口 stp 功能关闭
[SW1-Ethernet1/0/24]stp edged-port enable      //配置为边缘端口
[SW1-Ethernet1/0/24]quit
[SW1]stp bpdu-protection                 //并使能 BPDU 保护功能
```

② 配置 SW2。

```
[SW2]stp enable
[SW2]stp priority 0                      //将 SW2 的 Bridge 优先级设置为 0,使其成为树根
[SW2]stp root primary                    //直接将 SW2 指定为树根
[SW2]interface Ethernet 1/0/1            //在各个指定端口上启动根保护功能
[SW2-Ethernet1/0/1]stp root-protection
[SW2-Ethernet1/0/1]interface Ethernet 1/0/2
[SW2-Ethernet1/0/2]stp root-protection
[SW2-Ethernet1/0/2]interface Ethernet 1/0/23
[SW2-Ethernet1/0/23]stp root-protection
```

③ 配置 SW3。

```
[SW3]stp enable
[SW3]stp priority 4096                    //将 SW3 的 Bridge 优先级设置为 4096,使其成为备份树根
[SW3]stp root secondary                   //直接将 SW3 指定为备份树根
```

④ 配置 SW4。

```
[SW4]stp enable                          //全局启用 STP 功能
[SW4]interface ethernet1/0/24
[SW4--Ethernet1/0/24]stp disable          //将接计算机的端口 stp 功能关闭
[SW4--Ethernet1/0/24]stp edged-port enable     //配置为边缘端口
[SW4-]stp bpdu-protection
```

注意:

① 配置了 bpdu-protection 以后,如果某个边缘端口收到 BPDU 报文,则该边缘端口将会被关闭,必须由手工进行恢复。

② 当端口上配置了 stp root-protection 以后,该端口的角色只能是指定端口,且一旦该端口上收到了优先级高的配置消息,则该端口的状态将被配置为侦听状态,不再转发报文。当在足够长的时间内没有收到更优的配置消息时,端口会恢复原来的正常状态。

(5) MSTP(Multiple Spanning Tree Protocol,多生成树协议)典型配置举例。网络中所有设备都属于同一个 MST 域。SW1 和 SW2 为汇聚层设备,SW3 和 SW4 为接入层设备,通过配置 MSTP,使不同 VLAN 的报文按照不同的 MSTI 转发:vlan 10 的报文沿 MSTI 1 转发,vlan 30 的报文沿 MSTI 3 转发,vlan 40 的报文沿 MSTI 4 转发,vlan 20 的报文沿 MSTI 0 转发。由于 vlan 10 和 vlan 30 在汇聚层设备终结、vlan 40 在接入层设备终结,因此配置 MSTI 1 和 MSTI 3 的根桥分别为 SW1 和 SW2,MSTI 4 的根桥为 SW3。

① 配置 VLAN 和端口。

按照图 2.12 所示在 SW1 和 SW2 上分别创建 vlan 10、vlan 20 和 vlan 30,在 SW3 上创建 vlan 10、vlan 20 和 vlan 40,在 SW4 上创建 vlan 20、vlan 30 和 vlan 40。将各设备的各端口配置为 Trunk 端口并允许相应的 vlan 通过,具体配置过程略。

② 配置 SW1。

```
//配置 MST 域的域名为 cqut,将 vlan 10、vlan 30、vlan 40 分别映射到 MSTI 1、MSTI 3、
//MSTI 4 上,并配置 MSTP 的修订级别为 0
<SW1>system-view
[SW1] stp region-configuration
[SW1-mst-region] region-name cqut
[SW1-mst-region] instance 1 vlan 10
[SW1-mst-region] instance 3 vlan 30
[SW1-mst-region] instance 4 vlan 40
[SW1-mst-region] revision-level 0
[SW1-mst-region] active region-configuration     //激活 MST 域的配置
[SW1-mst-region] quit
[SW1] stp instance 1 root primary                 //配置本设备为 MSTI 1 的根桥
[SW1] stp enable                                   //全局使能生成树协议
```

③ 按照同样的方法分别配置 SW2、SW3、SW4,只是 SW2 应配置为 MSTI 3 的根桥、SW3 应配置为 MSTI 4 的根桥,而 SW4 不需要这一配置。

④ 检验配置效果。

在本例中,假定 SW2 的根桥 ID 最小,因此该设备将在 MSTI 0 中被选举为根桥。

当网络拓扑稳定后,通过使用 display stp brief 命令可以查看各设备上生成树的简要信息。

```
[SW1] display stp brief
[SW2] display stp brief
[SW3] display stp brief
[SW4] display stp brief
```

(6) PVST 典型配置举例(Per VLAN Spanning Tree,每 VLAN 生成树)。SW1 和 SW2 为汇聚层设备,SW3 和 SW4 为接入层设备。通过配置 PVST,使 vlan 10、vlan 20、vlan 30 和 vlan 40 的报文分别按照其各自 vlan 所对应的生成树转发。由于 vlan 10、vlan 20 和 vlan 30 在汇聚层设备终结、vlan 40 在接入层设备终结,因此配置 vlan 10 和 vlan 20 的根桥为 SW1,vlan 30 的根桥为 SW2,vlan 40 的根桥为 SW3。

① 配置 VLAN 和端口。

按照图 2.12 所示在 SW1 和 SW2 上分别创建 vlan 10、vlan 20 和 vlan 30,在 SW3 上创建 vlan 10、vlan 20 和 vlan 40,在 SW4 上创建 vlan 20、vlan 30 和 vlan 40。将各设备的各端口配置为 Trunk 端口并允许相应的 vlan 通过,具体配置过程略。

② 配置 SW1。

```
<SW1>system-view
[SW1] stp mode pvst                  //配置生成树的工作模式为 PVST 模式
[SW1] stp vlan 10 20 root primary    //配置本设备为 VLAN 10 和 VLAN 20 的根桥
[SW1] stp enable                     //全局使能生成树协议
[SW1] stp vlan 10 20 30 enable       //使能 VLAN 10、VLAN 20 和 VLAN 30 中的生成树协议
```

③ 配置 SW2。

```
<SW2>system-view
[SW2] stp mode pvst
[SW2] stp vlan 30 root primary
[SW2] stp enable
[SW2] stp vlan 10 20 30 enable
```

④ 配置 SW3。

```
<SW3>system-view
[SW3] stp mode pvst
[SW3] stp vlan 40 root primary
[SW3] stp enable
[SW3] stp vlan 10 20 40 enable
```

⑤ 配置 SW4。

```
<SW4>system-view
[SW4] stp mode pvst
```

```
[SW4] stp enable
[SW4] stp vlan 20 30 40 enable
```

⑥ 检验配置效果。

当网络拓扑稳定后,通过使用 display stp brief 命令可以查看各设备上生成树的简要信息。

```
[SW1] display stp brief
[SW2] display stp brief
[SW3] display stp brief
[SW4] display stp brief
```

注意事项:STP 实验中,若先连线,STP 没有开启的情况下会形成环路,造成无法配置交换机。所以最好先配置,再连线。

【思考题】

STP 有哪些优缺点? 与 STP 相比较,RSTP 和 MSTP 的优点是什么? 如何设置 RSTP?

实验 2.10　交换设备的 DHCP 配置实验

【实验背景】

在企业网络中,DHCP 和 VLAN 是两项应用极其普遍的操作。利用 DHCP 可以让网络里的客户端自动获得 IP 信息,免去了网管员手工设置的重复操作。同样,给网络划分 VLAN 可以减少同一广播域内客户端的数量,从而有效防止广播风暴等故障的出现。

【实验目的】

(1) 掌握在交换机划分 VLAN 的方法。
(2) 掌握交换机作为 DHCP Server 为网络内的计算机分配地址的方法。
(3) 掌握交换机利用 DHCP Relay 和作为 DHCP Server 的服务器共同为网络内的计算机分配地址的方法。
(4) 掌握交换机利用 DHCP Relay 进行地址检查的配置方法。

【实验内容】

(1) 在交换机上划分 VLAN。
(2) 将交换机配置成 DHCP Server,使用户动态获取相应网段的 IP 地址。
(3) 将交换机配置成 DHCP Relay 和 DHCP Server 共同为计算机动态分配相应网段的 IP 地址。

【实验设备】

两台计算机、两台交换机、三根网线。网络拓扑结构如图 2.13 所示。

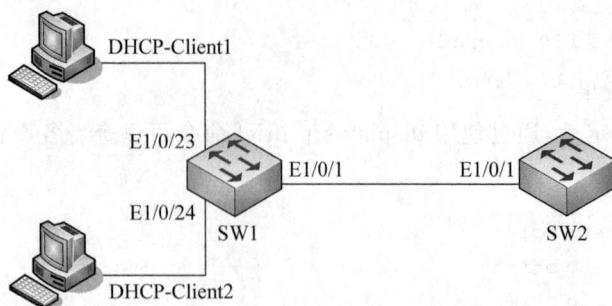

图 2.13　交换综合实验网络拓扑结构图

【实验步骤】

（1）交换机 SW1 作为 DHCP 服务器为 DHCP Client 分配地址。

```
[SW1]dhcp enable
[SW1]int vlan 1          //进入 VLAN 接口 1
[SW1-Vlan-interface1]ip address 192.168.0.1 255.255.255.0
                                        //为 VLAN 接口 1 配置 IP 地址
[SW1-Vlan-interface1]dhcp select server global-pool
                                        //配置 VLAN 接口 1 工作在 DHCP 服务器模式
[SW1-Vlan-interface1]quit
[SW1]dhcp server forbidden-ip 192.168.0.1     //配置网关为不参与自动分配的 IP 地址
[SW1] dhcp server ip-pool 0
[SW1-dhcp-pool-0]network 192.168.0.0 mask 255.255.255.0   //网段
[SW1-dhcp-pool-0]domain-name cqut.edu.cn                  //客户端域名后缀
[SW1-dhcp-pool-0]dns-list 202.202.145.5                   //DNS 服务器地址
[SW1-dhcp-pool-0]gateway-list 192.168.0.1                 //网关
[SW1-dhcp-pool-0]nbns-list 10.1.1.4                       //WINS 服务器地址
[SW1-dhcp-pool-0]expired day 10 hour 12                   //地址租用期限
[SW1-dhcp-pool-0]quit
```

（2）交换机 SW1 作为 DHCPv6 服务器为 DHCP Client 分配地址。

```
<SW1>system-view
[SW1] ipv6
[SW1] ipv6 dhcp server enable          //使能 IPv6 报文转发功能及 DHCPv6 服务器功能
[SW1] interface vlan-interface 2
[SW1-Vlan-interface2] ipv6 address 1::1/64      //配置 VLAN 接口 2 的 IPv6 地址
[SW1-Vlan-interface2] quit
[SW1] ipv6 dhcp prefix-pool 1 prefix 2001:0410::/32 assign-len 48
//配置前缀池 1,包含的前缀为 2001:0410::/32,分配的前缀长度为 48
[SW1] ipv6 dhcp pool 1                            //创建地址池 1
[SW1-ipv6-dhcp-pool-1] prefix-pool 1 preferred-lifetime 86400 valid-
lifetime 259200
```

//配置地址池 1 引用已存在的前缀池 1,并设置首选生命期为 1 天,有效生命期为 3 天

[SW1 - ipv6 - dhcp - pool - 1] static - bind prefix 2001: 0410: 0201::/48 duid 00030001CA0006A40000 preferred-lifetime 86400 valid-lifetime 259200

//在地址 1 中配置静态绑定前缀:绑定的前缀为 2001:0410:0201::/48,绑定的客户端 DUID

//为 00030001CA0006A40000,并设置首选生命期为 1 天,有效生命期为 3 天

[SW1-ipv6-dhcp-pool-1] dns-server 2:2::3

//配置为客户端分配的 DNS 服务器地址为 2:2::3

[SW1-ipv6-dhcp-pool-1] domain-name aaa.com　　//配置为客户端分配的域名为 aaa.com

[SW1-ipv6-dhcp-pool-1] sip-server address 2:2::4

//配置为客户端分配的 SIP 服务器地址为 2:2::4

[SW1-ipv6-dhcp-pool-1] sip-server domain-name bbb.com　　　　　　//域名为 bbb.com

[SW1-ipv6-dhcp-pool-1] quit

[SW1] interface vlan-interface 2

[SW1-Vlan-interface2] ipv6 dhcp server apply pool 1 allow- hint preference 255 rapid-commit

//在 VLAN 接口 2 上引用已存在的地址池 1,使能期望前缀分配和前缀快速分配功能,并将优先级

//设置为最高

（3）交换机 SW1 作为 DHCP 中继、SW2 作为 DHCP 服务器为 DHCP Client 分配地址。

① 将 SW1 清空配置并作如下设置:

[SW1]vlan 2

[SW1-vlan2]port ethernet 1/0/2

[SW1-vlan2]quit

[SW1]int vlan 1　　　　　//进入 VLAN 接口 1

[SW1-Vlan-interface1]ip address 192.168.0.2 255.255.255.0

[SW1-Vlan-interface1] int vlan 2

[SW1-Vlan-interface2]ip address 192.168.10.2 255.255.255.0

[SW1-Vlan-interface2]quit

[SW1]ip route-static 192.168.10.0 24 192.168.10.1

[SW1]dhcp enable

[SW1]dhcp relay server-group 1 ip 192.168.10.1　　　//配置 DHCP 服务器的地址

[SW1]interface vlan-interface 1

[SW1-Vlan-interface1]dhcp select relay　　　//配置 VLAN 接口 1 工作在 DHCP 中继模式

[SW1-Vlan-interface1]dhcp relay server-select 1

//配置 VLAN 接口 1 对应 DHCP 服务器组 1

② 为了使 DHCP 客户端能从 DHCP 服务器 SW2 获得 IP 地址,还需要在 DHCP 服务器 SW2 上进行一些配置,详见 SW1 作为 DHCP 服务器的方法。

③ 由于 DHCP 中继连接客户端的接口 IP 地址与 DHCP 服务器的 IP 地址不在同一网段,因此需要在 DHCP 服务器上通过静态路由或动态路由协议保证两者之间路由可达。

[SW2]interface vlan-interface 2

```
[SW2-vlan-interface 2] ip address 192.168.10.1 255.255.255.0
[SW2-vlan-interface 2]quit
[SW2]ip route-static 192.168.0.0 24 192.168.10.2
```

（4）交换机 SW1 作为 DHCPv6 中继、SW2 作为 DHCPv6 服务器为 DHCP Clientv6 分配地址。

```
<SW1>system-view
[SW1] ipv6          //使能 IPv6 报文转发功能
[SW1] interface vlan-interface 2
[SW1-Vlan-interface2] ipv6 address 1::2 64          //配置 VLAN 接口 2 的 IPv6 地址
[SW1-Vlan-interface2] interface vlan-interface 3
[SW1-Vlan-interface3] ipv6 address 2::1 64          //配置 VLAN 接口 3 的 IPv6 地址
[SW1-Vlan-interface3] ipv6 dhcp relay server-address 1::1
//配置 VLAN 接口 3 工作在 DHCPv6 中继模式,并指定 DHCPv6 服务器地址
[SW1-Vlan-interface3] undo ipv6 nd ra halt          //配置发布 RA 消息
[SW1-Vlan-interface3] ipv6 nd autoconfig managed-address-flag     //配置 M 标志位
[SW1-Vlan-interface3] ipv6 nd autoconfig other-flag          //配置 O 标志位
```

（5）假如交换机 SW1 作为 DHCP 服务器,DHCP Client1 是交换机而非计算机,则 DHCP Client1 需要做如下设置才能从 DHCP 服务器获得地址：

```
<DHCP Client1>system-view
[DHCP Client1] interface vlan-interface 1
[DHCP Client1-Vlan-interface1] ip address dhcp-alloc
```

SW1 的配置见前述方法。

如果将［DHCP Client1-Vlan-interface1］ip address dhcp-alloc 更改为［DHCP Client1-Vlan-interface1］ip address bootp-alloc,则通过 BOOTP 协议从 DHCP 服务器获取 IP 地址。

【思考题】

（1）对于 DHCP Server 设备,可以使用全局地址池和接口地址池进行地址分配,这两种配置方法的适用场合分别是什么？

（2）如果只允许 DHCP-Client1 通过端口 Ethernet 1/0/23 上网,而不能通过其他端口上网,该怎么做？

CHAPTER

第3章　路由技术实验

随着信息技术的发展,计算机网络在人们的工作和生活中的作用越来越大,路由选择和交换理论是组建可靠网络的基础,路由器在不同网络之间的通信过程中对路由选择起到了关键作用。本章主要介绍路由器基本配置、路由器基本维护、系统管理、链路层协议、网络协议、路由协议、组播协议、QoS、语音。通过本章的实验,读者能够进一步理解常见协议的基本原理,较熟练地掌握组建网络时配置路由器的方法和技能。

实验 3.1　路由器配置基础实验

【实验背景】

路由器工作在 OSI 参考模型第三层(网络层),用来解决不同网络的数据转发问题,它有"边界路由器"和"中间节点路由器"两种。"边界路由器"处于网络边界的边缘或末端,用于不同网络的连接,如连接企业局域网和广域网(如因特网),这也是目前大多数路由器的类型,这类路由器所支持的网络协议和路由协议比较广,背板带宽非常高,具有较高的吞吐能力,以满足各类不同类型网络的互联;而"中间节点路由器"则处于局域网的内部,通常用于连接不同局域网,起到一个数据转发的桥梁作用。中间节点路由器更注重 MAC 地址的记忆能力,要求较大的缓存。由于其所连接的网络基本上是局域网,所支持的网络协议比较单一,背板带宽也较小,这些特点都是为了获得更高的性价比,适应一般企业的随机能力。路由器必须先对其进行正确配置才能正常工作,在网络管理员对路由器进行初始配置前,必须通过路由器的 Console 口搭建配置环境。初始配置完成后,就可以通过 Telnet 对路由器进行远程管理。

【实验目的】

(1) 了解路由器的管理特性,掌握配置路由器的基本方法。
(2) 掌握配置路由器的命令行视图及常用命令的使用方法。

（3）掌握通过 Console 口、Telnet 登录、本地用户 Console 登录并配置路由器的方法。

【实验内容】

（1）通过 Console 口配置路由器。
（2）通过 Telnet 登录并配置路由器。
（3）了解路由器命令行接口视图。
（4）实验常用命令及帮助的使用。

【实验设备】

H3C 系列路由器一台，PC 一台或两台，专用配置电缆一根，交叉双绞线一根。网络拓扑结构如图 3.1 所示。

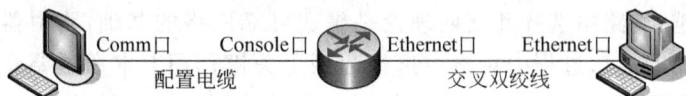

Comm口　Console口　Ethernet口　Ethernet口
配置电缆　　　　　交叉双绞线

图 3.1　通过 Console 口/Telnet 配置路由器

【实验步骤】

1. 通过 Console 口配置路由器

（1）按图 3.1 所示搭建实验环境。
将 PC 终端的 COMM 口通过配置电缆与路由器的 Console 口连接。
（2）创建超级终端。

在 PC 上选择"开始"→"所有程序"→"附件"→"通讯"→"超级终端"命令，设置终端通信参数为：波特率为 9600b/s、8 位数据位、1 位停止位、无校验和无流控，如图 3.2 所示。

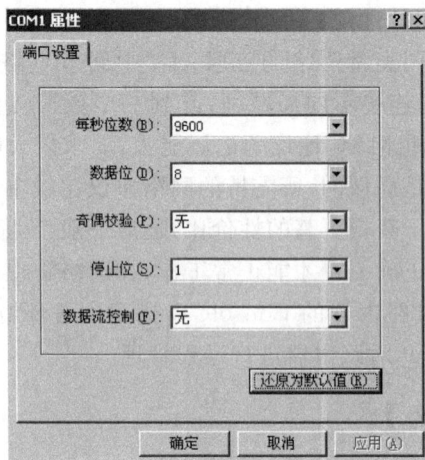

图 3.2　超级终端设置

（3）命令行接口。

启动路由器，单击"确定"按钮，终端上显示路由器自检信息。自检结束后提示用户按 Enter 键，进入路由器命令行视图。

```
<H3C>
```

2. 通过 Telnet 配置路由器实验

（1）配置路由器的 IP 地址。

```
<H3C>
<H3C>system-view
[H3C]interface GigabitEthernet 0/0
[H3C-GigabitEthernet 0/0]ip address 192.168.10.10 255.255.255.0
```

（2）在路由器上配置 Telnet 用户认证口令。

```
<H3C>system-view
Enter system view, return user view with Ctrl+Z.
[H3C]telnet server enable                //打开 Telnet 服务
[H3C]line vty 0
[H3C-line-vty0]authentication-mode scheme
[H3C-line-vty0]quit
[H3C]local-user CQUT                      //创建一个名为 CQUT 的用户
[H3C-luser- manage-CQUT]password simple jsjxy        //用户 CQUT 的密码是 jsjxy
[H3C-luser- manage-CQUT]service-type telnet
[H3C-luser- manage-CQUT] authorization-attribute user-role level-22
                                          //设置用户的类型、级别
```

（3）配置 PC 的 IP 地址和子网掩码，使之与路由器的 IP 地址在同一网段，如 IP 地址为 192.168.10.15，子网掩码为 255.255.255.0。

（4）在 PC 上运行 Telnet 程序，输入路由器的 IP 地址，然后单击"确定"按钮，如图 3.3 所示。

（5）终端上显示 Username：，提示用户输入用户名，如图 3.4 所示。这时输入上一步建立的用户名 CQUT，接着出现 Password：，提示用户输入已设置的登录密码，这时输入上一步设置的

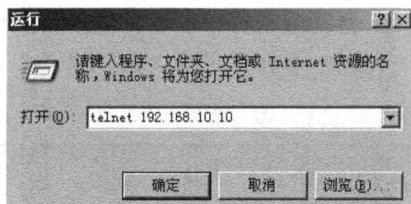

图 3.3 运行 Telnet

用户密码 jsjxy。口令输入正确后将出现命令行提示符<H3C>。注意，输入密码时没有任何显示，包括星号（*）。

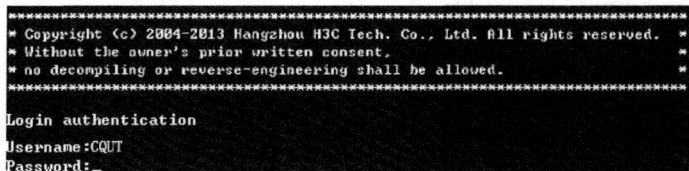

图 3.4 Telnet 登录界面

注意：

（1）通过 Telnet 配置路由器时，不要删除或修改对应 telnet 连接的路由器上接口的 IP 地址，否则会导致 Telnet 连接断开。

（2）上面 Telnet 用户登录时，可以访问命令级别为 0 级的命令。如果在路由器执行下列命令后断开 telnet，再重新连接，比较一下前后的差异：

```
[H3C-luser-CQUT]authorization-attribute user-role level-15
```

3. 通过指定的地址 Telnet 配置路由器实验

本实验在第（2）步通过 telnet 配置路由器实验的基础上做如下操作：

```
<H3C>system-view
[H3C] acl number 2000 match-order config
[H3C-acl-basic-2000] rule 1 permit source 192.168.10.16 0
[H3C-acl-basic-2000] quit
[H3C] telnet server acl 2000
    //引用 ACL,允许源地址为 192.168.10.16 的 Telnet 用户访问设备
```

如果通过源 IP 对 NMS 进行控制，仅允许来自 192.168.10.16 的 NMS 访问设备，则需要把

```
[H3C] telnet server acl 2000
```

更改为

```
[H3C] snmp-agent community read aaa acl 2000
[H3C] snmp-agent group v2c groupa acl 2000
[H3C] snmp-agent usm-user v2c usera groupa acl 2000
```

4. 命令行接口视图

路由器命令行提供多种视图，针对不同的命令细则，须在相应的视图中进行配置。

表 3.1 中列出了路由器常见命令视图。

表 3.1　路由器命令行视图

命令视图	功　能	提　示　符	进入命令	退出命令
用户视图	查看路由器状态	<H3C>	与路由器建立连接即进入	Quit
系统视图	配置系统参数	[H3C]	System-view	Quit
RIP 视图	配置 RIP 协议	[H3C-rip]	rip	Quit
OSPF 视图	配置 OSPF 协议	[H3C-ospf-1]	ospf 1	Quit
BGP 视图	配置 BGP 协议	[H3C-bgp]	bgp 1	Quit
路由策略视图	配置路由策略	[H3C-route-policy]	route-policy abc permit node 1	Quit

续表

命 令 视 图	功　　能	提　示　符	进入命令	退出命令
PIM 视图	配置组播路由	[H3C-pim]	multicast routing-enable, pim	Quit
同步串口视图	配置同步串口	[H3C-Serial3/0]	interface Serial3/0	Quit
以太网接口	配置以太网接口	[H3C-GigabitEthernet0/0]	interface　GigabitEthernet0/0	Quit
AUX 接口视图	配置 AUX 接口	[H3C-Aux0]	interface Aux 0	Quit
LoopBack 接口	配置 LoopBack 接口	[H3C-LoopBack1]	interface LoopBack 1	Quit

5. 实验常用命令

(1) 查看当前设备配置：

`<H3C>display current-configuration`

(2) 保存当前设备配置：

`<H3C>save`

(3) 查看 Flash 中的配置信息：

`<H3C>display saved-configuration`

(4) 删除 Flash 中的配置信息：

`<H3C>reset saved-configuration`

(5) 重启路由器：

`<H3C>reboot`

(6) 显示系统版本信息：

`<H3C>display version`

(7) 显示历史命令,命令行接口为每个用户默认保存 10 条历史命令：

`[H3C]display history-command`

(8) 查看接口状态：

`[H3C]display interface`

(9) 查看路由表：

`[H3C]display ip routing-table`

(10) 关闭/启用端口：

`[H3C-Serial3/0]shutdown`

```
[H3C-Serial3/0]undo shutdown
```

注意：串口的配置需要在接口配置视图下完成上述命令后才生效。

(11) 设备重新命名,设备的默认名为 H3C:

```
[H3C]sysname CQUT          //把设备的名字更改为 CQUT
```

6. 路由器编辑特性

在对路由器的配置过程中可以进行下列操作:

- 普通按键:输入字符到当前光标位置。
- BackSpace(退格键):删除光标位置的前一个字符。
- ←(左光标键):光标向左移动一个字符位置。
- →(右光标键):光标向右移动一个字符位置。
- ↑↓(上下光标键):显示历史命令。
- Tab 键:系统用完整的关键字替代关键字简写并换行显示。

输入关键字时,可以不必输入关键字的全部字符而只输入关键字的前几个字符,只要设备能唯一的识别,如 display 可以只输入 dis。

7. 显示特性介绍

- Language-mode:在用户视图下使用该命令可以实现中英文显示方式切换。
- 暂停显示时按 Ctrl+C 组合键:当信息一屏显示不完时,按此键可以停止显示和命令执行。
- 暂停显示时按空格键:当信息一屏显示不完时,按此键可以继续显示下一屏信息。
- 暂停显示时按 Enter 键:当信息一屏显示不完时,按此键可以继续显示下一行信息。

8. 在线帮助介绍

完全帮助:在任何视图下,输入<?>获取该视图下所有命令及其简单描述。

部分帮助:

(1) 输入一个命令,后接以空格间隔的<?>,如<H3C display ?。如果该位置是关键字,则列出全部关键字及其简单描述;如果该位置为参数,则列出相关的参数及其描述。

(2) 输入一个字符串,其后紧跟<?>,如<H3C>p?,则列出以该字符串开头的所有命令。

(3) 输入一个命令,其后紧跟一"?"的字符串,如<H3C> display ver?,则列出该字符串开头的所有关键字。

9. 错误提示

当输入有误时将给以相应的错误提示。

```
[H3C] dispaly
            ^
      %Unrecognized command found at '^' position.
```

```
[H3C] display
            ^
    %Incomplete command found at '^' position.
[H3C] display interface serial 0 0
                              ^
    %Wrong parameter found at '^' position.
```

【思考题】

(1) 如何将路由器还原为出厂配置?

(2) 路由器和三层交换机的区别是什么?

实验 3.2　路由器维护技术实验

【实验背景】

一般情况下,路由器有以下 4 种存储介质:

(1) DRAM/SDRAM(动态随机存取存储器/同步动态随机存取存储器):作为主存储器,VRP 主程序在它上面运行。

(2) Flash(闪速存储器):主要保存 VRP 主程序及配置文件等。

(3) BOOTROM(引导只读存储器):存储引导程序。

(4) NVRAM(非易失性随机存取存储器):用于保存配置文件。

路由器的启动和工作都是靠存储在这些介质上的程序和相关配置文件进行控制的。当路由器的 VRP 或者 BOOTROM 出现 BUG 或者进行修改后需要对其升级,当忘记或要修改 Console 配置口的密码时才需要对这些程序和配置文件进行相应的维护操作。

【实验目的】

(1) 掌握用 CLI FTP 对 BOOTROM 进行升级的方法。

(2) 掌握用 CLI FTP 对 VRP 进行升级的方法。

(3) 掌握清除进入 Console 配置口的密码的方法。

【实验内容】

(1) 用 CLI FTP 对 BOOTROM 进行升级。

(2) 用 CLI FTP 对 VRP 进行升级。

(3) 清除进入 Console 配置口的密码。

【实验设备】

H3C 系列路由器一台,PC 两台,交叉双绞线一根,专用配置电缆一根。网络拓扑结构如图 3.5 所示。

图 3.5　路由器基本维护拓扑结构图

【实验步骤】

1. 用 CLI FTP 对 BOOTROM 进行升级

（1）在路由器上启动 FTP server，并配置账号、账号密码、以太网接口地址。

```
<H3C>system-view
[H3C]ftp server enable
[H3C]local-user CQUT
[H3C-luser-manage-CQUT]password simple jsjxy
[H3C-luser-manage-CQUT]service-type ftp
[H3C-luser-manage-CQUT]level 3
[H3C-luser-CQUT]quit
authorization-attribute user-role level-15
[H3C]interface GigabitEthernet0/0
[H3C-GigabitEthernet0/0]ip address 10.0.101.253 24
```

（2）配置另一台计算机的地址和路由器的地址在同一网段，设 IP 地址为 10.0.101.111，子网掩码为 255.255.255.0。再在此计算机上运行 FTP，按照提示依次输入用户名 CQUT 和密码 jsjxy，并设置本地目录为"c:\"和更改为二进制传输方式即 bin，设置显示传输进度即 hash，如图 3.6 所示。

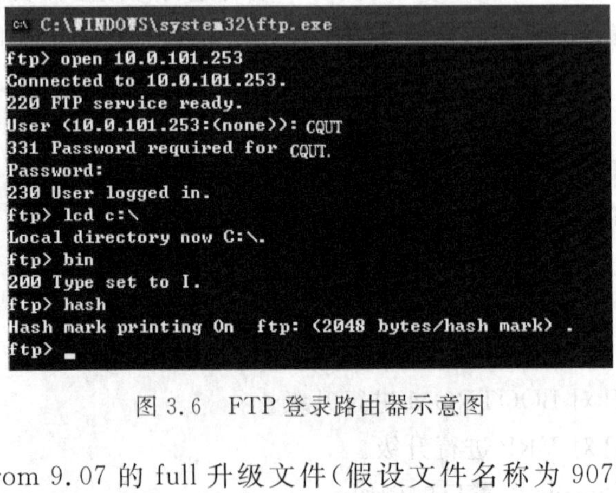

图 3.6　FTP 登录路由器示意图

（3）上传 Bootrom 9.07 的 full 升级文件（假设文件名称为 907bootromfull，大小为 512KB，在计算机的 c:\目录下）。

```
ftp>put 907bootromfull bootromfull
200 Port command okay.
150 Server okay , now receive file.
226 file transmit success.
```

ftp: 524288 bytes sent in 6.66Seconds 78.77Kbytes/sec.

ftp>

之后路由器提示：

Ftp server is currently writing to flash , please wait...
Ftp server writing to flash is done.

（4）执行 bootrom update file 升级 BOOTROM。

```
<H3C>bootrom update file
   WARNING: The operation is to update the Boot ROM.
It may result in booting failure.
   Caution!!! upgrade bootrom [Y/N]? y
   Please wait, it may take a long time
   upgrade succeeds!
```

（5）重启路由器，查看 BOOTROM 版本，确认升级成功。

```
Starting at 0x1c00000...
**********************************************
*  H3C MSR36- 40 BootWare ,Version 1.42 *
**********************************************
Copyright(C) 2004-2014 by H3C TECH CO., LTD.
Compiled at 18:10:29 , Oct 14 2014.
Testing memory...OK!
128M bytes SDRAM
32768k bytes flash memory
Hardware Version is MTR 1.0
CPLD Version is CPLD 1.0
Press Ctrl-B to enter Boot Menu
```

2. 用 CLI FTP 对 VRP 进行升级

VRP 采用 FTP 方式进行升级存在两种方法：路由器作为 FTP server 和路由器作为 FTP client。路由器作为 FTP server 升级 VRP 的方法与升级 BOOTROM 的方法类似，只需将步骤（1）用 CLIFTP 对 BOOTROM 进行升级中的命令＜H3C＞bootrom update file 修改为下列命令即可：

```
< H3C> copy startup-a2105.ipe startup-a2105_backup.ipe
//假设待升级的 IPE 文件 startup-a2105.ipe 存放在设备的 CF 卡目录下,首先将其备份到
//startup-a2105-backup.ipe
< H3C> boot-loader file cfa0:/startup-a2105.ipe main
//指定设备下次启动时使用 startup-a2105.ipe 作为主用 IPE 文件
< H3C> boot-loader file cfa0:/startup-a2105-backup.ipe backu
//指定设备下次启动时使用 startup-a2105-backup.ipe 作为备用 IPE 文件
```

这里假设上传的目标文件名为 340-0006.bin。

3. 清除进入 Console 配置口的密码

可以通过在 BOOTROM 中选择"忽略配置"来启动路由器以获取和重新设置 Console 的密码,具体操作如下:

(1) 重启路由器,按 Ctrl+B 组合键进入 BOOTROM 菜单。

```
Starting at 0x1c00000...
************************************************
* H3C MSR36-40 BootWare, Version 1.42 *
************************************************
Copyright(C) 2004-2014 by H3C TECH CO., LTD.
Compiled at 18:10:29 , Oct 14 2014.
Testing memory...OK!
128M bytes SDRAM
32768k bytes flash memory
Hardware Version is MTR 1.0
CPLD Version is CPLD 1.0
Press Ctrl-B to enter Boot Menu
Please input Bootrom password:       /默认密码为空,直接按 Enter 键/
Boot Menu:
1: Download application program with XMODEM
2: Download application program with NET
3: Set application file type
4: Display applications in Flash
5: Clear application password
6: Start up and ignore configuration
7: Enter debugging environment
8: Boot Rom Operation Menu
9: Do not check the version of the software
a: Exit and reboot
Enter your choice(1-a):
```

(2) 选择第 6 项"6:Start up and ignore configuration"并确认。

```
Enter your choice(1-a): 6
Start up and ignore configuration, Are you sure? [Y/N]y
Set Succeeds
```

(3) 选择 a 项并确认以重启系统。

```
Enter your choice(1-a): a
Exit and reboot,are you sure? [Y/N]y
Start to reboot...
```

(4) 当系统配置完成以后,使用 more config.cfg 查看配置脚本。

```
<H3C>dir
Directory of flash:/
```

```
0 - rw- 5748224 Nov 19 2004 17:23:05 main.bin
1 - rw- 5746199 Nov 30 2004 14:51:21 v330-0008.bin
2 - rw- 8650414 Nov 22 2004 12:26:57 system
3 - rw- 1053 Dec 15 2004 18:46:41 config.cfg
4 - rw- 8695261 Dec 15 2004 09:59:45 340-0006.bin
31877 KB total (3706 KB free)
<H3C>more config.cfg
/ * 这里省略了部分显示内容 * /
local-user admin
password cipher .]@ USE=B,53Q=^Q`MAF4<1!!
service-type telnet terminal
level 3
/ * 这里省略了部分显示内容 * /
```

如果是采用 Simple 方式配置口令,可以直接显示出密码。

如果是采用 Cipher 方式配置口令,按照以下方法处理:

① 将查看到的配置文件复制并保存成一个文本文件。

② 修改该文件中对应账号的密码 password cipher;)<01%^&.;YGQ=^Q'MAF4<1!!为类似 password simple aaa 的口令,其中 aaa 为设置的密码,将文件中的内容复制。

③ 将修改过的脚本在系统视图下选择"粘贴到主机"将刚才复制的内容粘贴到当前路由器中。

④ <H3C>display current-configuration 确认当前配置和以前的配置一致后,save 配置后重新启动系统。

⑤ 重启后就可以通过修改过的账号口令登录系统。

⑥ 改为自动登录方式。

```
[H3C]user-interface console 0
[H3C-ui-console 0]authentication-mode none
```

【思考题】

(1) 对于软件版本的降级该怎样操作?

(2) 本实验中路由器是作为 FTP Server 对 VRP 升级的,路由器作为 FTP Client 对 VRP 升级了该怎样操作?

实验 3.3　系统管理实验

【实验背景】

SNMP 网络架构由三部分组成:NMS、Agent 和 MIB。NMS(Network Management System,网络管理系统)是 SNMP 网络的管理者,能够提供友好的人机交互界面,方便网络管理员完成大多数的网络管理工作;Agent 是 SNMP 网络的被管理者,负责接收、处理来自 NMS 的 SNMP 报文。在某些情况下,如接口状态发生改变时,Agent 也会主动向 NMS 发送告警信息;MIB(Management Information Base,管理信息库)是被管理对象的集合。NMS 管理设备的时候,通常会关注设备的一些参数,比如接口状态、CPU 利用率等,这些参数就是被管理对象,在 MIB 中称为节点。每个 Agent 都有自己的 MIB。MIB 定义了节点之间的层次关系及对象的一系列属性,比如对象的名字、访问权限和数据类型等。被管理设备都有自己的 MIB 文件,在 NMS 上编译这些 MIB 文件就能生成该设备的 MIB。NMS 根据访问权限对 MIB 节点进行读/写操作,从而实现对 Agent 的管理。

目前,设备支持 SNMPv1、SNMPv2c 和 SNMPv3 三种版本。只有 NMS 和 Agent 使用的 SNMP 版本相同,NMS 才能和 Agent 建立连接。SNMPv1 采用团体名(Community Name)认证机制。团体名类似于密码,用来限制 NMS 和 Agent 之间的通信。如果 NMS 设置的团体名和被管理设备上设置的团体名不同,则 NMS 和 Agent 不能建立 SNMP 连接,从而导致 NMS 无法访问 Agent,Agent 发送的告警信息也会被 NMS 丢弃。SNMPv2c 也采用团体名认证机制。SNMPv2c 对 SNMPv1 的功能进行了扩展:提供了更多的操作类型;支持更多的数据类型;提供了更丰富的错误代码,能够更细致地区分错误。SNMPv3 采用 USM(User-Based Security Model,基于用户的安全模型)认证机制。网络管理员可以设置认证和加密功能。认证用于验证报文发送方的合法性,避免非法用户的访问;加密则是对 NMS 和 Agent 之间的传输报文进行加密,以免被窃听。采用认证和加密功能可以为 NMS 和 Agent 之间的通信提供更高的安全性。

为了网络正常运行,防止非法访问路由器,需要对路由器进行有效的管理。很多时候路由器放置距离较远,不方便物理接触,这时就需要建立远程登录用户。还有的时候需要查看路由器的运行日志,可通过设定日志主机,路由器会自动将日志发送到日志主机上,便于管理员的管理。

【实验目的】

(1) 掌握 SNMPv1/SNMPv2c 的配置方法。

(2) 掌握 SNMPv3 的配置方法。

(3) 掌握日志主机的配置方法。

(4) 掌握命令行授权配置方法。

(5) 掌握命令行计费配置方法。

(6) 掌握定时执行任务典型配置方法。

【实验内容】

(1) SNMPv1/SNMPv2c 的配置。

(2) SNMPv3 的配置。

(3) 日志主机的配置。

(4) 命令行授权配置。

(5) 命令行计费配置。

(6) 定时执行任务典型配置。

【实验设备】

H3C 系列交换机和路由器各一台，PC 两台，其中一台安装网管软件，直连双绞线三根，专用配置电缆一根。网络拓扑结构如图 3.7 所示。

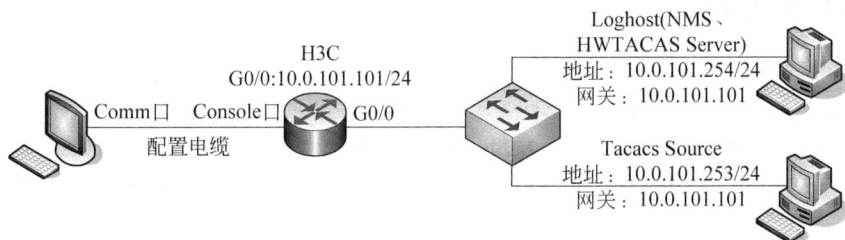

图 3.7　路由器系统管理拓扑结构图

【实验步骤】

1. 将网络搭建好并配置路由器接口地址

```
[H3C-GigabitEthernet0/0]ip address 10.0.101.101 24
```

2. SNMPv1/SNMPv2c 的配置

（1）配置路由器。

① 设置 H3C 使用的 SNMP 版本为 v1，只读团体名为 public，读写团体名为 private。

```
<H3C>system-view
[H3C] snmp-agent sys-info version v1
[H3C] snmp-agent community read public
[H3C] snmp-agent community write private
```

② 设置设备的联系人和位置信息，以方便维护。

```
[H3C] snmp-agent sys-info contact Mr.Wang-Tel:3306
[H3C] snmp-agent sys-info location telephone-closet,3rd-floor
```

③ 设置允许向 NMS 发送告警信息，使用的团体名为 public。

```
[H3C] snmp-agent trap enable
[H3C] snmp-agent target-host trap address udp-domain 10.0.101.254 params
securityname public v1
```

注意：snmp-agent target-host 命令中指定的版本必须和 NMS 上运行的 SNMP 版本一致，因此需要将 snmp-agent target-host 命令中的版本参数设置为 v1。否则，NMS 无法正确接收告警信息。

（2）配置 HWTACAS Server(NMS)。

设置 NMS 使用的 SNMP 版本为 SNMPv1，只读团体名为 public，读写团体名为 private。另外，还可以根据需求设置"超时"时间和"重试次数"，具体配置请参考 NMS 的相关手册。

3．SNMPv3 的配置

（1）配置路由器。

① 设置访问权限：用户只能读写节点 snmp（OID 为 1.3.6.1.2.1.11）下的对象，不可以访问其他 MIB 对象。

```
<H3C>system-view
[H3C] undo snmp-agent mib-view ViewDefault
[H3C] snmp-agent mib-view included test snmp
[H3C] snmp-agent group v3 managev3group privacy read-view test write-view
test
```

② 设置 Agent 使用的用户名为 managev3user，认证算法为 MD5，认证密码为 authkey，加密算法为 DES56，加密密码是 prikey。

```
[H3C] snmp-agent usm-user v3 managev3user managev3group simple authentication-
mode md5 authkey privacy-mode des56 prikey
```

③ 设置设备的联系人和位置信息，以方便维护。

```
[H3C] snmp-agent sys-info contact Mr.Wang-Tel:3306
[H3C] snmp-agent sys-info location telephone-closet,3rd-floor
```

④ 设置允许向 NMS 发送告警信息，使用的用户名为 managev3user。

```
[H3C] snmp-agent trap enable
[H3C] snmp-agent target-host trap address udp-domain 10.0.101.254 params
securityname managev3user v3 privacy
```

（2）配置 HWTACAS Server（NMS）。

设置 NMS 使用的 SNMP 版本为 SNMPv3，用户名为 managev3user，启用认证和加密功能，认证算法为 MD5，认证密码为 authkey，加密协议为 DES56，加密密码为 prikey。另外，还可以根据需求设置"超时"时间和"重试次数"，具体配置请参考 NMS 的相关手册。

4．日志主机的配置

（1）把日志发往控制台的方法。

```
<H3C>system-view
[H3C] info-center enable              //开启信息中心
[H3C] info-center source default console deny
     //关闭控制台方向所有模块日志信息的输出开关，由于系统对各方向允许输出的日志信息的
     //默认情况不一样，因此配置前必须将所有模块指定方向(本例为 console)上日志信息的
     //输出开关关闭，再根据当前的需求配置输出规则，以免输出太多不需要的信息
[H3C] info-center source ftp console level warning
     //配置输出规则：允许 FTP 模块的、等级高于等于 warning 的日志信息输出
[H3C] quit
```

```
<H3C>terminal logging level 6
<H3C>terminal monitor                //开启终端显示功能
```

（2）把日志发往 UNIX 的方法。

① H3C 上的配置。

```
<H3C>system-view
[H3C] info-center enable            //开启信息中心
[H3C] info-center loghost 10.0.101.254/facility local5
//配置发送日志信息到 IP 地址为 10.0.101.254/24 的日志主机,日志主机记录工具为 local5
[H3C] info-center source default loghost deny
//关闭 loghost 方向所有模块日志信息的输出开关
[H3C] info-center source ftp loghost level informational
//配置输出规则:允许 FTP 模块的、等级高于等于 informational 的日志信息输出到日志主机
//注意,允许输出信息的模块由产品决定
```

② 日志主机上的配置。

下面以 Solaris 操作系统上的配置为例介绍日志主机上的配置,在其他厂商的 UNIX 操作系统上的配置操作基本类似。

第一步:以超级用户的身份登录日志主机。

第二步:在/var/log/路径下为 Device 创建同名日志文件夹 Device,在该文件夹创建文件 info.log,用来存储来自 H3C 的日志。

```
#mkdir /var/log/Device
#touch /var/log/Device/info.log
```

第三步:编辑/etc/路径下的文件 syslog.conf,添加以下内容。

```
#Device configuration messages
local4.info /var/log/Device/info.log
```

以上配置中,local4 表示日志主机接收日志的工具名称,info 表示信息等级。UNIX 系统会把等级高于等于 informational 的日志记录到/var/log/Device/info.log 文件中。

第四步:查看系统守护进程 syslogd 的进程号,中止 syslogd 进程,并重新用-r 选项在后台启动 syslogd,使修改后配置生效。

```
#ps -ae | grep syslogd
147
#kill -HUP 147
#syslogd -r &
```

进行以上操作之后,Device 的日志信息会输出到 PC,PC 会将这些日志信息存储到相应的文件中。

在编辑/etc/syslog.conf 时应注意以下问题:

① 注释必须独立成行,并以字符♯开头。

② 在文件名之后不得有多余的空格。

③ /etc/syslog.conf 中指定的工具名称及信息等级与 Device 上 info-center loghost 和 info-center source 命令的相应参数的指定值要保持一致,否则日志信息可能无法正确输出到日志主机上。

5. 命令行授权配置

为了保证路由器的安全,需要对登录用户执行命令的权限进行限制:用户 10.0.101.253 登录设备后,输入的命令必须先获得 HWTACACS 服务器的授权才能执行;否则,不能执行该命令。如果 HWTACACS 服务器故障导致授权失败,则采用本地授权。

① 在设备上配置 IP 地址,以保证路由器、计算机和服务器之间互相路由可达(配置步骤略)。

② 配置用户登录设备时需要输入用户名和密码进行 AAA 认证,可以使用的命令由认证结果决定。

```
<H3C>system-view
[H3C] telnet server enable          //开启设备的 Telnet 服务器功能,以便用户访问
[H3C] line vty 0 4
[H3C-line-vty0-4] authentication-mode scheme
[H3C-line-vty0-4] command authorization
//使能命令行授权功能,限制用户只能使用授权成功的命令
```

③ 配置 HWTACACS 方案。授权服务器的 IP 地址:TCP 端口号为 10.0.101.254: 49(该端口号必须和 HWTACACS 服务器上的设置一致),报文的加密密码是 expert,登录时不需要输入域名,使用默认域。

```
[H3C-line-vty0-4] quit
[H3C] hwtacacs scheme tac
[H3C-hwtacacs-tac] primary authentication 10.0.101.254 49
[H3C-hwtacacs-tac] primary authorization 10.0.101.254 49
[H3C-hwtacacs-tac] key authentication expert
[H3C-hwtacacs-tac] key authorization expert
[H3C-hwtacacs-tac] server-type standard
[H3C-hwtacacs-tac] user-name-format without-domain
[H3C-hwtacacs-tac] quit
```

④ 配置默认域的命令行授权 AAA 方案,使用 HWTACACS 方案。

```
[H3C] domain system
[H3C-isp-system] authentication login hwtacacs-scheme tac local
[H3C-isp-system] authorization command hwtacacs-scheme tac local
[H3C-isp-system] quit
```

⑤ 配置本地认证所需参数:创建本地用户 CQUT,密码为 123,可使用的服务类型为 telnet,可使用默认级别等于或低于 1(监控级)的命令。

```
[H3C] local-user CQUT
[H3C-luser-manage-CQUT] password cipher 123
```

```
[H3C-luser-manage-CQUT] service-type telnet
[H3C-luser-manage-CQUT] authorization-attribute user-rde level 1
```

6. 命令行计费配置

为便于集中控制、监控用户对设备的操作,需要将登录用户执行的命令发送到HWTACACS服务器进行记录。

① 开启设备的 Telnet 服务器功能,以便用户访问。

```
<H3C>system-view
[H3C] telnet server enable
```

② 配置使用 Console 口登录设备的用户执行的命令需要发送到 HWTACACS 服务器进行记录。

```
[H3C] line console 0
[H3C-line-console0] command accounting
[H3C-line-console0] quit
```

③ 配置使用 Telnet 或者 SSH 登录的用户执行的命令需要发送到 HWTACACS 服务器进行记录。

```
[H3C] line vty 0 4
[H3C-line-vty0-4] command accounting
[H3C-line-vty0-4] quit
```

④ 配置 HWTACACS 方案。计费服务器的 IP 地址: TCP 端口号为 10.0.101.254: 49,报文的加密密码是 expert,登录时不需要输入域名,使用默认域。

```
[H3C] hwtacacs scheme tac
[H3C-hwtacacs-tac] primary accounting 10.0.101.254 49
[H3C-hwtacacs-tac] key accounting expert
[H3C-hwtacacs-tac] user-name-format without-domain
[H3C-hwtacacs-tac] quit
```

⑤ 配置默认域的命令行计费 AAA 方案,使用 HWTACACS 方案。

```
[H3C] domain system
[H3C-isp-system] accounting command hwtacacs-scheme tac
[H3C-isp-system] quit
```

7. 定时执行任务典型配置

对路由器进行配置,在星期一到星期五的上午 8 点到 18 点开启 GigabitEthernet0/0,其他时间关闭端口,以便起到有效节能的作用。

```
<H3C>system-view
```

① 创建关闭 GigabitEthernet0/0 的 Job。

```
[H3C] scheduler job shutdown-GigabitEthernet 0/0
[H3C-job-shutdown-GigabitEthernet0/0] command 1 system-view
```

```
[H3C-job-shutdown-GigabitEthernet0/0] command 2 interface Gigabitethernet
0/0
[H3C-job-shutdown-GigabitEthernet0/0] command 3 shutdown
[H3C-job-shutdown-GigabitEthernet0/0] quit
```

② 创建开启 GigabitEthernet0/0 的 Job。

```
[H3C] scheduler job start-GigabitEthernet0/0
[H3C-job-start-GigabitEthernet0/0] command 1 system-view
[H3C-job-start-GigabitEthernet0/0] command 2 interface GigabitEthernet 0/0
[H3C-job-start-GigabitEthernet0/0] command 3 undo shutdown
[H3C-job-start-GigabitEthernet0/0] quit
```

③ 配置定时执行任务,使设备在星期一到星期五的上午 8 点开启以太网端口。

```
[H3C] scheduler schedule START-port
[H3C-schedule-START-port] job start-GigabitEthernet0/0
[H3C-schedule-START-port] time repeating at 8:00 week-day mon tue wed thu fri
[H3C-schedule-START-port] quit
```

④ 配置定时执行任务,使设备在星期一到星期五的 18 点关闭以太网端口。

```
[H3C] scheduler schedule STOP-port
[H3C-schedule-STOP-port] job shutdown-GigabitEthernet0/0
[H3C-schedule-STOP-port] time repeating at 18:00 week-day mon tue wed thu fri
[H3C-schedule-STOP-port] quit
```

【思考题】

(1) 不同登录认证方式的异同是什么?

(2) TACACS+和 RADIUS 的区别是什么?

实验 3.4　链路层协议实验

【实验背景】

数据链路层基于物理层的服务,为网络层提供透明的、正确有效的传输链路。链路层有成帧与传输、流量控制、差错控制、链路管理 4 大功能。点对点协议(Point to Point Protocol,PPP)为在点对点连接上传输多协议数据包提供了一个标准方法。PPP 协议是目前广域网上应用最广泛的协议,它的优点在于简单、具备用户认证能力、可以解决 IP 分配等问题。它定义了一整套的协议,包括链路层控制协议、网络层控制协议和认证协议。其中认证协议有密码认证协议 (Password Authentication Protocol,PAP)和挑战握手认证协议 (Challenge Handshake Authentication Protocol,CHAP)两种,前者采用明文认证,而后者采用密文认证。帧中继(Frame-relay)协议是在 X. 25 分组交换技术的基础上发展起来的,它是采用简化的方法转发和交换数据单元的一种快速分组交换技术,是对

X.25 协议的简化。它采用虚电路技术,能充分地利用网络资源,因此处理效率较高,网络吞吐量高,通信时延低,正在代替传统的复杂低速的报文交换服务。家庭拨号上网就是通过 PPP 在用户端和运营商的接入服务器之间建立通信链路。目前,宽带接入正有取代拨号上网的趋势,在上网技术日新月异的今天,PPP 也衍生出新的应用。典型的应用是在非对称数据用户环线(Asymmetrical Digital Subscriber Loop,ADSL)接入方式当中,PPP 与其他的协议共同派生出了符合宽带接入要求的新的协议,如 PPPoE(PPP over Ethernet)、PPPoA(PPP over ATM)。利用以太网(Ethernet)资源,在以太网上通过运行 PPP 进行用户认证接入的方式称为 PPPoE,是目前 ADSL 接入方式中应用最广泛的技术标准。同样,在异步传输模式(Asynchronous Transfer Mode,ATM)的网络上通过运行 PPP 协议管理用户认证的方式称为 PPPoA。帧中继用户的接入速率在 64kb/s～2Mb/s 之间,甚至可达到 34Mb/s。它使用的是逻辑连接,而不是物理连接,在一个物理连接上可复用多个逻辑连接(即可建立多条逻辑信道),可实现带宽的复用和动态分配。帧中继的帧信息长度远比 X.25 分组长度要长,最大帧长度可达 1600 字节/帧,适合于封装局域网的数据单元和传送突发业务(如压缩视频业务、WWW 业务等)。

【实验目的】

(1) 掌握 PPP 协议的原理及配置方法。
(2) 掌握 PPP 协议进行 PAP 认证的原理及配置方法。
(3) 掌握 PPP 协议进行 CHAP 认证的原理及配置方法。

【实验内容】

(1) PPP 协议的配置。
(2) PPP 协议进行 PAP 认证的配置。
(3) PPP 协议进行 CHAP 认证的配置。

【实验设备】

H3C 系列交换机一台,H3C 系列路由器两台,PC 两台,专用配置电缆一根,网线 4 根,标准 V35 电缆一对。网络拓扑结构如图 3.8 所示。

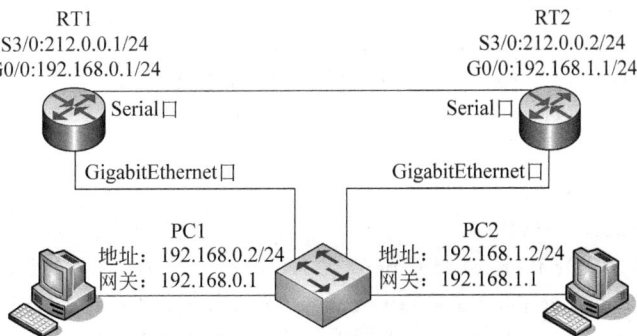

图 3.8　链路层协议实验网络拓扑图

【实验步骤】

（1）按照图 3.8 所示将网络拓扑结构搭建好。

（2）在路由器 RT1 的接口上配置地址。

```
<H3C>system-view
[H3C]sysname RT1                                      //修改路由器的名字
[RT1]interface GigabitEthernet0/0
[RT1-GigabitEthernet0/0]ip address 192.168.0.1 255.255.255.0
                                          //配置 GigabitEthernet 口的地址
[RT1-GigabitEthernet0/0]interface Serial3/0
[RT1-Serial3/0]ip address 212.0.0.1 255.255.255.0   //配置 Serial 口的地址
[RT1-Serial3/0]rip
[RT1-rip]network 192.168.0.0
[RT1-rip]network 212.0.0.0
```

（3）对另一个路由器做类似的配置。

（4）进行 PAP 单向认证的实验。

在主认证方的接口上封装 PPP 协议，并设置认证方式。RT1 和 RT2 之间用接口 Serial3/0 互连，要求 RT1 用 PAP 方式认证 RT2，RT2 不需要对 RT1 进行认证。

① 配置 RT1。

```
<RT1>system-view
[RT1] local-user userb class network
[RT1-luser-network-userb] password simple passb      //设置本地用户的密码
[RT1-luser-network-userb] service-type ppp           //设置本地用户的服务类型为 PPP
[RT1-luser-network-userb] quit
[RT1] interface serial 3/0
[RT1-Serial3/0] link-protocol ppp
[RT1-Serial3/0] ppp authentication-mode pap domain system
//配置本地认证 RT2 的方式为 PAP
[RT1-Serial3/0] quit
[RT1] domain system
[RT1-isp-system] authentication ppp local
//在系统默认的 ISP 域 system 下，配置 PPP 用户使用本地认证方案
```

② 配置 RT2。

```
<RT2>system-view
[RT2] interface serial 3/0
[RT2-Serial3/0] link-protocol ppp                    //配置接口封装的链路层协议为 PPP
[RT2-Serial3/0] ppp pap local-user userb password simple passb
//配置本地被 Router A 以 PAP 方式认证时 RT2 发送的 PAP 用户名和密码
```

（5）进行 PAP 双向认证的实验：要求 RT1 和 RT2 用 PAP 方式相互认证对方。

① 配置 RT1。

```
<RT1>system-view
[RT1] local-user userb class network
[RT1-luser-network-userb] password simple passb //设置本地用户的密码
[RT1-luser-network-userb] service-type ppp        //设置本地用户的服务类型为 PPP
[RT1-luser-network-userb] quit
[RT1] interface serial 3/0
[RT1-Serial3/0] link-protocol ppp
[RT1-Serial3/0] ppp authentication-mode pap domain system
//配置本地认证 RT2 的方式为 PAP
[RT1-Serial3/0] ppp pap local-user usera password simple passa
//配置本地被 RT2 以 PAP 方式认证时 RT1 发送的 PAP 用户名和密码
[RT1-Serial3/0] quit
[RT1] domain system
[RT1-isp-system] authentication ppp local
//在系统默认的 ISP 域 system 下,配置 PPP 用户使用本地认证方案
```

② 配置 RT2。

```
<RT2>system-view
[RT2] local-user usera class network
[RT2-luser-network-usera] password simple passa
[RT2-luser-network-usera] service-type ppp
[RT2-luser-network-usera] quit
[RT2] interface serial 3/0
[RT2-Serial3/0] link-protocol ppp
[RT2-Serial3/0] ppp authentication-mode pap domain system
[RT2-Serial3/0] ppp pap local-user userb password simple passb
[RT2-Serial3/0] quit
[RT2] domain system
[RT2-isp-system] authentication ppp local
```

路由器串口地址设置见 PAP 单向认证实验。

（6）进行 CHAP 单向认证的实验：要求设备 RT1 用 CHAP 方式认证设备 RT2。

配置方法一（以 CHAP 方式认证对端时,认证方配置了用户名）：

① 配置 RT1。

```
<RT1>system-view
[RT1] local-user userb class network
[RT1-luser-network-userb] password simple hello
[RT1-luser-network-userb] service-type ppp
[RT1-luser-network-userb] quit
[RT1] interface serial 3/0
[RT1-Serial3/0] link-protocol ppp
[RT1-Serial3/0] ppp chap user usera
```

```
[RT1-Serial3/0] ppp authentication-mode chap domain system
[RT1-Serial3/0] quit
[RT1] domain system
[RT1-isp-system] authentication ppp local
```

② 配置 RT2。

```
<RT2>system-view
[RT2] local-user usera class network
[RT2-luser-network-usera] password simple hello
[RT2-luser-network-usera] service-type ppp
[RT2-luser-network-usera] quit
[RT2] interface serial 3/0
[RT2-Serial3/0] link-protocol ppp
[RT2-Serial3/0] ppp chap user userb
```

路由器接口地址设置见 PAP 单向认证实验。

配置方法二(以 CHAP 方式认证对端时,认证方没有配置用户名):

① 配置 RT1。

```
<RT1>system-view
[RT1] local-user userb class network
[RT1-luser-network-userb] password simple hello
[RT1-luser-network-userb] service-type ppp
[RT1-luser-network-userb] quit
[RT1] interface serial 3/0
[RT1-Serial3/0] ppp authentication-mode chap domain system
[RT1-Serial3/0] quit
[RT1] domain system
[RT1-isp-system] authentication ppp local
```

② 配置 RT2。

```
<RT2>system-view
[RT2] interface serial 3/0
[RT2-Serial3/0] ppp chap user userb
[RT2-Serial3/0] ppp chap password simple hello
```

路由器接口地址设置见 PAP 单向认证实验。

(7) PPPoE Client 配置。

RT1 和 RT2 之间通过各自的 Serial3/0 接口相连,其中 RT1 作为 PPPoE Server,RT2 作为 PPPoE Client。

```
<RT2>system-view
[RT2] dialer-group 1 rule ip permit        //配置拨号访问组 1 及对应的拨号访问控制条件
[RT2] interface dialer 1                    //在 Dialer1 接口上使能共享 DDR
[RT2-Dialer1] dialer bundle enable
```

```
[RT2-Dialer1] dialer-group 1              //Dialer1 接口与拨号访问组 1 关联
[RT2-Dialer1] quit
[RT2] interface Serial 3/0
[RT2-Serial3/0] pppoe-client dial-bundle-number 1
//配置一个 PPPoE 会话,该会话对应 Dialer bundle 1(Dialer bundle 1 对应 Dialer1 接口)
[RT2-Serial3/0] quit
[RT2] interface dialer 1                  //配置 PPPoE Client 工作在永久在线模式
[RT2-Dialer1] dialer timer idle 0
[RT2-Dialer1] dialer timer autodial 60 //配置 DDR 自动拨号的间隔时间为 60s
```

(8) MP+CHAP 配置。

设备 RT1 和 RT2 的 Serial3/0 和 Serial1/0 分别对应连接,使用 MP-Group 的方式建立 MP 链路,每个 PPP 链路使用 CHAP 进行认证。网络拓扑结构如图 3.9 所示。

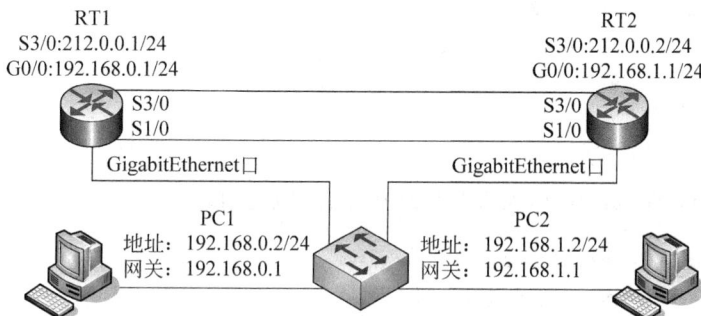

图 3.9 MP+CHAP 配置实验拓扑结构图

① 配置 RT1。

a. 为 RT2 创建本地用户,设置本地用户的服务类型为 PPP。

```
<RT1>system-view
[RT1] local-user userb class network
[RT1-luser-network-userb] password simple hello
[RT1-luser-network-userb] service-type ppp
[RT1-luser-network-userb] quit
```

b. 配置串口 Serial3/0,通过默认的 ISP 域 system 对 RT2 进行 CHAP 认证。

```
[RT1] interface serial 3/0
[RT1-Serial3/0] link-protocol ppp
[RT1-Serial3/0] ppp authentication-mode chap domain system
[RT1-Serial3/0] quit
```

c. 配置串口 Serial1/0,通过默认的 ISP 域 system 对 RT2 进行 CHAP 认证。

```
[RT1] interface serial1/0
[RT1-Serial3/0] link-protocol ppp
[RT1-Serial3/0] ppp authentication-mode chap domain system
[RT1-Serial3/0] quit
```

d. 在系统默认的 ISP 域 system 下配置 PPP 用户使用本地认证方案。

```
[RT1] domain system
[RT1-isp-system] authentication ppp local
```

e. 创建 MP-group 接口，配置相应的 IP 地址。

```
<RT1>system-view
[RT1] interface mp-group 1
[RT1-MP-group1]ppp authentication-mode chap
[RT1-MP-group1] ip address 212.0.0.1 24
[RT1-MP-group1] quit
```

f. 配置串口 Serial3/0 加入 MP-Group 1 并开启接口。

```
[RT1] interface serial 3/0
[RT1-Serial3/0] ppp mp mp-group 1
[RT1-Serial3/0] shutdown
[RT1-Serial3/0] undo shutdown
[RT1-Serial3/0] quit
```

g. 配置串口 Serial1/0 加入 MP-Group 1 并开启接口。

```
[RT1] interface serial 1/0
[RT1-Serial1/0] ppp mp mp-group 1
[RT1-Serial1/0] shutdown
[RT1-Serial1/0] undo shutdown
[RT1-Serial1/0] quit
```

② 配置 RT2。

a. 配置串口 Serial3/0，封装的链路层协议为 PPP，并配置采用 CHAP 认证时 RT2
的用户名和设置默认的 CHAP 认证密码。

```
<RT2>system-view
[RT2] interface serial 3/0
[RT2-Serial3/0] link-protocol ppp
[RT2-Serial3/0] ppp chap user userb
[RT2-Serial3/0] ppp chap password simple hello
[RT2-Serial3/0] quit
```

b. 配置串口 Serial1/0，封装的链路层协议为 PPP，并配置采用 CHAP 认证时 RT2
的用户名和设置默认的 CHAP 认证密码。

```
[RT2] interface serial 1/0
[RT2-Serial1/0] link-protocol ppp
[RT2-Serial1/0] ppp chap user userb
[RT2-Serial1/0] ppp chap password simple hello
[RT2-Serial1/0] quit
```

c. 创建 MP-group 接口,配置相应的 IP 地址。

```
[RT2] interface mp-group 1
[RT2-Mp-group1]ppp authentication-mode chap
[RT2-Mp-group1] ip address 212.0.0.2 24
[RT2-Mp-group1] quit
```

d. 配置串口 Serial3/0 加入 MP-Group 1 并开启接口。

```
[RT2] interface serial 3/0
[RT2-Serial3/0] link-protocol ppp
[RT2-Serial3/0] ppp mp mp-group 1
[RT2-Serial3/0] shutdown
[RT2-Serial3/0] undo shutdown
[RT2-Serial3/0] quit
```

e. 配置串口 Serial1/0 加入 MP-Group 1 并开启接口。

```
[RT2] interface serial 1/0
[RT2-Serial1/0] link-protocol ppp
[RT2-Serial1/0] ppp mp mp-group 1
[RT2-Serial1/0] shutdown
[RT2-Serial1/0] undo shutdown
[RT2-Serial1/0] quit
```

【思考题】

以上 PAP 认证实验和 CHAP 认证实验都是主认证方 RT1 认证被认证方 RT2,请考虑 RT1 和 RT2 都同时作为主认证方和被认证方该怎样配置?

实验 3.5　网络协议实验

【实验背景】

动态主机配置协议(Dynamic Host Configuration Protocol,DHCP)是一种使网络管理员能够集中管理和自动分配 IP 网络地址的通信协议。在 IP 网络中,每个连接 Internet 的设备都需要分配唯一的 IP 地址。DHCP 使网络管理员能从中心结点监控和分配 IP 地址。当某台计算机移到网络中的其他位置时能自动收到新的 IP 地址。DHCP 使用了租约的概念,或称为计算机 IP 地址的有效期。租用时间是不定的,主要取决于用户在某地连接 Internet 需要多久,这对于教育行业和其他用户频繁改变的环境是很实用的。通过较短的租期,DHCP 能够在一个计算机比可用 IP 地址多的环境中动态地为计算机分配 IP 地址,DHCP 支持为计算机分配静态地址。

【实验目的】

掌握路由器作为 DHCP 服务器的配置方法。

【实验内容】

DHCP 服务器的配置。

【实验设备】

H3C 系列交换机和路由器各一台,计算机三台,专用配置电缆一根,网线 4 条。网络拓扑结构如图 3.10 所示。

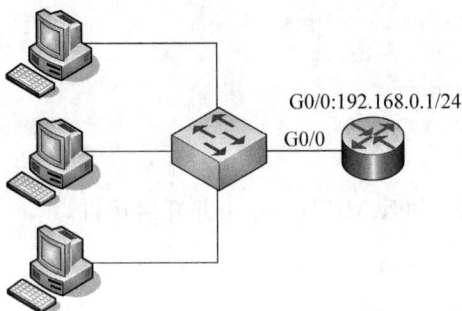

图 3.10　网络协议实验网络拓扑图

【实验步骤】

(1) 将网络拓扑结构搭建好,如图 3.10 所示。

(2) 配置路由器为 DHCP Server。

① 使能 DHCP。

```
[H3C]dhcp  enable
```

② 创建 DHCP 地址池,指定可以分配的地址段、网关、DNS server 地址、域名。

```
[H3C] dhcp server ip-pool 1
[H3C-dhcp-pool-1]expired day 10 hour 12
[H3C-dhcp-pool-1]network 192.168.0.0 mask 255.255.255.0
[H3C-dhcp-pool-1]gateway-list 192.168.0.1
[H3C-dhcp-pool-1]dns-list 202.202.145.5
[H3C-dhcp-pool-1]domain-name CQUT
```

③ 配置网关地址。

```
[H3C-dhcp-pool-1]interface GigabitEthernet0/0
[H3C-GigabitEthernet0/0] ip address 192.168.0.1 255.255.255.0
[H3C-GigabitEthernet0/0] dhcp select server
```

④ 保留网关的地址,以防止分配给其他客户端。

```
[H3C] dhcp server forbidden-ip 192.168.0.1
```

⑤ 在 PC 上执行 ipconfig/all,查看该 PC 通过 DHCP 获取的 IP 地址、网关等信息。

```
C:\>ipconfig/all
```

【思考题】

(1) 上述的连接限制是对每个源地址限制,如果只对某一个源地址进行限制,该怎么做?

(2) 以上实验的内网只有一个出口,若有多个出口做 NAT 实现负载分担,又该怎么做?

(3) 如果对外提供 ftp 服务,路由器该怎样配置?

(4) 如果需要其他用户可以 ping 通内部对外提供服务的服务器,路由器该怎样配置?

实验 3.6　路由协议实验

【实验背景】

静态路由是指由网络管理员手工配置的路由信息。当网络的拓扑结构或链路的状态发生变化时,网络管理员需要手工去修改路由表中相关的静态路由信息。静态路由信息在默认情况下是私有的,不会传递给其他的路由器。当然,网管员也可以通过对路由器进行设置使之成为共享的。静态路由一般适用于比较简单的网络环境,在这样的环境中网络管理员易于清楚地了解网络的拓扑结构,便于设置正确的路由信息。

动态路由是指路由器能够自动地建立自己的路由表,并且能够根据实际情况的变化适时地进行调整。动态路由机制的运作依赖路由器的两个基本功能:对路由表的维护和路由器之间适时的路由信息交换。

路由选择信息协议(Routing Information Protocol,RIP)是一种在网关与主机之间交换路由选择信息的标准。RIP 是一种内部网关协议,在国家性网络中如当前的因特网,拥有很多用于整个网络的路由选择协议。作为形成网络的每一个自治系统,都有属于自己的路由选择技术,不同的 AS 系统路由选择技术可以不同。RIP v2 由 RIP 而来,属于 RIP 协议的补充协议,主要用于扩大信息装载的有用信息的数量,同时增加其安全性能。RIP v2 是一种基于 UDP 的协议。在 RIP v2 下,每台主机通过路由选择进程发送和接收来自 UDP 端口 520 的数据包。RIP 和 RIP v2 主要适用于 IPv4 网络,而 RIPng 主要适用于 IPv6 网络。

开放最短路径优先(Open Shortest Path First,OSPF)也是一个内部网关协议,用于在单个自治体系(AS)中路由器之间的路由选择。OSPF 采用链路状态技术,路由器互相发送直接相连的链路信息和它所拥有的到其他路由器的链路信息。每个 OSPF 路由器维护相同自治系统拓扑结构的数据库。从这个数据库里构造出最短路径树用来计算出路由表。当拓扑结构发生变化时,OSPF 能迅速重新计算出路径,而只产生少量的路由协议流量。OSPF 支持开销的多路径。区域路由选择功能使添加路由选择保护和降低路由选择协议流量均成为可能。此外,所有的 OSPF 路由选择协议的交换都是经过验证的。

中间系统到中间系统的路由选择协议(Intermediate System to Intermediate System Routing Protocol,IS-IS)是由 ISO 提出的一种链路状态路由协议。IS-IS 类似于 TCP/IP 网络的开放最短路径优先(OSPF)协议,每个 IS-IS 路由器独立地建立网络的拓扑数据库,汇总被洪水淹没的网络信息。IS-IS 使用 Dijkstra 算法计算通过网络的最佳路径,然后转发数据包(数据报),根据计算的理想路径,通过网络到目的地。IS-IS 路由使用两层路由体系。Level 1 路由器只知道它们本区域中的拓扑,包括所有的路由器和主机,而不知道区域以外的路由器及目的地。Level 1 路由器将去往其他区域的所有流量都转发给本区域内的一台 L2 路由器,该路由器知道 level 2 的拓扑,而不需要知道任何 level 1 的拓扑,除非 level 2 路由器也是该区域里的 level 1 路由器。适合传送 IP 网络信息的 IS-IS 称为综合 IS-IS(Integrated IS-IS)。在当前路由选择协议中,Integrated IS-IS 具有最重要的一个特征——支持 VLSM 和快速收敛。另外,它具有可伸缩性,能够支持大规模网络。

【实验目的】

(1) 掌握静态路由和默认路由的工作原理和配置方法。

(2) 掌握动态路由 RIP 的工作原理和配置方法。

(3) 掌握动态路由 OSPF 的工作原理和配置方法。

(4) 掌握中间系统到中间系统的路由选择协议(IS-IS)的工作原理和配置方法。

【实验内容】

(1) 静态路由的配置。

(2) 动态路由 RIP 的配置。

(3) 动态路由 OSPF 的配置。

(4) 中间系统到中间系统的路由选择协议(IS-IS)的配置。

【实验设备】

H3C 系列交换机一台,H3C 系列路由器两台,计算机两台,专用配置电缆一根,网线 4 根,标准 V35 电缆一对。网络拓扑结构如图 3.11 所示。

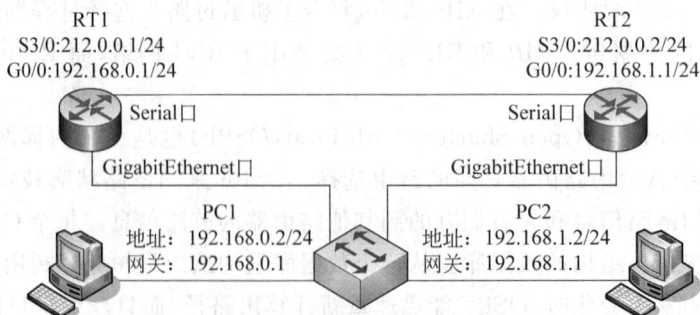

图 3.11 路由协议实验网络拓扑图

【实验步骤】

（1）按照图 3.11 所示将网络拓扑结构搭建好。

（2）在路由器 RT1 的接口上配置地址。

```
<H3C>system-view
[H3C]sysname RT1          //修改路由器的名字
[RT1]interface GigabitEthernet0/0
[RT1-GigabitEthernet0/0]ip address 192.168.0.1 255.255.255.0
                                        //配置 GigabitEthernet 口的地址
[RT1-GigabitEthernet0/0]interface Serial3/0
[RT1-Serial3/0]ip address 212.0.0.1 255.255.255.0    //配置 Serial 口的地址
[RT1-Serial3/0]shutdown
[RT1-Serial3/0]undo shutdown
```

（3）对另一个路由器做类似的配置。

（4）静态路由的配置：

```
[RT1]ip route-static 192.168.1.0 255.255.255.0 212.0.0.2 preference 60
```

对另一个路由器做类似的配置。

注意：

① 在配置静态路由时，一定要保证路由的双向可达。

② 如果必须配置静态路由，则尽量使用具体网段的静态路由，避免使用 ip route-static 0.0.0.0 0.0.0.0 {interface-type interface-name | nexthop-address}［ preference value]默认路由，以防止路由环的产生。

③ 如果接口封装 PPP 或 HDLC 协议，这时可以不用指定下一跳地址，只需指定发送接口即可。对于封装了非点到点协议如 fr、x25 等，必须配置下一跳的 IP 地址。

（5）动态路由 RIP 协议的配置。

① 对 RT1 做如下配置：

```
[RT1] rip //启动 RIP 协议
[RT1-rip-1]network 192.168.0.0 //在指定的网络上使能 RIP
[RT1-rip-1]network 212.0.0.0
```

② 对 RT2 做如下配置：

```
<RT2>system-view
[RT2] rip
[RT2-rip-1] quit
[RT2] interface GigabitEthernet 0/0
[RT2-GigabitEthernet0/0] rip 1 enable
[RT2-rip-1] quit
[RT2] interface serial 3/0
[RT2-Serial3/0] rip 1 enable
```

```
[RT2-rip-1] quit
```

注意：

① RIP 有 RIP v1 和 RIP v2 两个版本，可以在接口视图下指定接口所处理的 RIP 报文版本。默认情况下启动的是 rip version 1，如果要启动 rip version 2 需要进行如下操作：

```
[RT2] rip
[RT2-rip-1] version 2
[RT2-rip-1] undo summary
```

② RIP v1 的报文传送方式为广播方式，而 RIP v2 有广播方式和组播方式两种报文传送方式，默认将采用组播方式发送报文，其组播地址为 224.0.0.9。

③ RIP v1 对路由聚合不起作用，RIP v2 支持无类地址域间路由和路由选择。默认情况下 RIP v2 支持路由聚合，当需要将所有子网路由广播出去时，可关闭 RIP v2 路由聚合功能。

④ 对路由器 RT1 用的是在指定网段上使能 RIP，对路由器 RT2 用的是在指定接口上使能 RIP，两种方式的效果一样。

⑤ 可以为 RIP 接口附加度量值，这样在有多条路径可以到达目的地并且跳数一样时，就可以通过附加度量值增加跳数达到路径选择的目的，方法如下：

```
[RT1]interface serial3/0
[RT1-Serial3/0] rip metricin 3
```

⑥ 配置 RIP 引入外部路由。

假设 RT1 是如下配置：

```
[RT1] rip
[RT1-rip-1] network 212.0.0.0
[RT1-rip-1]quit
[RT1] rip 2
[RT1-rip-2] network 192.168.0.0
```

那么 RT1 就需要配置 RIP 引入外部路由网络才能正常。

```
[RT1] rip 1
[RT1-rip-1] import-route rip 2
[RT1-rip-1] import-route direct
[RT1-rip-1] quit
[RT1] rip 2
[RT1-rip-2] import-route rip 1
[RT1-rip-2] import-route direct
[RT1-rip-2] quit
```

⑦ 避免自环。

```
[RTA-serial 3/0]rip split-horizon              //水平分割
```

```
[RTA-serial 3/0]rip poison-reverse        //毒性逆转
```

（6）动态路由 OSPF 协议的配置。
① 配置路由器的 Router ID：

```
[RT1]router  id  1.1.1.1
```

② 启动 OSPF 协议：

```
[RT1] ospf  1
```

③ 配置 OSPF 区域：

```
[RT1-ospf-1]area 0
```

④ 在指定网段使能 ospf：

```
[RT1-ospf-1-area-0.0.0.0] network 192.168.0.0 0.0.0.255
[RT1-ospf-1-area-0.0.0.0] network 212.0.0.0 0.0.0.255
```

⑤ 对另一个路由器做类似的配置。
注意：
① router id 是一个 32 位的无符号整数，是路由器的唯一标识，在整个自治系统内唯一。
② 在 OSPF 中引入静态路由的方式：

```
[RT1-ospf-1] import-route static
```

③ 假设 RT1 和 RT2 是边界路由器，RT1 运行于 AS 100，加入 RT2 运行于 AS 200。除了做上述 OSPF 配置外，还要做如下配置：

```
[RT1] bgp 100        //对于 RT2 这里就应该是 100
[RT1-bgp] peer 1.1.1.2 as-number 200      //1.1.1.2 是 RT2 的 router id
[RT1-bgp] address-family ipv4 unicast
[RT1-bgp-ipv4] import-route ospf
[RT1-bgp-ipv4] import-route direct
[RT1-bgp-ipv4] quit
[RT1-bgp] quit
[RT1] ospf
[RT1-ospf-1] import-route bgp
```

同样 RT2 也要做类似的配置。
④ 假如 RT2 除了和 RT1 连接外，还有两个接口分别连两个不同的路由器，这两个接口的地址分别为 222.222.2.1/24 和 222.222.3.1/24，在 RT1 上就可以配置路由聚合，只发布聚合路由 222.222.0.0/16 将两条路由记录合并为一条。

```
[RT1-ospf-1] asbr-summary 222.222.0.0 16
```

⑤ 增强配置。

```
[RTA-serial 3/0]OSPF cost 150                 //修改路由器接口开销
[RTA-serial 3/0]OSPF dr-priority 0            //修改路由器接口优先级
```

(7) 中间系统到中间系统的路由选择协议的配置。

① 对 RT1 做如下配置：

```
<RT1>system-view
[RT1] isis 1
[RT1-isis-1] is-level level-1
[RT1-isis-1] network-entity 10.0000.0000.0001.00
[RT1-isis-1] quit
[RT1] interface GigabitEthernet 0/0
[RT1-GigabitEthernet0/0] isis enable 1
[RT1-GigabitEthernet0/0] interface serial 3/0
[RT1-Serial3/0] isis enable 1
[RT1-Serial3/0]quit
```

② 对另一个路由器做类似的配置。

【思考题】

(1) 上述的实验是两个路由器背对背的连接模拟广域网的配置内容，如果在两个路由器之间再加一个路由器该如何配置？

(2) 如果一个网络要配置多种路由协议，该怎么配置路由器？

(3) 在动态路由 RIP 协议的配置实验里，如果将 RT1、RT2 的 G0/0 接口地址分别配置为 10.0.101.1/24、10.0.102.1/24，再做相应的配置，则 RT1 的路由表有 10.0.102.0 这条路由吗？ 如果再在两个路由器上分别做如下配置：[RT1-Serial3/0] rip version 2 broadcast 呢？ 如果分别配置为[RT1-Serial3/0] rip version 2 multicast 呢？ 如果再在两个路由器上分别做如下配置：[RT1-rip]undo summary，再分别做上述改变呢？ 为什么？

实验 3.7　组播协议实验

【实验背景】

在 Internet 上，诸如流媒体、视频会议和视频点播等多媒体业务正在成为信息传送的重要组成部分。点对点传输的单播方式不能适应这一类业务传输特性——单点发送多点接收，因为服务器必须为每一个接收者提供一个相同内容的 IP 报文拷贝，同时网络上也重复地传输相同内容的报文，占用了大量资源。单个数据流可以发送到多个客户端的组播能力已成为大多数多媒体应用的传输手段。组播技术利用一个 IP 地址使 IP 数据报文发送到用户组。IP 组播采用了特殊定义的目的 IP 地址和目的 MAC 地址。组播路由协议有协议无关组播—密集模式(Protocol Independent Multicast-Dense Mode,PIM-DM)、协议无关组播—稀疏模式(Protocol Independent Multicast-Sparse Mode,PIM-SM)、距离矢量组播路由协议(Distance Vector Multicast Routing Protocol,DVMRP)、开放式组播最短路径优先(Multicast Open Shortest Path First,MOSPF)、核树组播路由协议等。

　　PIM-DM 利用单播路由表,从源端 PIM 路由器(三层交换机)构建一棵到所有端节点的组播转发树(Distribution Tree,DT)。在发送组播报文时,PIM-DM 认为网络上所有主机都准备接收组播报文,组播源一开始将向网络所有下游节点转发组播报文,无组播组成员的节点将剪枝报文通知上游交换机不用再向下游节点转发数据。当新的成员在剪枝区域中出现时,PIM-DM 发送嫁接消息,使被剪枝的路径重新变成转发状态。该机制称为广播-剪枝过程,PIM-DM 广播-剪枝机制将周期性地不断进行。PIM-DM 在广播-剪枝过程中采用了逆向路径转发(Reverse Path Forwarding,RPF)技术:当一个组播报文到达的时候,交换机首先判断到达路径的正确性。若到达接口是由单播路由指示的通往组播源的接口,那么该组播报文被认为是从正确路径而来;否则该组播报文将作为冗余报文而被丢弃,不进行组播转发。

　　PIM-SM 假设某个共享网段上的所有交换机都不需要发送组播报文,交换机只有在主动请求加入某个组播组后才能收发组播报文。PIM-SM 通过设置汇聚点(Rendezvous Point,RP)和自举路由器(Bootstrap Router,BSR)向所有支持 PIM-SM 的交换机通告组播信息。在 PIM-SM 中,交换机显式地加入和退出组播组,可以减少数据报文和控制报文占用的网络带宽。PIM-SM 构造以 RP 为根的共享树(RP Path Tree,RPT),使组播报文能沿着共享树发送。当主机加入一个组播组时,直接连接的交换机便向 RP 发送 PIM 加入报文;发送者的第一跳交换机把发送者注册到 RP 上;接收者的指定路由器(Designated Router,DR)将接收者加入到共享树。使用以 RP 为根的 RPT 进行报文转发,可以减少交换机需要维护的协议状态,提高协议的可伸缩性,降低交换机处理开销。当数据流量达到一定程度时,数据可从 RPT 切换到基于源的最短路径树(Short Path Tree,SPT),以减少网络延迟。

　　随着 Internet 和 Intranet 的应用日益丰富,视频点播也逐渐应用于宽带网和局域网。人们已不再满足于浏览文字和图片,越来越多的人更喜欢在网上看电影、听音乐。而视频点播和音频点播功能的实现必须依靠流媒体服务技术。PIM 是应用层协议,PIM-DM 主要被设计用于组播局域网应用程序,当发送者和接收者彼此非常接近,并且网络中组播组接收成员的数量很大、组播报文的流量很大、组播报文的流量是持续的情况下使用。而PIM-SM 是一种能有效地路由到跨越大范围网络(WAN 和域间)组播组的协议,主要在组成员分布相对分散、范围较广、网络带宽资源有限的情况下使用。

【实验目的】

　　(1) 掌握在 Windows Server 2003 中搭建视频服务器的方法。
　　(2) 掌握 PIM-DM 的原理及配置方法。
　　(3) 掌握 PIM-SM 的原理及配置方法。

【实验内容】

(1) Windows Server 2003 中视频服务器的搭建。

(2) PIM-DM 的配置。

(3) PIM-SM 的配置。

【实验设备】

H3C 系列路由器三台,计算机三台(其中一台安装 Windows Server 2003),专用配置电缆一根,交叉双绞线三根,标准 V35 电缆三对。网络拓扑结构如图 3.12 所示。

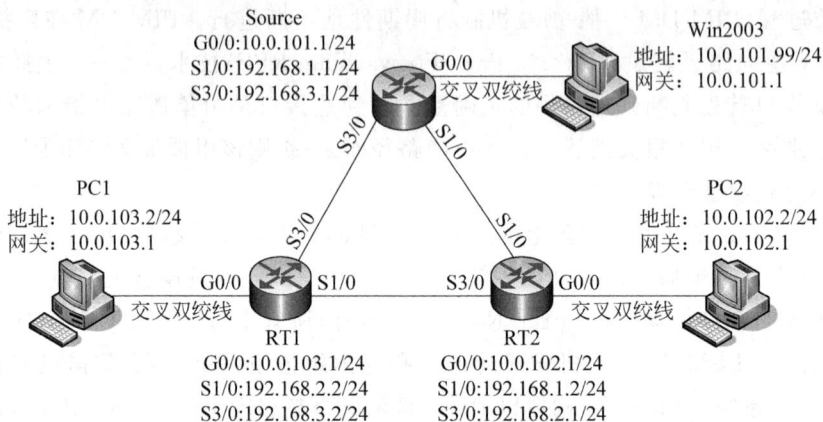

图 3.12   组播协议实验网络拓扑图

【实验步骤】

1. 在 Windows Server 2003 中搭建视频服务器

(1) 安装 Windows Media 服务器。Windows Media 服务是 Windows Server 2003 系统的组件之一,但是在默认情况下并不会自动安装,需要用户手动添加,可以通过"Windows 组件向导"和"配置您的服务器向导"安装 Windows Media 服务,这里不再描述。

(2) 制作流式文件。Windows Media 服务使用的流文件是以. asf、. wma 和. wmv 为扩展名的标准 Windows Media 文件格式。其中. asf 文件通常用于使用 Windows Media Tools 4.0 创建的基于 Microsoft Media 的内容,而. wma 和. wmv 文件是作为 Windows Media 编码器的标准命名约定引入的。而对于. avi、. wav、. mpg 等文件可以使用 Windows Media 编码器转换成为 Windows Media 服务使用的流文件,Windows Media 编码器可以到微软官方网站上下载安装。Windows Media 编码器还可对实况信息源进行编码运算,以将它们转换为流或流文件。另外,Windows Media 编码器还可以用来捕获屏幕、窗口,并且还可以把屏幕、屏幕中的特定区域或窗口在一段时间内的活动信息捕获并做成演示文件,以供其他用户观看或下载,这里不再介绍。

2. PIM-DM 的配置

(1) 按照图 3.12 所示将网络拓扑结构搭建好。

(2) 按照图 3.12 的要求配置各个路由器各接口的地址。

(3) 按照图 3.12 的要求配置各个计算机的 IP 地址、子网掩码及网关。

(4) 在路由器上配置相关的路由协议，静态路由或动态路由。

(5) 在路由器上启动组播路由协议。

```
[Source] multicast routing-enable
[Source-mrib]quit
```

其他路由器也要做类似的配置。

(6) 在路由器的各个接口上配置 PIM-DM。

```
[Source]interface GigabitEthernet 0/0
[Source-GigabitEthernet0/0]pim dm
[Source-GigabitEthernet0/0]interface serial 1/0
[Source-Serial1/0]pim dm
[Source-Serial1/0] interface serial 3/0
[Source-Serial3/0]pim dm
```

其他路由器也要做类似的配置，只是要在其连接末梢网络的接口（如 RT1 的 GigabitEthernet0/0 和 RT2 的 GigabitEthernet0/0）视图上使用 igmp enable 命令使能 IGMP。

3. PIM-SM 的配置

PIM-SM 的配置和 PIM-DM 的配置类似，只是在 PIM-SM 的配置中至少将一台路由器作为 BSR 候选者和 RP 候选者。

```
[Source] acl number 2005
[Source-acl-basic-2005] rule permit source 225.1.1.0 0.0.0.255
                    //225.1.1.0 是组播的服务范围
[Source-acl-basic-2005] quit
[Source]pim
[Source-pim]
[Source-pim]c-bsr 192.168.3.1 hash-length 10 priority 20
//10 是 RP Hash 函数的掩码长度(0～32),20 是候选自举路由器的优先级(0~255)
[Source-pim]c-rp 192.168.3.1 group-policy 2005
```

【思考题】

(1) 如何查看路由器的组播路由表？

```
<Source>display pim routing-table
```

(2) 如何配置某个路由器的接口为组播边界？

```
[Source - Serial2/0]pim bsr-boundary
```

(3) 哪些地址是组播地址？比较重要的组播地址有哪些？

IP 组播地址或称为主机组地址，由 D 类 IP 地址标记，起止范围从 224.0.0.0 到 239.255.255.255。部分 D 类地址被保留，用作永久组的地址，这段地址从 224.0.0.0 到 224.0.0.255。比较重要的地址有：

- 224.0.0.1（网段中所有支持组播的主机）；
- 224.0.0.2（网段中所有支持组播的路由器）；
- 224.0.0.4（网段中所有的 DVMRP 路由器）；
- 224.0.0.5（所有的 OSPF 路由器）；
- 224.0.0.6（所有的 OSPF 指派路由器）；
- 224.0.0.9（所有 RIPv2 路由器）；
- 224.0.0.13（所有 PIM 路由器）。

实验 3.8　QOS 实验

【实验背景】

对于网络业务，影响服务质量（QoS）的因素包括传输的带宽、传送的时延、数据的丢包率等。在网络中可以通过保证传输的带宽、降低传送的时延、降低数据的丢包率及时延抖动等措施来提高服务质量。网络资源总是有限的，只要存在抢夺网络资源的情况，就会出现服务质量的要求。服务质量是相对网络业务而言的，在保证某类业务的服务质量的同时，可能就是在损害其他业务的服务质量。例如，在网络总带宽固定的情况下，如果某类业务占用的带宽越多，那么其他业务能使用的带宽就越少，可能会影响其他业务的使用。因此，网络管理者需要根据各种业务的特点来对网络资源进行合理的规划和分配，从而使网络资源得到高效利用。QoS 带宽管理是网络管理中一种必不可少的手段，可以有效地提高带宽的使用率，特别是针对企业的关键应用，使之得到优先的带宽保证，使企业网络的商务行为更加稳定与顺畅。

【实验目的】

(1) 掌握优先级的配置方法。
(2) 掌握流量监管、流量整形、接口限速和 IP 限速的配置方法。
(3) 掌握拥塞管理的配置方法。
(4) 掌握流量过滤的配置方法。
(5) 掌握重标记的配置方法。
(6) 掌握流量重定向的配置方法。

【实验内容】

(1) 优先级配置。
(2) 流量监管、流量整形、接口限速和 IP 限速的配置。

（3）拥塞管理配置。

（4）流量过滤配置。

（5）重标记配置。

（6）流量重定向配置。

【实验设备】

H3C 系列交换机一台，H3C 系列路由器两台，安装有 FTP Server 的 PC 一台，安装有 FTP Client 的 PC 三台，专用配置电缆一根，网线 6 根，标准 V35 电缆两对。网络拓扑结构如图 3.13 所示。

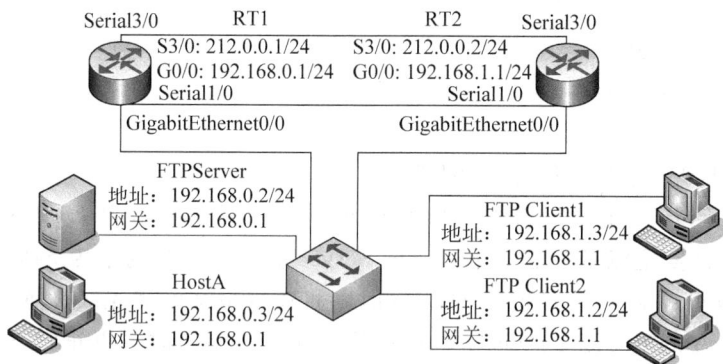

图 3.13　QoS 实验网络拓扑图

【实验步骤】

（1）按照图 3.13 所示将网络拓扑结构搭建好，并将各个计算机配置好。

（2）配置各个路由器的接口地址、路由协议、访问控制列表并设置相应的规则，将网络连通为后面的实验做准备。

① 对 RT1 做如下配置：

```
<H3C>system-view
[H3C]sysname RT1
[RT1]interface GigabitEthernet0/0
[RT1-GigabitEthernet0/0]ip address 192.168.0.1 255.255.255.0
[RT1-GigabitEthernet0/0]interface serial3/0
[RT1-serial3/0]ip address 212.0.0.1 255.255.255.0
[RT1-Serial3/0]shutdown
[RT1-Serial3/0]undo shutdown
[RT1-serial3/0]quit
[RT1] rip
[RT1-rip]network 192.168.0.0
[RT1-rip]network 212.0.0.0
[RT1-rip]quit
```

② 对 RT2 做如下配置:

```
<H3C>system-view
[H3C]sysname RT2
[RT2]interface GigabitEthernet0/0
[RT2-GigabitEthernet0/0]ip address 192.168.1.1 255.255.255.0
[RT2-GigabitEthernet0/0]interface serial3/0
[RT2-serial3/0]ip address 212.0.0.2 255.255.255.0
[RT2-serial3/0]shutdown
[RT2-serial3/0]undo shutdown
[RT2-serial3/0] quit
[RT2]rip
[RT2-rip]network 192.168.1.0
[RT2-rip]network 212.0.0.0
[RT2-rip]quit
```

(3) 流量监管、流量整形与限速配置。

要求在设备 RT1 上对接口 GigabitEthernet0/0 接收到的源自 FTP Server 和 Host A 的报文流分别实施流量控制如下:来自 Server 的报文流量约束为 54kb/s,流量小于 54kb/s 时可以正常发送,流量超过 54kb/s 时则将违规报文的优先级设置为 0 后进行发送;来自 Host A 的报文流量约束为 8kb/s,流量小于 8kb/s 时可以正常发送,流量超过 8kb/s 时则丢弃违规报文。

对设备 RT2 的 Serial3/0 和 GigabitEthernet0/0 接口收发报文有如下要求:RT2 的 Serial3/0 接口接收报文的总流量限制为 500kb/s,如果超过流量限制则将违规报文丢弃;经由 RT2 的 GigabitEthernet0/0 接口的报文流量限制为 1000kb/s,如果超过流量限制则将违规报文丢弃。

① 配置设备 RT1。

首先,在 Serial3/0 接口上对发送的报文进行流量整形(对超过 500kb/s 的报文流进行整形),以降低在 RT2 接口 GigabitEthernet0/0 处的丢包率。

```
<RT1>system-view
[RT1] interface Serial 3/0
[RT1-Serial3/0] qos gts any cir 500
[RT1-Serial3/0] quit
```

其次,配置 ACL 规则列表,分别匹配来源于 FTPServer 和 Host A 的报文流。

```
[RT1] acl number 2001
[RT1-acl-basic-2001] rule permit source 192.168.0.2 0
[RT1-acl-basic-2001] quit
[RT1] acl number 2002
[RT1-acl-basic-2002] rule permit source 192.168.0.3 0
[RT1-acl-basic-2002] quit
```

最后,在 GigabitEthernet0/0 接口上对接收到的不同报文流进行相应流量控制。

```
[RT1] interface GigabitEthernet 0/0
[RT1-GigabitEthernet0/0] qos car inbound acl 2001 cir 54 cbs 4000 ebs 0 green pass
red remark-prec-pass 0
[RT1-GigabitEthernet0/0] qos car inbound acl 2002 cir 8 cbs 1875 ebs 0 green pass
red discard
[RT1-GigabitEthernet0/0] quit
```

② 配置设备 RT2。

首先,在 Serial3/0 接口上对接收的报文进行流量控制,报文流量不能超过 500kb/s,如果超过流量限制则将违规报文丢弃。

```
<RT2>system-view
[RT2] interface Serial3/0
[RT2-Serial3/0] qos car inbound any cir 500 cbs 32000 ebs 0 green pass red
discard
[RT2-Serial3/0] quit
```

其次,在 GigabitEthernet0/0 接口上对发送的报文进行流量控制,报文流量不能超过 1Mb/s,如果超过流量限制则将违规报文丢弃。

```
[RT2] interface GigabitEthernet 0/0
[RT2-GigabitEthernet0/0] qos car outbound any cir 1000 cbs 65000 ebs 0 green pass
red discard
```

注意:QoS 也可根据 IP 限速,如在 RT1 上对源地址属于 IP 地址段 192.168.0.2~192.168.0.100 内所有 PC 进行限速,网段内各 IP 地址的流量共享剩余带宽。

```
[RT1] qos carl 1 source-ip-address range 192.168.0.2 to 192.168.0.100 per-address
shared-bandwidth
[RT1] interface GigabitEthernet 0/0
[RT1-GigabitEthernet0/0] qos car inbound carl 1 cir 500 cbs 1875 ebs 0 green pass
red discard
[RT1-GigabitEthernet0/0] quit
```

(4) 基于类的队列进行拥塞管理的配置。

在组网图中,从 FTP Server 发出的数据流经过 RT1 和 RT2 到达 FTP Client1,需求如下:

FTP Server 发出的数据流根据 IP 报文的 DSCP 域分为三类,要求配置 QoS 策略,对于 DSCP 域为 AF11 和 AF21 的流进行确保转发(AF),最小带宽为 5%;对于 DSCP 域为 EF 的流进行加速转发(EF),最大带宽为 30%。在进行配置之前,应保证 FTP Server 发出的流能够通过 RT1 和 RT2 到达 FTP Client1;报文的 DSCP 域在进入 RT1 之前已经设置完毕。

RT1 上的配置如下:

① 定义三个类,分别匹配 DSCP 域为 AF11、AF21 和 EF 的 IP 报文。

```
<RT1>system-view
[RT1] traffic classifier af11_class
[RT1-classifier-af11_class] if-match dscp af11
[RT1-classifier-af11_class] quit
[RT1]traffic classifier af21_class
[RT1-classifier-af21_class] if-match dscp af21
[RT1-classifier-af21_class] quit
[RT1] traffic classifier ef_class
[RT1-classifier-ef_class] if-match dscp ef
[RT1-classifier-ef_class] quit
```

② 定义流行为,配置 AF,并分配最小可用带宽。

```
[RT1] traffic behavior af11_behav
[RT1-behavior-af11_behav] queue af bandwidth pct 5
[RT1-behavior-af11_behav] quit
[RT1] traffic behavior af21_behav
[RT1-behavior-af21_behav] queue af bandwidth pct 5
[RT1-behavior-af21_behav] quit
```

③ 定义流行为,配置 EF,并分配最大可用带宽(对于 EF 流,将同时保证带宽和时延)。

```
[RT1] traffic behavior ef_behav
[RT1-behavior-ef_behav] queue ef bandwidth pct 30
[RT1-behavior-ef_behav] quit
```

④ 定义 QoS 策略,将已配置的流行为指定给不同的类。

```
[RT1] qos policy dscp
[RT1-qospolicy-dscp] classifier af11_class behavior af11_behav
[RT1-qospolicy-dscp] classifier af21_class behavior af21_behav
[RT1-qospolicy-dscp] classifier ef_class behavior ef_behav
[RT1-qospolicy-dscp] quit
```

⑤ 将已定义的 QoS 策略应用在 Router A 的 serial3/0 出方向。

```
[RT1] interface serial 3/0
[RT1-serial3/0] qos apply policy dscp outbound
```

配置完成后,当发生拥塞时,可以观察到 EF 流以较高的优先级转发。

(5) 流量过滤配置。

HostA 通过接口 GigabitEthernet0/0 接入设备 RT1,配置流量过滤功能,对接口 GigabitEthernet0/0 接收的源端口号不等于 21 的 TCP 报文进行丢弃。

① 定义高级 ACL 3000,匹配源端口号不等于 21 的数据流。

```
<RT1>system-view
[RT1] acl number 3000
[RT1-acl-adv-3000] rule 0 permit tcp source-port neq 21
```

```
[RT1-acl-adv-3000] quit
```

② 定义类 classifier_1,匹配高级 ACL 3000。

```
[RT1] traffic classifier classifier_1
[RT1-classifier-classifier_1] if-match acl 3000
[RT1-classifier-classifier_1] quit
```

③ 定义流行为 behavior_1,动作为流量过滤(Deny),对数据包进行丢弃。

```
[RT1] traffic behavior behavior_1
[RT1-behavior-behavior_1] filter deny
[RT1-behavior-behavior_1] quit
```

④ 定义策略 policy,为类 classifier_1 指定流行为 behavior_1。

```
[RT1] qos policy cqut
[RT1-qospolicy-cqut] classifier classifier_1 behavior behavior_1
[RT1-qospolicy-cqut] quit
```

⑤ 将策略 policy 应用到端口 GigabitEthernet0/0 的入方向上。

```
[RT1] interface GigabitEthernet 0/0
[RT1-GigabitEthernet0/0] qos apply policy cqut inbound
```

(6) 重标记配置。

公司企业网通过 RT1 实现互连。网络环境描述如下：HostA 和 FTP Server 通过端口 GigabitEthernet0/0 接入 RT1；FTP Client1 和 FTP Client2 通过端口 GigabitEthernet1/2 接入 RT1。

通过配置重标记功能,RT1 上实现如下需求：优先处理 HostA 和 FTP Server 访问 FTP Client2 的报文;其次处理 HostA 和 FTP Server 访问 FTP Client1 的报文。

① 定义高级 ACL 3000,对目的 IP 地址为 192.168.1.2 的报文进行分类。

```
<RT1>system-view
[RT1] acl number 3000
[RT1-acl-adv-3000] rule permit ip destination 192.168.1.2 0
[RT1-acl-adv-3000] quit
```

② 定义高级 ACL 3001,对目的 IP 地址为 192.168.1.3 的报文进行分类。

```
[RT1] acl number 3001
[RT1-acl-adv-3001] rule permit ip destination 192.168.1.3 0
[RT1-acl-adv-3001] quit
```

③ 定义类 classifier_FTPclient2,匹配高级 ACL 3000。

```
[RT1] traffic classifier classifier_FTPclient2
[RT1-classifier-classifier_FTPclient2] if-match acl 3000
[RT1-classifier-classifier_FTPclient2] quit
```

④ 定义类 classifier_FTPclient1,匹配高级 ACL 3001。

```
[RT1] traffic classifier classifier_FTPclient1
[RT1-classifier-classifier_FTPclient1] if-match acl 3001
[RT1-classifier-classifier_FTPclient1] quit
```

⑤ 定义流行为 behavior_FTPclient2,动作为重标记报文的本地优先级为 4。

```
[RT1] traffic behavior behavior_FTPclient2
[RT1-behavior-behavior_FTPclient2] remark local-precedence 4
[RT1-behavior-behavior_FTPclient2] quit
```

⑥ 定义流行为 behavior_FTPclient1,动作为重标记报文的本地优先级为 3。

```
[RT1] traffic behavior behavior_FTPclient1
[RT1-behavior-behavior_FTPclient1] remark local-precedence 3
[RT1-behavior-behavior_FTPclient1] quit
```

⑦ 定义策略 policy_server,为类指定流行为。

```
[RT1] qos policy policy_server
[RT1- qospolicy - policy _ server] classifier classifier _ FTPclient2 behavior
behavior_FTPclient2
[RT1- qospolicy - policy _ server] classifier classifier _ FTPclient1 behavior
behavior_FTPclient1
[RT1-qospolicy-policy_server] quit
```

⑧ 将策略 policy_server 应用到端口 GigabitEthernet0/0 上。

```
[RT1] interface GigabitEthernet 0/0
[RT1-GigabitEthernet0/0] qos apply policy policy_server inbound
[RT1-GigabitEthernet0/0] quit
```

（7）重定向至接口配置。

将 RT1 的端口 GigabitEthernet0/0 接收到的源 IP 地址为 192.168.0.2 的报文转发至 serial3/0;将 RT1 的端口 GigabitEthernet0/0 接收到的源 IP 地址为 192.168.0.3 的报文转发至 serial0/0;对于 RT1 的端口 GigabitEthernet0/0 接收到的其他报文,按照查找路由表的方式进行转发。

① 定义基本 ACL 2000,对源 IP 地址为 192.168.0.2 的报文进行分类。

```
<RT1>system-view
[RT1] acl number 2000
[RT1-acl-basic-2000] rule permit source 192.168.0.2 0
[RT1-acl-basic-2000] quit
```

② 定义基本 ACL 2001,对源 IP 地址为 192.168.0.3 的报文进行分类。

```
[RT1] acl number 2001
[RT1-acl-basic-2001] rule permit source 192.168.0.3 0
[RT1-acl-basic-2001] quit
```

③ 定义类 classifier_1,匹配基本 ACL 2000。

```
[RT1] traffic classifier classifier_1
[RT1-classifier-classifier_1] if-match acl 2000
[RT1-classifier-classifier_1] quit
```

④ 定义类 classifier_2,匹配基本 ACL 2001。

```
[RT1] traffic classifier classifier_2
[RT1-classifier-classifier_2] if-match acl 2001
[RT1-classifier-classifier_2] quit
```

⑤ 定义流行为 behavior_1,动作为重定向至 Serial3/0。

```
[RT1] traffic behavior behavior_1
[RT1-behavior-behavior_1] redirect interface Serial3/0
[RT1-behavior-behavior_1] quit
```

⑥ 定义流行为 behavior_2,动作为重定向至 Serial1/0。

```
[RT1] traffic behavior behavior_2
[RT1-behavior-behavior_2] redirect interface Serial1/0
[RT1-behavior-behavior_2] quit
```

⑦ 定义策略 policy,为类 classifier_1 指定流行为 behavior_1,为类 classifier_2 指定流行为 behavior_2。

```
[RT1] qos policy policy
[RT1-qospolicy-policy] classifier classifier_1 behavior behavior_1
[RT1-qospolicy-policy] classifier classifier_2 behavior behavior_2
[RT1-qospolicy-policy] quit
```

⑧ 将策略 policy 应用到端口 GigabitEthernet0/0 的入方向上。

```
[RT1] interface GigabitEthernet 0/0
[RT1-GigabitEthernet0/0] qos apply policy policy inbound
```

(8) 优先级配置

某学校通过路由器实现各区域之间的互连。网络环境描述如下:宿舍区通过端口 GigabitEthernet0/0 接入路由器,标记宿舍区发出的报文的 802.1p 优先级为 3;教学区通过端口 GigabitEthernet0/1 接入路由器,标记教学区发出的报文的 802.1p 优先级为 4;办公区通过端口 GigabitEthernet0/2 接入路由器,标记办公区发出的报文的 802.1p 优先级为 5;内部服务器通过端口 GigabitEthernet0/3 接入路由器;Internet 通过端口 GigabitEthernet0/4 接入路由器。

实现如下需求:

访问内部服务器的时候,优先级如下:教学区>办公区>宿舍区。通过优先级映射将教学区发出的报文放入出队列 6 中,优先进行处理;通过优先级映射将办公区发出的报文放入出队列 4 中,次优先进行处理;通过优先级映射将宿舍区发出的报文放入出队列 2

中,最后进行处理。

访问 Internet 的时候,优先级如下:办公区＞宿舍区＞教学区。办公区优先进行处理;重标记宿舍区发出的报文的本地优先级为3,次优先进行处理;重标记教学区发出的报文的本地优先级为2,最后进行处理。

① 配置端口的端口优先级。

```
< H3C>0system-view
[H3C]interface gigabitethernet 0/0
[H3C-GigabitEthernet0/0] qos priority 3
[H3C-GigabitEthernet0/0] quit
[H3C]interface gigabitethernet 0/1
[H3C-GigabitEthernet0/1] qos priority 4
[H3C-GigabitEthernet0/1] quit
[H3C]interface gigabitethernet 0/2
[H3C-GigabitEthernet0/2] qos priority 5
[H3C-GigabitEthernet0/2] quit
```

② 配置优先级映射表。

```
//配置 802.1p 优先级到本地优先级映射表,将 802.1p 优先级 3、4、5 对应的本地优先级配置为
//2、6、4。保证访问服务器的优先级为教学区(6)>办公区(4)>宿舍区(2)
[H3C]qos map-table dot1p-lp
[H3C-maptbl-dot1p-lp] import 3 export 2
[H3C-maptbl-dot1p-lp] import 4 export 6
[H3C-maptbl-dot1p-lp] import 5 export 4
[H3C-maptbl-dot1p-lp] quit
```

③ 配置重标记。

```
//将本地优先级 6、2 重标记为 2、3,本地优先级 4 保持不变。保证访问 Internet 的优先级为办
//公区(4)>宿舍区(3)>教学区(2)
[H3C]traffic classifier rd
[H3C-classifier-rd] if-match local-precedence 6
[H3C-classifier-rd] quit
[H3C]traffic classifier market
[H3C-classifier-market] if-match local-precedence 2
[H3C-classifier-market] quit
[H3C]traffic behavior rd
[H3C-behavior-rd] remark local-precedence 2
[H3C-behavior-rd] quit
[H3C]traffic behavior market
[H3C-behavior-market] remark local-precedence 3
[H3C-behavior-market] quit
[H3C]qos policy CQUT
```

```
[H3C-qospolicy-CQUT] classifier rd behavior rd
[H3C-qospolicy-CQUT] classifier market behavior market
[H3C-qospolicy-CQUT] quit
[H3C]interface gigabitethernet 0/4
[H3C-GigabitEthernet0/4] qos apply policy CQUT outbound
```

【思考题】

比较不同的拥塞队列的异同？

实验 3.9　网络可靠性实验

【实验背景】

Track 的用途是实现联动功能。联动功能通过在监测模块、Track 模块和应用模块之间建立关联，实现这些模块之间的联合动作。联动功能利用监测模块对链路状态、网络性能等进行监测，并通过 Track 模块将监测结果及时通知给应用模块，以便应用模块进行相应的处理。例如，在静态路由、Track 和 NQA 之间建立联动，利用 NQA 监测静态路由的下一跳地址是否可达。NQA 监测到下一跳不可达时，通过 Track 通知静态路由模块该监测结果，以便静态路由模块将该条路由置为无效，确保报文不再通过该静态路由转发。

双向转发检测协议（Bidirectional Forwarding Detection，BFD）是一个用于检测两个转发点之间故障的网络协议，在 RFC 5880 中有详细的描述。

BFD 是一种双向转发检测机制，可以提供毫秒级的检测，实现链路的快速检测。BFD 通过与上层路由协议联动，可以实现路由的快速收敛，确保业务的永续性。

虚拟路由冗余协议（Virtual Router Redundancy Protocol，VRRP）就是一种很好的解决方案。在该协议中，对共享多存取访问介质（如以太网）上终端 IP 设备的默认网关（Default Gateway）进行冗余备份，从而在其中一台路由设备宕机时，备份路由设备能及时接管转发工作，向用户提供透明的切换，提高了网络服务质量。VRRP 在提高可靠性的同时简化了主机的配置。当连接不同网络的路由器之间通过静态路由、动态路由 RIP、动态路由 OSPF 实现互连互通时需要做这些配置。

【实验目的】

（1）了解常用的提高网络可靠性的方法。
（2）掌握虚拟路由冗余协议的运用技术。
（3）掌握双向转发检测协议的运用技术。

【实验内容】

（1）在路由器上配置虚拟路由冗余协议，以提高网络的可靠性。
（2）在路由器上配置双向转发检测协议，以提高网络的可靠性。

【实验设备】

计算机一台,H3C 交换机一台,H3C 路由器两台,双绞线 5 根。网络拓扑结构如图 3.14 所示。

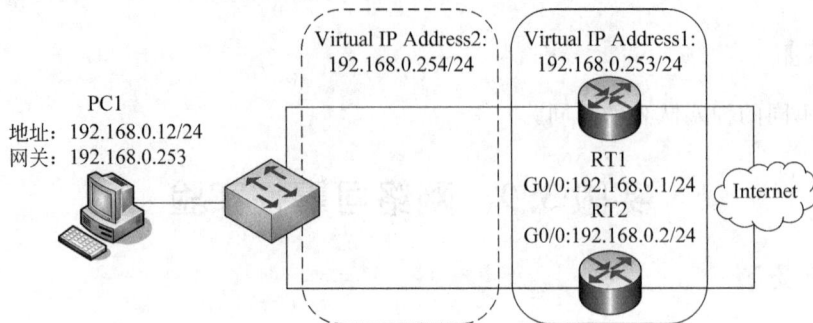

图 3.14　VRRP 协议实验拓扑结构图

【实验步骤】

(1) 首先按照图 3.14 所示要求将网络搭建起来。

(2) 按照图 3.14 配置好各个计算机的 IP 地址、子网掩码、默认网关。

(3) VRRP 实验。

① VRRP 单备份配置实验。

PC1 需要访问 Internet,PC1 的默认网关为 192.168.0.253/24。当 RT1 正常工作时,PC1 发送给 Internet 的报文通过 RT1 转发;当 RT1 出现故障时,PC1 发送给 Internet 的报文通过 RT2 转发。RT1 工作在抢占模式,以保证 RT1 故障恢复后能再次抢占成为 Master,即只要 RT1 正常工作,就由 RT1 负责转发流量。为了避免频繁地进行状态切换,配置抢占延迟时间为 5s。

首先,配置 RT1。

```
<RT1>system-view
[RT1] interface GigabitEthernet 0/0
[RT1-GigabitEthernet0/0] ip address 192.168.0.1 255.255.255.0
[RT1-GigabitEthernet0/0] vrrp vrid 1 virtual-ip 192.168.0.253
//创建备份组 1,并配置备份组 1 的虚拟 IP 地址为 192.168.0.253
[RT1-GigabitEthernet0/0] vrrp vrid 1 priority 110
//配置 RT1 在备份组 1 中的优先级为 110,高于 RT2 的优先级 100,以保证 RT1 成为 Master 负
//责转发流量
[RT1-GigabitEthernet0/0] vrrp vrid 1 preempt-mode delay 5
//配置 RT1 工作在抢占方式,以保证 RT1 故障恢复后能再次抢占成为 Master,即只要 RT1 正常
//工作,就由 RT1 负责转发流量。为了避免频繁地进行状态切换,配置抢占延迟时间为 5s
```

其次,配置 RT2。

对 RT2 的配置与 RT1 的配置类似,只是 GigabitEthernet0/0 的地址和优先级不同,RT2 的优先级低于 RT1,这里 RT2 的优先级设为 100。

② VRRP 多备份配置实验。

利用 VRRP 备份组实现默认网关间的负载分担和相互备份。

首先,配置 RT1。

```
<RT1>system-view
[RT1] interface GigabitEthernet 0/0
[RT1-GigabitEthernet0/0] ip address 192.168.0.1 255.255.255.0
[RT1-GigabitEthernet0/0] vrrp vrid 1 virtual-ip 192.168.0.253
[RT1-GigabitEthernet0/0] vrrp vrid 1 priority 110
[RT1-GigabitEthernet0/0] vrrp vrid 2 virtual-ip 192.168.0.254
```

其次,配置 RT2。

```
<RT2>system-view
[RT2] interface GigabitEthernet 0/0
[RT2-GigabitEthernet0/0] ip address 192.168.0.2 255.255.255.0
[RT2-GigabitEthernet0/0] vrrp vrid 1 virtual-ip 192.168.0.253
[RT2-GigabitEthernet0/0] vrrp vrid 2 virtual-ip 192.168.0.254
[RT2-GigabitEthernet0/0] vrrp vrid 2 priority 110
```

③ VRRP 负载均衡模式配置实验。

RT1 和 RT2 属于虚拟 IP 地址为 192.168.0.253/24 的备份组 1。192.168.0.0/24 网段内主机的默认网关为 192.168.0.253/24,利用 VRRP 备份组保证某台网关设备(RT1 或 RT2)出现故障时,局域网内的主机仍然可以通过网关访问外部网络。备份组 1 工作在负载均衡模式,通过一个备份组实现负载分担,充分利用网关资源。在 RT1 和 RT2 上分别配置虚拟转发器通过 Track 项监视上行接口 Serial3/0 的状态。当上行接口出现故障时,降低 RT1 或 RT2 上虚拟转发器的权重,以便其他设备接管它的转发任务。

首先,配置 RT1。

```
<RT1>system-view
[RT1] vrrp mode load-balance //配置 VRRP 工作在负载均衡模式
[RT1] interface GigabitEthernet 0/0
[RT1-GigabitEthernet0/0] ip address 192.168.0.1 24
[RT1-GigabitEthernet0/0] vrrp vrid 1 virtual-ip 192.168.0.253
[RT1-GigabitEthernet0/0] vrrp vrid 1 priority 120
[RT1-GigabitEthernet0/0] vrrp vrid 1 preempt-mode delay 5
[RT1-GigabitEthernet0/0] quit
[RT1] track 1 interface Serial3/0
//创建和上行接口 Serial3/0 物理状态关联的 Track 项 1。如果 Track 项的状态为
//Negative,则说明 RT1 的上行接口出现故障
[RT1] interface GigabitEthernet 0/0
[RT1-GigabitEthernet0/0] vrrp vrid 1 weight track 1 reduced 250
//配置虚拟转发器监视 Track 项 1。Track 项的状态为 Negative 时,降低 RT1 上虚拟转发器
//的权重,使其低于失效下限 10,即权重降低的数额大于 245,以便其他设备接管 RT1 的转发任
```

//务。本例中配置虚拟转发器权重降低数额为 250

其次,配置 RT2。

对 RT2 的配置与 RT1 的配置类似,只是 GigabitEthernet0/0 的地址和优先级不同,RT2 的优先级低于 RT1,这里 RT2 的优先级设为 100。

(4) BFD 实验。

① 配置各接口的 IP 地址(略)。

② 静态路由与 BFD 联动(直连),拓扑结构如图 3.15 所示。

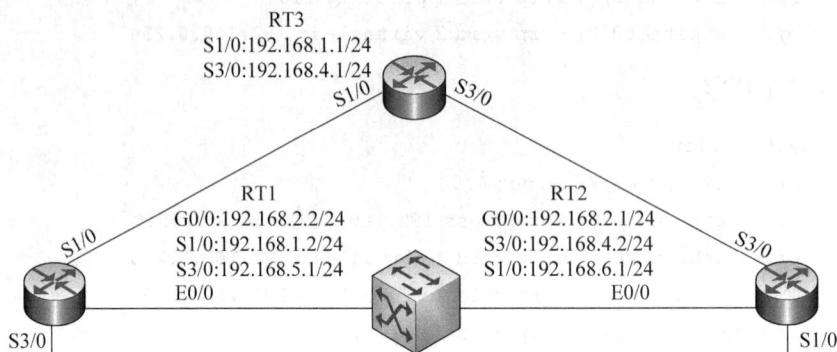

图 3.15 BFD 协议(直连)实验拓扑结构图

在 RT1 上配置静态路由可以到达 192.168.6.0/24 网段;在 RT2 上配置静态路由可以到达 192.168.5.0/24 网段,并使能 BFD 检测功能;在 RT3 上配置静态路由可以到达 192.168.6.0/24 网段和 192.168.5.0/24 网段。当 RT1 和 RT2 通过交换机通信的链路出现故障时,BFD 能够快速感知,并且切换到 RT3 进行通信。

首先,在 RT1 上配置静态路由,并使能 BFD 检测功能,使用双向检测方式。

```
[RT1] interface GigabitEthernet 0/0
[RT1-GigabitEthernet0/0] bfd min-transmit-interval 500
[RT1-GigabitEthernet0/0] bfd min-receive-interval 500
[RT1-GigabitEthernet0/0] bfd detect-multiplier 9
[RT1-GigabitEthernet0/0] quit
[RT1] ip route-static 192.168.6.0 24 GigabitEthernet 0/0 192.168.2.1 bfd control
-packet
[RT1] ip route-static 192.168.6.0 24 serial 0/0 192.168.1.1 preference 65
[RT1] quit
```

其次,在 RT2 上配置静态路由,并使能 BFD 检测功能,使用双向检测方式。

```
[RT2] interface GigabitEthernet 0/0
[RT2-GigabitEthernet0/0] bfd min-transmit-interval 500
[RT2-GigabitEthernet0/0] bfd min-receive-interval 500
[RT2-GigabitEthernet0/0] bfd detect-multiplier 9
[RT2-GigabitEthernet0/0] quit
[RT2] ip route-static 192.168.5.0 24 GigabitEthernet 0/0 192.168.2.2 bfd control
```

```
-packet
[RT2] ip route-static 192.168.5.0 24 serial 0/0 192.168.4.1 preference 65
[RT2] quit
```

最后,在 RT3 上配置静态路由。

```
[RT3] ip route-static 192.168.6.0 24 192.168.4.2
[RT3] ip route-static 192.168.5.0 24 192.168.1.2
```

③ 静态路由与 BFD 联动(非直连),拓扑结构如图 3.16 所示。

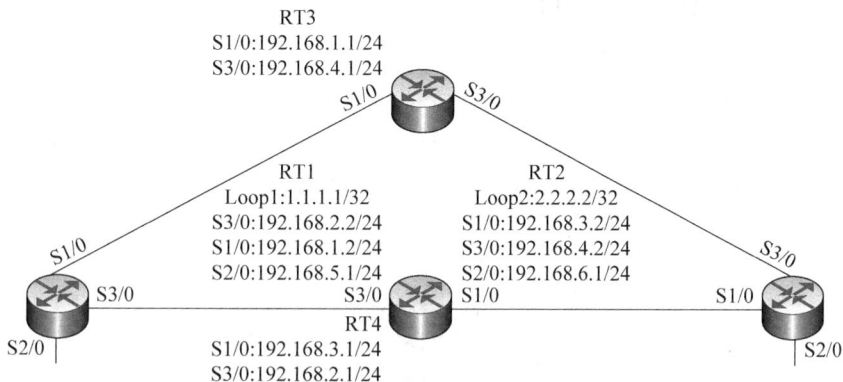

图 3.16　BFD 协议(非直连)实验拓扑结构图

在 RT1 上配置静态路由可以到达 192.168.6.0/24 网段;在 RT2 上配置静态路由可以到达 192.168.5.0/24 网段,并使能 BFD 检测功能;在 RT3 和 RT4 上配置静态路由可以到达 192.168.6.0/24 网段和 192.168.5.0/24 网段。RT1 存在到 RT2 的接口 Loopback1(2.2.2.2/32)的路由,出接口为 Serial3/0;RT2 存在到 RT1 的接口 Loopback1(1.1.1.1/32)的路由,出接口为 Serial1/0;RT3 存在到 1.1.1.1/32 的路由,出接口为 Serial3/0;RT4 存在到 2.2.2.2/32 的路由,出接口为 Serial1/0。当 RT1 和 RT2 通过 RT4 通信的链路出现故障时,BFD 能够快速感知,并且切换到 RT3 进行通信。

首先,在 RT1 上配置静态路由,并使能 BFD 检测功能,使用双向检测方式。

```
[RT1] bfd multi-hop min-transmit-interval 500
[RT1] bfd multi-hop min-receive-interval 500
[RT1] bfd multi-hop detect-multiplier 9
[RT1] ip route-static 192.168.6.0 24 2.2.2.2 bfd control-packet bfd-source 1.
1.1.1
[RT1] ip route-static 192.168.6.0 24 Serial1/0 192.168.1.1 preference 65
[RT1] quit
```

其次,在 RT2 上配置静态路由,并使能 BFD 检测功能,使用双向检测方式。

```
[RT2] bfd multi-hop min-transmit-interval 500
[RT2] bfd multi-hop min-receive-interval 500
[RT2] bfd multi-hop detect-multiplier 9
```

```
[RT2] ip route-static 192.168.5.0 24 1.1.1.1 bfd control-packet bfd-source 2.
2.2.2
[RT2] ip route-static 192.168.5.0 24 Serial1/0 192.168.4.1 preference 65
[RT2] quit
```

然后,在 RT3 上配置静态路由。

```
[RT3] ip route-static 192.168.6.0 24 192.168.4.2
[RT3] ip route-static 192.168.5.0 24 192.168.1.2
```

最后,在 RT4 上配置静态路由。

```
<RT4>system-view
[RT4] ip route-static 192.168.6.0 24 192.168.3.2
[RT4] ip route-static 192.168.5.0 24 192.168.2.2
```

④ 静态路由快速重路由实验,拓扑结构如图 3.17 所示。

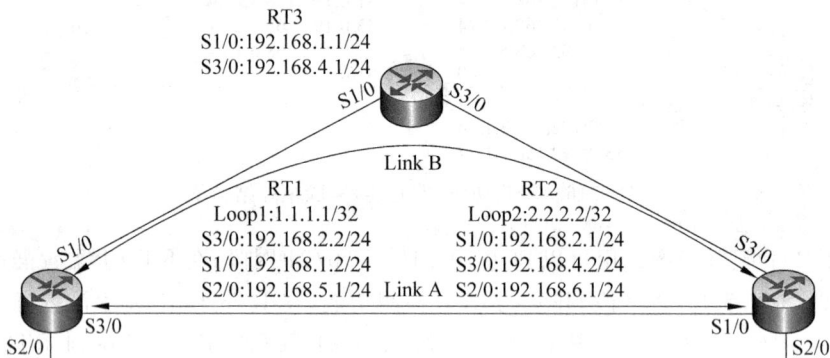

图 3.17　BFD 协议(快速重路由)实验拓扑结构图

RT1、RT2 和 RT3 通过静态路由实现网络互连。要求当 RT1 和 RT2 之间的链路 A 出现单通故障时,业务可以快速切换到链路 B 上。

首先,在 RT1 上配置静态路由,并指定备份出接口和下一跳。

```
[RT1] bfd echo-source-ip 2.2.2.2
[RT1] ip route-static 2.2.2.2 32 Serial 3/0 192.168.2.1 backup-interface Serial
1/0 backup-nexthop 192.168.1.1
```

其次,在 RT2 上配置静态路由,并指定备份出接口和下一跳。

```
[RT2] bfd echo-source-ip 1.1.1.1
[RT2] ip route-static 1.1.1.1 32 Serial 1/0 13.13.13.1 backup-interface Serial 3/
0 backup-nexthop 24.24.24.2
```

最后,在 RT3 上配置静态路由。

```
[RT3] ip route-static 2.2.2.2 32 Serial 3/0 24.192.168.1.2
[RT3] ip route-static 1.1.1.1 32 Serial 1/0 12.192.168.4.1
```

【思考题】

如果一个路由器有两个接口作为出口,正常情况下路由器使用主线路连入网络,当主线路出现故障的时候启用备份线路进行接入,该怎么操作?

实验 3.10 路由综合实验

【实验背景】

对于一个大型企业集团来说,其各个分支机构往往遍布多个城市,甚至多个国家,网络拓扑结构也比较复杂,实现集团内设备的互连互通需要综合运用多种技术,而不是单纯的某一种技术。

【实验目的】

(1) 掌握在一个网络中综合运用多种链路层协议的方法。

(2) 掌握在一个网络中综合运用多种路由协议的方法。

(3) 掌握综合运用多种技术方法。

【实验内容】

(1) 在一个网络中同时配置 PPP 协议、X.25 协议、Frame-relay 等多种链路层协议。

(2) 在一个网络中同时配置静态路由、RIP、OSPF 等多种路由协议。

【实验设备】

H3C 路由器 4 台、H3C 交换机一台、计算机 4 台、网线 8 根、配置电缆一根、V35 电缆三对。网络拓扑结构如图 3.18 所示。

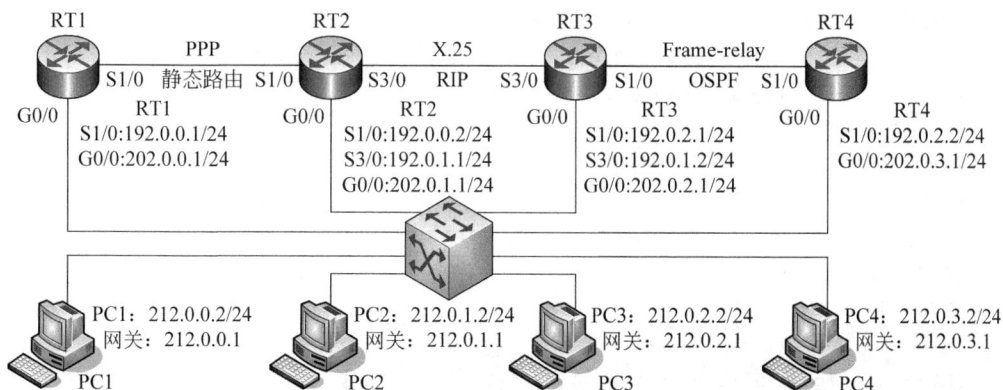

图 3.18 路由综合实验网络拓扑图

【实验步骤】

（1）按照图 3.18 的要求将网络搭建起来。

（2）按照图 3.18 的要求将各计算机的 IP 地址、子网掩码、网关设置好。

（3）对 RT1 做如下配置：

```
<H3C>system-view
[H3C]sysname RT1
[RT1]interface GigabitEthernet0/0
[RT1-GigabitEthernet0/0]ip address 212.0.0.1 255.255.255.0
[RT1-GigabitEthernet0/0]interface Serial1/0
[RT1-Serial1/0]link-protocol ppp
[RT1-Serial1/0]ip address 192.0.0.1 255.255.255.0
[RT1-Serial1/0]shutdown
[RT1-Serial1/0]undo shutdown
[RT1-Serial1/0]quit
[RT1]ip route-static 0.0.0.0 0 192.0.0.2
```

（4）对 RT2 做如下配置：

```
<H3C>system-view
[H3C]sysname RT2
[RT2]interface GigabitEthernet0/0
[RT2-GigabitEthernet0/0]ip address 212.0.0.2 255.255.255.0
[RT2-GigabitEthernet0/0]interface Serial1/0
[RT2-Serial1/0]link-protocol ppp
[RT2-Serial1/0]ip address 192.0.0.2 255.255.255.0
[RT2-Serial1/0]shutdown
[RT2-Serial1/0]undo shutdown
[RT2-Serial1/0]interface Serial3/0
[RT2-Serial3/0]link-protocol x25
[RT2-Serial3/0]x25 x121-address 1111111111
[RT2-Serial3/0]x25 map ip 192.0.1.2 x121-address 2222222222
[RT2-Serial3/0]ip address 192.0.1.1 255.255.255.0
[RT2-Serial3/0]shutdown
[RT2-Serial3/0]undo shutdown
[RT2-Serial3/0]quit
[RT2]ip route-static 212.0.0.0 24 192.0.0.1
[RT2]rip
[RT2-rip]network 192.0.1.0
[RT2-rip]network 212.0.1.0
[RT2-rip]import direct cost 2
[RT2-rip]import static cost 2
[RT2-rip]peer 192.0.1.2
[RT2-rip]quit
```

（5）对 RT3 做如下配置：

```
<H3C>system-view
[H3C]sysname RT3
[RT3]interface GigabitEthernet0/0
[RT3-GigabitEthernet0/0]ip address 212.0.2.1 255.255.255.0
[RT3-GigabitEthernet0/0]interface Serial3/0
[RT3-Serial3/0]link-protocol x25 dce
[RT3-Serial3/0]x25 x121-address 2222222222
[RT3-Serial3/0]x25 map ip 192.0.1.1 x121-address 1111111111
[RT3-Serial3/0]ip address 192.0.1.2 255.255.255.0
[RT3-Serial3/0]shutdown
[RT3-Serial3/0]undo shutdown
[RT3-Serial3/0]interface Serial1/0
[RT3-Serial1/0]link-protocol fr
[RT3-Serial1/0]fr lmi type ansi
[RT3-Serial1/0]fr dlci 100
[RT3-fr-dlci-Serial1/0-100]ip address 192.0.2.1 255.255.255.0
[RT3-Serial1/0]fr map ip 192.0.2.2 100
[RT3-Serial1/0]shutdown
[RT3-Serial1/0]undo shutdown
[RT3-Serial1/0]quit
[RT3]rip
[RT3-rip]network 192.0.1.0
[RT3-rip]network 212.0.2.0
[RT3-rip]import direct cost 2
[RT3-rip]import ospf cost 2
[RT3-rip]peer 192.0.1.1
[RT3-rip]peer 192.0.2.2
[RT3-rip]quit
[RT3]router id 1.1.1.1
[RT3]ospf
[RT3-ospf-1]area 0
[RT3-ospf-1-area-0.0.0.1]network 212.0.2.0 0.0.0.255
[RT3-ospf-1-area-0.0.0.1]network 192.0.2.0 0.0.0.255
[RT3-ospf-1-area-0.0.0.0]quit
[RT3-ospf-1]import direct cost 2
[RT3-ospf-1]import rip cost 2
[RT3-ospf-1]quit
```

（6）对 RT4 做如下配置：

```
<H3C>system-view
[H3C]sysname RT4
[RT4]fr switching
```

```
[RT4]interface GigabitEthernet0/0
[RT4-GigabitEthernet0/0]ip address 212.0.3.1 255.255.255.0
[RT4-GigabitEthernet0/0]interface Serial1/0
[RT4-Serial1/0]link-protocol fr
[RT4-Serial1/0]fr interface-type dce
[RT4-Serial1/0]fr map ip 192.0.2.1 100
[RT4-Serial1/0]fr dlci 100
[RT4-fr-dlci-Serial1/0-100]ip address 192.0.2.2 255.255.255.0
[RT4-Serial1/0]shutdown
[RT4-Serial1/0]undo shutdown
[RT4-Serial1/0]quit
[RT4]router id 2.2.2.2
[RT4]ospf
[RT4-ospf-1]area 0
[RT4-ospf-1-area-0.0.0.1]network 212.0.3.0 0.0.0.255
[RT4-ospf-1-area-0.0.0.1]network 192.0.2.0 0.0.0.255
[RT4-ospf-1-area-0.0.0.0]quit
[RT4-ospf-1]quit
```

注意：

（1）在 X.25、frame-relay 协议上启动 RIP 协议必须配置 peer 命令，否则不能正常工作，但在 PPP 协议上可以不配置。

（2）路由器的不同路由协议在交换路由信息时需要引入其他路由协议发现的路由。

【思考题】

路由器的不同路由协议如何交换路由信息？

第 **4** 章 网络安全技术实验

CHAPTER

21 世纪全世界的计算机都将通过 Internet 联到一起,信息安全的内涵也就发生了根本的变化,我国将建立起一套完整的网络安全体系,特别是从政策上和法律上建立起有中国自己特色的网络安全体系。一个国家的信息安全体系实际上包括国家的法规和政策,以及技术与市场的发展平台。我国在构建信息防卫系统时应着力发展自己独特的安全产品,我国要想真正解决网络安全问题,最终的办法就是通过发展民族的安全产业,带动我国网络安全技术的整体提高。网络安全技术是指致力于解决诸如如何有效进行介入控制,以及如何保证数据传输安全性的技术手段,主要包括物理安全分析技术、网络结构安全分析技术、系统安全分析技术、管理安全分析技术,以及其他的安全服务和安全机制策略。

实验 4.1 访问控制列表实验

【实验背景】

访问控制技术通过控制与检查进出关键服务器中的访问,保护服务器中的关键数据。它是一种主机防护技术。如果说安全保护就像保护自己的球网不被攻破一样,防火墙是中卫,IDS 是后卫,则访问控制就是守门员——随时准备扑出任何非法的进入。ACL 设置原则如下:

- 最小特权原则。只给受控对象完成任务所必需的最小权限。也就是说被控制的总规则是各个规则的交集,只满足部分条件的是不容许通过规则的。
- 最靠近受控对象原则。所有的网络层访问权限控制。也就是说在检查规则时是自上而下在 ACL 中逐条检测的,只要发现符合条件了就立刻转发,而不再继续检测下面的 ACL 语句。
- 默认丢弃原则。在有的路由交换设备中默认丢弃所有不符合条件的数据包。这一点要特别注意,虽然可以修改这个默认,但未改前一定要引起重视。

由于 ACL 是使用包过滤技术实现的,过滤的依据又仅仅只是第三层和第四层包头中的部分信息,这种技术具有一些固有的局限性,如无法识别到具体的人,无法识别到应用内部的权限级别等。因此,要达到端到端的权限控制目的,需要和系统级及应用级的访问权限控制结合使用。

【实验目的】

(1) 熟悉路由器包过滤的核心技术:访问控制列表。

(2) 掌握访问控制列表的相关知识、应用,灵活设计防火墙。

【实验内容】

(1) 配置路由器、计算机,使网络内所有设备互通。

(2) 在路由器上配置访问控制列表,使网络内的设备安全的访问其他设备。

【实验设备】

H3C 系列交换机一台,H3C 系列路由器两台,计算机三台,专用配置电缆一根,网线5 根,标准 V35 电缆一对。网络拓扑结构如图 4.1 所示。

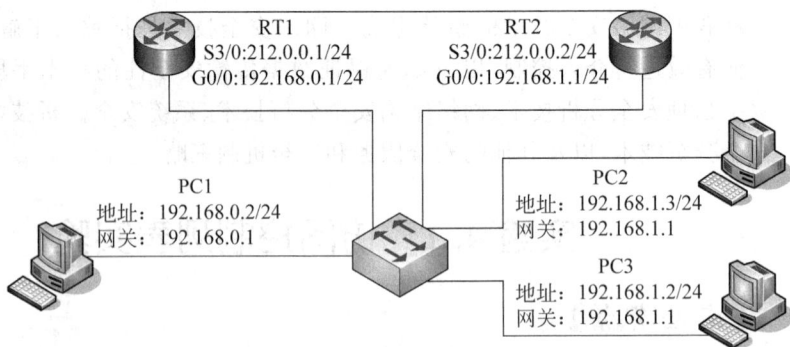

图 4.1　访问控制列表实验网络拓扑结构图

【实验步骤】

(1) 按照图 4.1 所示将网络拓扑结构搭建好,并将各个计算机配置好。

(2) 配置各个路由器的接口地址、路由协议、访问控制列表并设置相应的规则,将网络连通为后面的实验做准备。

① 对 RT1 做如下配置:

```
<H3C>system-view
[H3C]sysname RT1
[RT1]time-range CQUT 8:00 to 18:00 working-day
[RT1]interface GigabitEthernet0/0
[RT1-GigabitEthernet0/0]ip address 192.168.0.1 255.255.255.0
[RT1-GigabitEthernet0/0]interface serial3/0
```

```
[RT1-serial3/0]ip address 212.0.0.1 255.255.255.0
[RT1-serial3/0]quit
[RT1]rip
[RT1-rip]network 192.168.0.0
[RT1-rip]network 212.0.0.0
[RT1-rip]quit
```

② 对 RT2 做如下配置：

```
<H3C>system-view
[H3C]sysname RT2
[RT2]interface GigabitEthernet0/0
[RT2-GigabitEthernet0/0]ip address 192.168.1.1 255.255.255.0
[RT2-GigabitEthernet0/0]interface serial3/0
[RT2-serial3/0]ip address 212.0.0.2 255.255.255.0
[RT2-serial3/0]quit
[RT2]rip
[RT2-rip]network 192.168.1.0
[RT2-rip]network 212.0.0.0
[RT2-rip]quit
```

③ 在 PC1 上分别 ping PC2、PC3，查看是否能通？
④ 在 RT1 上做如下配置：

```
[RT1]acl number 2001
[RT1-acl-basic-2001]rule 0 deny source 192.168.0.0 0.0.0.255 time-range CQUT
[RT1-acl-basic-2001]quit
[RT1]interface serial3/0
[RT1-serial3/0]packet-filter 2001 outbound
[RT1-serial3/0]quit
```

⑤ 在 PC1 上分别 ping PC2、PC3，查看是否能通？
⑥ 在 RT1 上做如下配置：

```
[RT1]acl number 2001
[RT1-acl-basic-2001]rule 0 permit source 192.168.0.0 0.0.0.255 time-range CQUT
[RT1-acl-basic-2001]acl number 3001
[RT1-acl-adv-3001]rule 0 permit ip source 192.168.0.2 0 destination 192.168.1.2 0
[RT1-acl-adv-3001]rule 1 deny ip source 192.168.0.2 0 destination 192.168.1.3 0
[RT1-acl-adv-3001]quit
[RT1]interface GigabitEthernet0/0
[RT1-GigabitEthernet0/0]packet-filter 3001 inbound
```

⑦ 在 PC1 上分别 ping PC2、PC3，查看是否能通？
注意事项：在 VRP3.4 上，一个接口上只能有一个 ACL 用于包过滤。

【思考题】

(1) 造成步骤③、⑤和⑦结果不同的原因是什么？

(2) 如果将 PC1 的时间修改为除 8：00～18：00 之外的其他时间，会对结果产生影响吗？并分析其中的原因。

实验 4.2   网络地址转换实验

【实验背景】

网络地址转换（Network Address Translation，NAT）是一个 Internet 工程任务组（Internet Engineering Task Force，IETF）标准，用于允许专用网络上的多台 PC（使用专用地址段，例如 10.x.x.x、192.168.x.x、172.16.x.x～172.31.x.x）共享单个、全局路由的 IPv4 地址。IPv4 地址日益不足是经常部署 NAT 的一个主要原因。Windows XP 和 Windows Me 中的"Internet 连接共享"及许多 Internet 网关设备都使用 NAT，尤其是在通过 DSL 或电缆调制解调器连接宽带网的情况下。网络地址转换是通过将专用网络地址（如企业内部网）转换为公用地址（如互联网），从而对外隐藏了内部管理的 IP 地址。这样，通过在内部使用非注册的 IP 地址，并将它们转换为一小部分外部注册的 IP 地址，从而减少了 IP 地址注册的费用及节省了目前越来越缺乏的地址空间（即 IPV4）。同时，这也隐藏了内部网络结构，从而降低了内部网络受到攻击的风险。NAT 分为三种类型：静态 NAT（StaticNAT）、NAT 池（PooledNAT）和端口 NAT（PAT）。其中静态 NAT 是将内部网络中的每个主机都永久映射成外部网络中的某个合法地址；NAT 池是在外部网络中定义一系列的合法地址，采用动态分配的方法映射到内部网络；端口 NAT 是把内部地址映射到外部网络的一个 IP 地址的不同端口上。

通过 DHCP 服务器的协助来控管各个客户端（执行中的用户端）上不可缺少的网络配置参数，包括域名服务（Domain Name Service，DNS）、Windows 互联网名字服务（Windows Internet Name Service，WINS）等。内网用户通过路由器的 NAT 功能访问 Internet。为了限制局域网内主机对外发起的连接数，可利用路由器上配置 NAT 限制的最大连接数特性，对源地址发起的连接数进行限制。

【实验目的】

(1) 理解 NAT 使用的背景及方法。

(2) 掌握 NAT 的配置方法。

【实验内容】

(1) 用出口接口地址做 Easy NAT。

(2) 地址池方式做 NAT。

(3) 对外提供 FTP、WWW 和 SMTP 服务。

【实验设备】

H3C 系列交换机一台，H3C 系列路由器一台，计算机 5 台，专用配置电缆一根，网线 6 根，网络拓扑结构如图 4.2 所示。

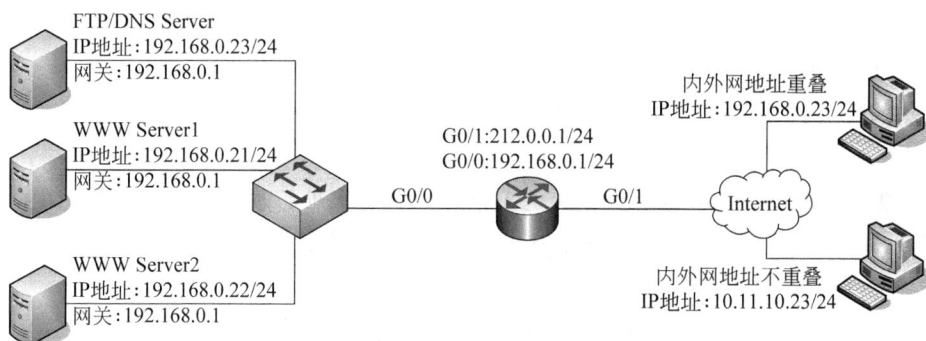

图 4.2   网络地址转换实验网络拓扑结构图

【实验步骤】

（1）按照图 4.2 所示将网络拓扑结构搭建好，并将各个计算机配置好。

（2）配置各个路由器的接口地址、路由协议，将网络连通为后面的实验做准备。对路由器做如下配置：

```
<H3C>system-view
[H3C]interface Gigabitethernet0/0
[H3C-GigabitEthernet0/0]ip address 192.168.0.1 255.255.255.0
[H3C-GigabitEthernet0/0]interface GigabitEthernet0/1
[H3C-GigabitEthernet0/1]ip address 212.0.0.1 255.255.255.0
[H3C-GigabitEthernet0/1]quit
```

（3）静态地址转换。

配置内网 IP 地址 192.168.0.21 到外网地址 212.0.0.2 之间的一对一静态地址转换映射。

```
<H3C>system-view
[H3C] nat static outbound 192.168.0.21 212.0.0.2
[H3C] interface Gigabitethernet 0/1
[H3C-GigabitEthernet0/1] nat static enable
[H3C-GigabitEthernet0/1] quit
```

（4）内网用户通过 NAT 访问外网（地址不重叠）。

① 按照图 4.2 配置各接口的 IP 地址，具体配置过程略。

② 配置地址组 0，包含两个外网地址 212.0.0.2 和 212.0.0.3。

```
<H3C>system-view
```

```
[H3C] nat address-group 0
[H3C-nat-address-group-0] address 212.0.0.2 212.0.0.3
[H3C-nat-address-group-0] quit
```

③ 配置 ACL 2000,仅允许对内部网络中 192.168.0.0/24 网段的用户报文进行地址转换。

```
[H3C] acl number 2000
[H3C-acl-basic-2000] rule permit source 192.168.0.0 0.0.0.255
[H3C-acl-basic-2000] quit
```

④ 在接口 GigabitEthernet0/1 上配置出方向动态地址转换,允许使用地址组 0 中的地址对匹配 ACL 2000 的报文进行源地址转换,并在转换过程中使用端口信息。

```
[H3C] interface GigabitEthernet 0/1
[H3C-GigabitEthernet0/1] nat outbound 2000 address-group 0
[H3C-GigabitEthernet0/1] quit
```

(5) 内网用户通过 NAT 访问外网(地址重叠)。

① 按照图 4.2 配置各接口的 IP 地址,具体配置过程略。

② 开启 DNS 的 NAT ALG 功能。

```
<H3C>system-view
[H3C] nat alg dns
```

③ 配置 ACL 2000,仅允许对 192.168.0.0/24 网段的用户报文进行地址转换。

```
[H3C] acl number 2000
[H3C-acl-basic-2000] rule permit source 192.168.0.0 0.0.0.255
[H3C-acl-basic-2000] quit
```

④ 创建地址组 1 并添加地址组成员 212.0.0.2。

```
[H3C] nat address-group 1
[H3C-nat-address-group-1] address 212.0.0.2 212.0.0.2
[H3C-nat-address-group-1] quit
```

⑤ 创建地址组 2 并添加地址组成员 212.0.0.3。

```
[H3C] nat address-group 2
[H3C-nat-address-group-2] address 212.0.0.3 212.0.0.3
[H3C-nat-address-group-2] quit
```

⑥ 在接口 GigabitEthernet0/1 上配置入方向动态地址转换,允许使用地址组 1 中的地址对 DNS 应答报文载荷中的外网地址进行转换,并在转换过程中不使用端口信息,以及允许反向地址转换。

```
[H3C] interface gigabitethernet 0/1
[H3C-GigabitEthernet0/1] nat inbound 2000 address-group 1 no-pat reversible
```

⑦ 在接口 GigabitEthernet0/1 上配置出方向动态地址转换,允许使用地址组 2 中的地址对内网访问外网的报文进行源地址转换,并在转换过程中使用端口信息。

```
[H3C-GigabitEthernet0/1] nat outbound 2000 address-group 2
[H3C-GigabitEthernet0/1] quit
```

⑧ 配置静态路由,目的地址为外网服务器 NAT 地址 212.0.0.2,报文出接口为 GigabitEthernet0/1。

```
[H3C] ip route-static 212.0.0.2 32 GigabitEthernet0/1
```

如果要做连接数限制,还要对服务器做如下设置:

```
[H3C] connection-limit policy 0
```

① 配置连接数限制规则 0,允许匹配 ACL 3000 的全部主机最多只能与外网建立 20 000 条连接,超过 20 000 时需要等连接数恢复到 19 000 以下才允许建立新的连接。

```
[H3C-connection-limit-policy-0] limit 0 acl 3000 amount 20000 19000
```

② 配置连接限制规则 1,允许匹配 ACL 3001 的服务器最多接受 10 000 条连接请求,超过 10 000 时需要等连接数降到 9800 以下才允许建立新的连接。

```
[H3C-connection-limit-policy-0] limit 1 3001 per-destination 10000 9800
[H3C-connection-limit-policy-0] quit
[H3C] connection-limit policy 1          //创建连接数限制策略 1
```

③ 配置连接数限制规则 0,允许匹配 ACL 3000 的每台主机最多只能与外网建立 100 条连接,超过 100 时需要等连接数恢复到 90 以下才允许建立新的连接。

```
[H3C-connection-limit-policy-1] limit 0 acl 3000 per-source amount 100 90
[H3C-connection-limit-policy-1] quit
[H3C] connection-limit apply global policy 0      //在全局应用连接数限制策略 0
[H3C] interface gigabitethernet 0/1
                           //在接口 GigabitEthernet0/1 上应用连接数限制策略 1
[H3C-GigabitEthernet0/1] connection-limit apply policy 1
[H3C-GigabitEthernet0/1] quit
```

(6) 外网用户通过外网地址访问内网服务器。

某公司内部对外提供 Web、FTP 和 SMTP 服务,而且提供两台 Web 服务器。公司内部网址为 192.168.0.0/24。其中,内部 FTP 服务器地址为 192.168.0.23/24,内部 Web 服务器 1 的 IP 地址为 192.168.0.21/14,内部 Web 服务器 2 的 IP 地址为 192.168.0.22/24,内部 SMTP 服务器的 IP 地址为 192.168.0.24/24。公司拥有 212.0.0.1~212.0.0.3 三个公网 IP 地址。需要实现如下功能:外部的主机可以访问内部的服务器;选用 212.0.0.1 作为公司对外提供服务的 IP 地址,Web 服务器 2 对外采用 8080 端口。

① 按照图 4.2 配置各接口的 IP 地址,具体配置过程略。

② 进入接口 GigabitEthernet0/1。

```
<H3C>system-view
[H3C] interface GigabitEthernet0/1
```

③ 配置内部 FTP 服务器,允许外网主机使用地址 212.0.0.1,端口号 21 访问内网 FTP 服务器。

```
[H3C-GigabitEthernet0/1] nat server protocol tcp global 212.0.0.1 21 inside 192.
168.0.23 ftp
```

④ 配置内部 Web 服务器 1,允许外网主机使用地址 212.0.0.1,端口号 80 访问内网 Web 服务器 1。

```
[H3C-GigabitEthernet0/1] nat server protocol tcp global 212.0.0.1 80 inside 192.
168.0.21 www
```

⑤ 配置内部 Web 服务器 2,允许外网主机使用地址 212.0.0.1,端口号 8080 访问内网 Web 服务器 2。

```
[H3C-GigabitEthernet0/1] nat server protocol tcp global 212.0.0.1 8080 inside
192.168.0.22 www
```

⑥ 配置内部 SMTP 服务器,允许外网主机使用地址 212.0.0.1 21 及 SMTP 协议定义的端口访问内网 SMTP 服务器。

```
[H3C-GigabitEthernet0/1] nat server protocol tcp global 212.0.0.1 smtp inside
192.168.0.24 smtp
[H3C-GigabitEthernet0/1] quit
```

如果要实现负载分担内部两台 Web 服务器,需要做如下设置:
配置内部服务器组 0 及其成员 192.168.0.21 和 192.168.0.22。

```
<H3C>system-view
[H3C] nat server-group 0
[H3C-nat-server-group-0] inside ip 192.168.0.21 port 80
[H3C-nat-server-group-0] inside ip 192.168.0.21 port 8080
[H3C-nat-server-group-0] quit
```

在接口 GigabitEthernet0/1 上配置负载分担内部服务器,引用内部服务器组 0,该组内的主机共同对外提供 FTP 服务。

```
[H3C] interface GigabitEthernet0/1
[H3C-GigabitEthernet0/1] nat server protocol tcp global 212.0.0.1 www inside
server-group 0
[H3C-GigabitEthernet0/1] quit
```

(7) 外网用户通过域名访问内网服务器(地址不重叠)。

某公司内部对外提供 Web 服务,Web 服务器地址为 192.168.0.22/24。该公司在内网有一台 DNS 服务器,IP 地址为 192.168.0.23/24,用于解析 Web 服务器的域名。该公司拥有三个外网 IP 地址：212.0.0.2、212.0.0.3 和 212.0.0.4。需要实现外网主机可以通过域名访问内网的 Web 服务器。

① 按照图 4.2 配置各接口的 IP 地址,具体配置过程略。

```
<H3C>system-view
[H3C] nat alg dns                //开启 DNS 协议的 ALG 功能
```

② 配置 ACL 2000,允许对内部网络中 192.168.0.22 的报文进行地址转换。

```
[H3C] acl number 2000
[H3C-acl-basic-2000] rule permit source 192.168.0.22 0
[H3C-acl-basic-2000] quit
```

③ 创建地址组 1 并添加地址组成员 212.0.0.3。

```
[H3C] nat address-group 1
[H3C-nat-address-group-1] address 212.0.0.3 212.0.0.3
[H3C-nat-address-group-1] quit
```

④ 在接口 GigabitEthernet0/1 上配置 NAT 内部服务器,允许外网主机使用地址 212.0.0.2 访问内网 DNS 服务器。

```
[H3C] interface GigabitEthernet0/1
[H3C-GigabitEthernet0/1] nat server protocol udp global 212.0.0.2 inside 192.
168.0.23 domain
```

⑤ 在接口 GigabitEthernet0/1 上配置出方向动态地址转换,允许使用地址组 1 中的地址对 DNS 应答报文载荷中的内网地址进行转换,并在转换过程中不使用端口信息,以及允许反向地址转换。

```
[H3C-GigabitEthernet0/1] nat outbound 2000 address-group 1 no-pat reversible
[H3C-GigabitEthernet0/1] quit
```

(8) 外网用户通过域名访问内网服务器(地址重叠)。

某公司内部对外提供 Web 服务,Web 服务器地址为 192.168.0.22/24。该公司在内网有一台 DNS 服务器,IP 地址为 192.168.0.23/24,用于解析 Web 服务器的域名。该公司拥有三个外网 IP 地址：212.0.0.2、212.0.0.3 和 212.0.0.4。需要实现外网主机可以通过域名访问与其地址重叠的内网 Web 服务器。

① 按照图 4.2 配置各接口的 IP 地址,具体配置过程略。
② 开启 DNS 协议的 ALG 功能。

```
<H3C>system-view
[H3C] nat alg dns
```

③ 配置 ACL 2000,允许对内部网络中 192.168.0.0/24 网段的报文进行地址转换。

```
[H3C] acl number 2000
```

```
[H3C-acl-basic-2000] rule permit source 192.168.0.0 0.0.0.255
[H3C-acl-basic-2000] quit
```

④ 创建地址组 1 并添加地址组成员 212.0.0.2。

```
[H3C] nat address-group 1
[H3C-nat-address-group-1] address 212.0.0.2 212.0.0.2
[H3C-nat-address-group-1] quit
```

⑤ 创建地址组 2 并添加地址组成员 212.0.0.3。

```
[H3C] nat address-group 2
[H3C-nat-address-group-2] address 212.0.0.3 212.0.0.3
[H3C-nat-address-group-2] quit
```

⑥ 在接口 GigabitEthernet1/1 上配置 NAT 内部服务器,允许外网主机使用地址 212.0.0.4 访问内网 DNS 服务器。

```
[H3C] interface GigabitEthernet0/1
[H3C-GigabitEthernet0/1] nat server protocol udp global 212.0.0.4 inside 192.
168.0.23 domain
```

⑦ 在接口 GigabitEthernet0/1 上配置出方向动态地址转换,允许使用地址组 1 中的地址对 DNS 应答报文载荷中的内网地址进行转换,并在转换过程中不使用端口信息,以及允许反向地址转换。

```
[H3C-GigabitEthernet0/1] nat outbound 2000 address-group 1 no-pat reversible
```

⑧ 在接口 GigabitEthernet0/1 上配置入方向动态地址转换,允许使用地址组 2 中的地址对外网访问内网的报文进行源地址转换,并在转换过程中使用端口信息。

```
[H3C-GigabitEthernet0/1] nat inbound 2000 address-group 2
[H3C-GigabitEthernet0/1] quit
```

⑨ 配置到达 212.0.0.3 地址的静态路由,出接口为 GigabitEthernet0/1。

```
[H3C] ip route-static 212.0.0.3 32 GigabitEthernet0/1
```

【思考题】

一个以太口做 NAT 转换,该怎么配置?

实验 4.3　GRE 配置实验

【实验背景】

通用路由封装(GRE)定义了在任意一种网络层协议上封装任意一个其他网络层协议的协议。在大多数常规情况下,系统拥有一个有效载荷(或负载)包,需要将它封装并发送至某个目的地。首先将有效载荷封装在一个 GRE 包中,然后将此 GRE 包封装在其他某协议中并进行转发。此外,发协议即为发送协议。当 IPv4 被作为 GRE 有效载荷传输时,协议类型字段必须被设置为 0x800。当一个隧道终点拆封此含有 IPv4 作为有效载荷的 GRE 包时,IPv4 包头中的目的地址必须用来转发包,并且需要减少有效载荷包的 TTL。值得注意的是,在转发这样一个包时,如果有效载荷包的目的地址就是包的封装器(也就是隧道另一端),就会出现回路现象。在此情形下必须丢弃该包。当 GRE 包被封装在 IPv4 中时,需要使用 IPv4 协议。

　　GRE 下的网络安全与常规的 IPv4 网络安全是较为相似的,GRE 下的路由采用 IPv4 原本使用的路由,但路由过滤保持不变。包过滤要求防火墙检查 GRE 包,或者在 GRE 隧道终点完成过滤过程。在那些被看作是安全问题的环境下,可以在防火墙上终止隧道。GRE 应用范围:多协议本地网通过单一协议骨干网传输、扩大包含步跳数受限协议(如 IPX)的网络的工作范围、将一些不能连续的子网连接起来组建 VPN。其中,以第一种应用为主。

【实验目的】

　　(1) 了解 GRE 建立隧道(Tunnel)的过程。
　　(2) 掌握在两台路由器之间使用 GRE 建立隧道实现互联的配置方法。

【实验内容】

　　在两台路由器之间使用 GRE 建立隧道。

【实验设备】

　　H3C 系列交换机一台,H3C 系列路由器两台,PC 两台,专用配置电缆一根,网线 4 根,标准 V35 电缆一对。网络拓扑结构如图 4.3 所示。

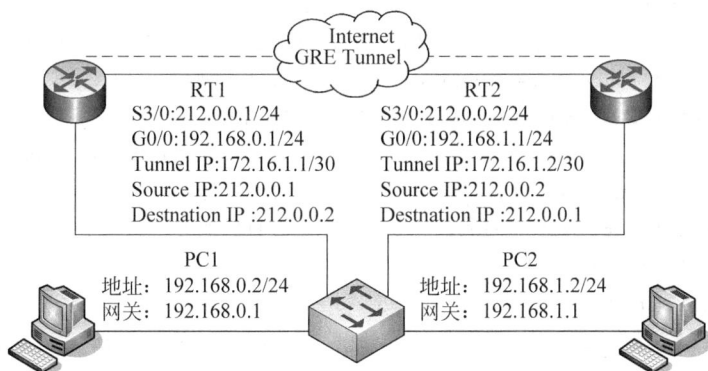

图 4.3　GRE 配置实验网络拓扑结构图

【实验步骤】

　　(1) 按照图 4.3 的要求将网络搭建起来。

（2）按照图 4.3 所示配置各个计算机的 IP 地址、子网掩码、默认网关。

（3）对 RT1 作如下配置：

```
<H3C>system-view
[H3C]sysname RT1
[RT1]interface tunnel 0 mode gre
[RT1]interface GigabitEthernet0/0
[RT1-GigabitEthernet0/0]ip address 192.168.0.1 255.255.255.0    //内部私网 IP
[RT1-GigabitEthernet0/0]interface Serial3/0
[RT1-Serial3/0]ip address 212.0.0.1 255.255.255.0               //公网 IP
[RT1-Serial3/0]interface Tunnel0                                //创建 Tunnel 0
[RT1-Tunnel0]ip address 172.16.1.1 255.255.255.252
                                    //Tunnel IP 和对方 Tunnel IP 在同一网段
[RT1-Tunnel0]source 212.0.0.1                   //源地址
[RT1-Tunnel0]destination 212.0.0.2              //目的地址
[RT1-Tunnel0]keepalive
[RT1-Tunnel0]quit
[RT1]ip route-static 0.0.0.0 0.0.0.0 212.0.0.2 preference 60     //到公网的默认路由
[RT1]ip route-static 192.168.1.0 255.255.255.0 Tunnel 0 preference 70
                                    //通过 Tunnel 访问对方私网的路由
```

（4）对 RT2 作如下配置：

```
<H3C>system-view
[H3C]sysname RT2
[RT2]interface tunnel 0 mode gre
[RT2]interface GigabitEthernet0/0
[RT2-GigabitEthernet0/0]ip address 192.168.1.1 255.255.255.0         //内部私网 IP
[RT2-GigabitEthernet0/0]interface Serial3/0
[RT2-Serial3/0]ip address 212.0.0.2 255.255.255.0           //公网 IP
[RT2-Serial3/0]interface Tunnel0                //创建 Tunnel 0
[RT2-Tunnel0]ip address 172.16.1.2 255.255.255.252
                                    //Tunnel IP 和对方 Tunnel IP 在同一网段
[RT2-Tunnel0]source 212.0.0.2                   //源地址
[RT2-Tunnel0]destination 212.0.0.1              //目的地址
[RT2-Tunnel0]keepalive
[RT2-Tunnel0]quit
[RT2]ip route-static 0.0.0.0 0.0.0.0 212.0.0.1 preference 60     //到公网的默认路由
[RT2]ip route-static 192.168.0.0 255.255.255.0 Tunnel 0 preference 70
                                    //通过 Tunnel 访问对方私网的路由
```

【思考题】

上面是 GRE over IPv4 隧道的设置，如何设置 GRE over IPv6 隧道？

实验 4.4　IPSec 配置实验

【实验背景】

IPSec(Internet 协议安全性)是一种开放标准的框架结构,通过使用加密的安全服务以确保在 Internet 协议网络上进行保密而安全的通信。它通过端对端的安全性来提供主动的保护以防止专用网络与 Internet 的攻击。在通信中,只有发送方和接收方才是唯一必须了解 IPSec 保护的计算机。IPSec 协议不是一个单独的协议,它给出了应用于 IP 层上网络数据安全的一整套体系结构,包括网络认证协议(Authentication Header,AH)、封装安全载荷协议(Encapsulating Security Payload,ESP)、密钥管理协议(Internet Key Exchange,IKE)和用于网络认证算法(MD5 和 SHA-1)及加密算法(DES、3DES 和 AES)等。IPSec 规定了如何在对等层之间选择安全协议、确定安全算法和密钥交换,向上提供了访问控制、数据源认证、数据加密等网络安全服务。IPSec 有两种协商方式建立安全联盟,一种是手工方式(Manual),一种是 IKE 自动协商(Isakmp)方式。后者则相对比较简单,只需要配置好 IKE 协商安全策略的信息,由 IKE 自动协商来创建和维护安全联盟。IPSec 协议有传输模式和隧道模式两种操作模式。在传输模式下,AH 或 ESP 被插入到 IP 头之后,但在所有传输层协议之前,或所有其他 IPSec 协议之前。在隧道模式下,AH 或 ESP 插在原始 IP 头之前,另外生成一个新头放到 AH 或 ESP 之前。不同安全协议在传输模式和隧道模式下的数据封装形式从安全性来讲,隧道模式优于传输模式。

IPSec 的安全特性主要有:

- 不可否认性。"不可否认性"可以证实消息发送方是唯一可能的发送者,发送者不能否认发送过消息。"不可否认性"是采用公钥技术的一个特征,当使用公钥技术时,发送方用私钥产生一个数字签名随消息一起发送,接收方用发送者的公钥来验证数字签名。由于在理论上只有发送者才唯一拥有私钥,也只有发送者才可能产生该数字签名,因此只要数字签名通过验证,发送者就不能否认曾发送过该消息。但"不可否认性"不是基于认证的共享密钥技术的特征,因为在基于认证的共享密钥技术中,发送方和接收方掌握相同的密钥。

- 反重播性。"反重播"确保每个 IP 包的唯一性,保证信息万一被截取复制后不能再被重新利用、重新传输回目的地址。该特性可以防止攻击者截取破译信息后,再用相同的信息包冒取非法访问权(即使这种冒取行为发生在数月之后)。

- 数据完整性。防止传输过程中数据被篡改,确保发出数据和接收数据的一致性。IPSec 利用 Hash 函数为每个数据包产生一个加密检查和,接收方在打开包前先计算检查和,若包遭篡改导致检查和不相符,数据包即被丢弃。

- 数据可靠性(加密)。在传输前对数据进行加密,可以保证在传输过程中,即使数据包遭截取,信息也无法被读。该特性在 IPSec 中为可选项,与 IPSec 策略的具体设置相关。

- 认证。数据源发送信任状,由接收方验证信任状的合法性,只有通过认证的系统才可以建立通信连接。

【实验目的】

(1) 了解 IPSec 的原理。

(2) 掌握通过 IKE 自动协商方式建立 SA,完成 IPSec 标准配置的方法。

(3) 掌握通过手工方式建立 SA,完成 IPSec 标准配置的方法。

【实验内容】

(1) 用 IKE 自动协商方式建立 SA,完成 IPSec 标准配置。

(2) 用手工方式建立 SA,完成 IPSec 标准配置。

【实验设备】

H3C 系列交换机一台,H3C 系列路由器两台,PC 两台,专用配置电缆一根,网线 4 根,标准 V35 电缆一对。网络拓扑结构如图 4.4 所示。

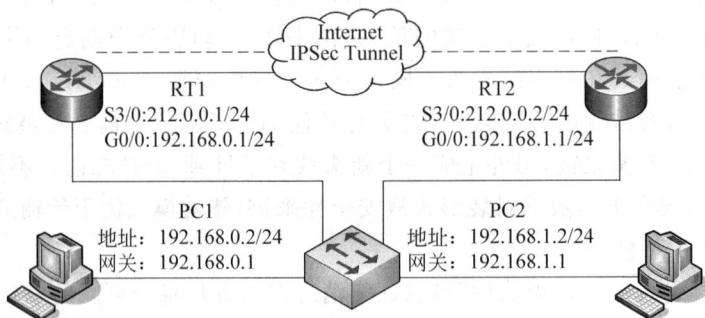

图 4.4 IPSec 配置实验网络拓扑结构图

【实验步骤】

(1) 按照图 4.4 的要求将网络搭建起来。

(2) 按照图 4.4 所示配置各个计算机的 IP 地址、子网掩码、默认网关。

(3) 对 RT1 和 RT2 做基本配置并定义需保护的数据流。

① 对 RT1 做如下配置:

```
<H3C>system-view
[H3C]sysname RT1
[RT1] interface GigabitEthernet0/0
[RT1-GigabitEthernet0/0]ip address 192.168.0.1 255.255.255.0
[RT1-GigabitEthernet0/0]interface serial 3/0
[RT1-serial 3/0]ip address 212.0.0.1 255.255.255.0
[RT1-serial 3/0]quit
[RT1] ip route-static 192.168.1.0 255.255.255.0 212.0.0.2
[RT1]acl number 3100
```

[RT1 -acl-adv-3100] rule permit ip source 192.168.0.0 0.0.0.255 destination 192.
168.1.0 0.0.0.255

[RT1 -acl-adv-3100] rule deny ip source any destination any

[RT1 -acl-adv-3100]quit

[RT1]ip route-static 192.168.1.0 255.255.255.0 212.0.0.2

② 对 RT2 做如下配置：

<H3C>system-view

[H3C]sysname RT2

[RT2] interface GigabitEthernet0/0

[RT2-GigabitEthernet0/0]ip address 192.168.1.1 255.255.255.0

[RT2-GigabitEthernet0/0]interface serial 3/0

[RT2- serial 3/0]ip address 212.0.0.2 255.255.255.0

[RT2- serial 3/0]quit

[RT2]ip route-static 192.168.0.0 255.255.255.0 212.0.0.1

[RT2]acl number 3100

[RT2-acl-adv-3100]rule permit ip source 192.168.1.0 0.0.0.255 destination 192.
168.0.0 0.0.0.255

[RT2-acl-adv-3100] rule deny ip source any destination any

[RT2-acl-adv-3100]quit

[RT2]ip route-static 192.168.0.0 255.255.255.0 212.0.0.1

（4）创建安全提议。

① 对 RT1 做如下配置：

```
[RT1] ipsec hello                                        //创建名为 hello 的安全建议
[RT1-ipsec-hello] encapsulation-mode tunnel             //报文封装形式采用隧道模式
[RT1-ipsec-tranform-set-hello] protocol esp             //安全协议采用 ESP 协议
[RT1 -ipsec-tranform-set-hello] esp encryption-algorithm des      //选择加密算法
[RT1-ipsec-tranform-set-hello] esp authentication-algorithm sha1
                                                        //选择认证算法
[RT1-ipsec-tranform-set-hello] quit
```

② 对 RT2 做如下配置：

```
[RT2] ipsec tranform-set hello
[RT2-ipsec-tranform-set-hello] encapsulation-mode tunnel
[RT2-ipsec-tranform-set-hello] protocol esp
[RT2 -ipsec-tranform-set-hello] esp encryption-algorithm des
[RT2-ipsec-tranform-set-hello] esp authentication-algorithm sha1
[RT2-ipsec-tranform-set-hello] quit
```

注意：此部分配置两边必须一致。

（5）配置 IKE 对等体。

① 对 RT1 做如下配置：

```
[RT1] ike keychain jsjxy
[RT1-ike-keychain-jsjxy] pre-shared-key address 212.0.0.2 255.255.255.0 key
simple jsjxy
```
//配置与 IP 地址为 212.0.0.2 的对端使用的预共享密钥为明文 jsjxy
```
[RT1-ike-keychain-jsjxy] quit
[RT1] ike profile CQUT                    //创建并配置 IKE profile,名称为 CQUT
[RT1-ike-profile-CQUT] keychain jsjxy
[RT1-ike-profile-CQUT] match remote identity address 212.0.0.2 255.255.255.0
[RT1-ike-profile-CQUT] quit
```

② 对 RT2 做如下配置:

```
[RT2] ike keychain jsjxy
[RT2-ike-keychain-jsjxy] pre-shared-key address 212.0.0.1 255.255.255.0 key
simple jsjxy
```
//配置与 IP 地址为 212.0.0.1 的对端使用的预共享密钥为明文 jsjxy
```
[RT2-ike-keychain-jsjxy] quit
[RT2] ike profile CQUT                    //创建并配置 IKE profile,名称为 CQUT
[RT2-ike-profile-CQUT] keychain jsjxy
[RT2-ike-profile-CQUT] match remote identity address 212.0.0.1 255.255.255.0
[RT2-ike-profile-CQUT] quit
```

注意: PRE 共享密钥两边必须一致。

(6) 定义安全策略,用 IKE 自动协商方式建立 SA。

① 对 RT1 做如下配置:

```
[RT1] ipsec policy shiyan1 10 isakmp        //创建安全策略,协商方式为 isakmp
[RT1-ipsec-policy-isakmp-shiyan1-10]tranform-set hello   //引用安全建议
[RT1-ipsec-policy-isakmp-shiyan1-10]security acl 3100     //引用访问控制列表
[RT1-ipsec-policy-isakmp-shiyan1-10]local-address 212.0.0.1
[RT1-ipsec-policy-isakmp-shiyan1-10]remote-address 212.0.0.2
[RT1-ipsec-policy-isakmp-shiyan1-10]ike-profile CQUT
[RT1-ipsec-policy-isakmp-shiyan1-10] quit
```

② 对 RT2 做如下配置:

```
[RT2] ipsec policy shiyan2 10 isakmp
[RT2-ipsec-policy-isakmp-shiyan2-10]tranform-set hello
[RT2-ipsec-policy-isakmp-shiyan2-10]security acl 3100
[RT2-ipsec-policy-isakmp-shiyan2-10]local-address 212.0.0.2
[RT2-ipsec-policy-isakmp-shiyan2-10]remote-address 212.0.0.1
[RT2-ipsec-policy-isakmp-shiyan2-10]ike-profile CQUT
2[RT2-ipsec-policy-isakmp-shiyan-10] quit
```

将安全提议、需保护的数据流、IKE 对等体全部引入安全策略。

(7) 将 IPSec 策略应用到接口上,让其生效。

① 对 RT1 做如下配置：

```
[RT1]interface serial 3/0
[RT1-serial 3/0]ipsec policy shiyan 1
[RT1-serial 3/0]quit
```

② 对 RT2 做如下配置：

```
[RT2]interface serial 3/0
[RT2-serial 3/0]ipsec policy shiyan 2
[RT2-serial 3/0]quit
```

以上配置完成后,RT1 和 RT2 之间如果有子网 192.168.0.0 与子网 192.168.1.0 之间的报文通过,将触发 IKE 进行协商建立安全联盟。IKE 协商成功并创建了安全联盟后,子网 192.168.0.0 与子网 192.168.1.0 之间的数据流将被加密传输。

注意事项：当路由器既需要配置 ipsec,又需要使用 NAT 时,一定要在 NAT 的 ACL 中拒绝掉 ipsec 保护的流。否则需要进行 ipsec 保护的流会先与 NAT 的 ACL 匹配,进行 NAT,而无法触发 ipsec 的建立。

(8) 将上述(5)、(6)改为如下配置,其他步骤保持不变即为手工方式建立 SA。

① 对 RT1 做如下配置：

```
[RT1] ipsec policy shiyan 10 manual          //创建安全策略,协商方式为 manual
[RT1-ipsec-policy-manual-shiyan-10] tranform-set hello          //引用安全建议
[RT1-ipsec-policy-manual-shiyan-10] security acl 3100          //引用访问控制列表
[RT1-ipsec-policy-manual-shiyan-10] remote 212.0.0.2          //配置对端地址
[RT1-ipsec-policy-manual-shiyan-10] local 212.0.0.1          //配置本地地址
[RT1-ipsec-policy-manual-shiyan-10] sa spi outbound esp 63076 //配置 SPI
[RT1-ipsec-policy-manual-shiyan-10] sa spi inbound esp 67036
[RT1-ipsec-policy-manual-shiyan-10] sa string-key outbound esp asdfgh
                                                          //配置密钥
[RT1-ipsec-policy-manual-shiyan-10] sa string-key inbound esp hgfdsa
[RT1-ipsec-policy-manual-shiyan-10] quit
```

② 对 RT2 做如下配置：

```
[RT2] ipsec policy shiyan 10 manual
[RT2-ipsec-policy-manual-shiyan-10] tranform-set hello
[RT2-ipsec-policy-manual-shiyan-10] security acl 3100
[RT2-ipsec-policy-manual-shiyan-10] remote 212.0.0.1
[RT2-ipsec-policy-manual-shiyan-10] local 212.0.0.2
[RT2-ipsec-policy-manual-shiyan-10] sa spi outbound esp 67036
[RT2-ipsec-policy-manual-shiyan-10] sa spi inbound esp 63076
[RT2-ipsec-policy-manual-shiyan-10] sa string-key outbound esp hgfdsa
[RT2-ipsec-policy-manual-shiyan-10] sa string-key inbound esp asdfgh
[RT2-ipsec-policy-manual-shiyan-10] quit
```

(9) GRE over IPSec 配置实验。

在开始下面的配置之前,假设设备各接口的地址都已配置完毕,并且 RT1 和 RT2 之间的路由可达。

① 对 RT1 做如下配置:

```
[RT1] interface tunnel 0 mode gre
[RT1-Tunnel0] ip address 10.1.2.1 255.255.255.0
[RT1-Tunnel0] source 212.0.0.1
[RT1-Tunnel0] destination 212.0.0.2
[RT1] ip route-static 192.168.1.0 255.255.255.0 tunnel 0
```

② 对 RT2 做如下配置:

```
[RT2] interface tunnel 0 mode gre
[RT2-Tunnel0] ip address 10.1.2.2 255.255.255.0
[RT2-Tunnel0] source 212.0.0.2
[RT2-Tunnel0] destination 212.0.0.1
[RT2] ip route-static 192.168.0.0 255.255.255.0 tunnel 0
```

注意:当路由器既需要配置 ipsec,又需要使用 NAT 时,一定要在 NAT 的 ACL 中 deny 掉 ipsec 保护的流。否则需要进行 ipsec 保护的流会先与 NAT 的 ACL 匹配,进行 NAT,而无法触发 ipsec 的建立。

【思考题】

(1) 查阅相关资料,完成野蛮 IPSEC 配置。

(2) IPSEC Over GRE 与 GRE Over IPSEC 的区别是什么?分别用在什么场合?查阅相关资料,完成相关配置。

实验 4.5   MPLS 配置实验

【实验背景】

多协议标签交换(MPLS)是一种用于快速数据包交换和路由的体系,它为网络数据流量提供了目标、路由、转发和交换等能力。更特殊的是,它具有管理各种不同形式通信流的机制。MPLS 独立于第二层和第三层协议,诸如 ATM 和 IP。它提供了一种方式,将 IP 地址映射为简单的具有固定长度的标签,用于不同的包转发和包交换技术。它是现有路由和交换协议的接口,如 IP、ATM、帧中继、资源预留协议(RSVP)、开放最短路径优先(OSPF)等。在 MPLS 中,数据传输发生在标签交换路径(LSP)上。LSP 是每一个沿着从源端到终端路径上的结点的标签序列。现今使用着一些协议,如标签分发协议(LDP)、边界网关协议(BGP),固定长度标签被插入每一个包或信元的开始处,并且可被硬件用来在两个链接间快速交换包,所以使数据的快速交换成为可能。MPLS 主要设计来解决网路问题,如网路速度、可扩展性、服务质量(QoS)管理及流量工程,同时也为下一代 IP 中枢网络解决宽带管理及服务请求等问题。MPLS 最初是为了提高转发速度而提出的。与传统 IP 路由方式相比,它在数据转发时只在网络边缘分析 IP 报文头,而不用在每一跳都分析 IP 报文头,从而节约了处理时间。MPLS 起源于 IPv4(Internet Protocol version 4),其核心技术可扩展到多种网络协议,包括 IPX(Internet Packet Exchange)、Appletalk、DECnet、CLNP(Connectionless Network Protocol)等。MPLS 中的 Multi protocol 指的就是支持多种网络协议。

【实验目的】

(1) 了解 MPLS 的基本原理。

(2) 掌握 MPLS 的基本配置方法。

(3) 掌握多角色主机的典型配置方法。

【实验内容】

(1) MPLS 基本配置,使得同一 VPN 内部可以互通,不同 VPN 间不通。

(2) 多角色主机的典型配置,使得某个 VPN 内的设备可以访问其他 VPN 内的设备。

【实验设备】

H3C 系列路由器三台,专用配置电缆一根,标准 V35 电缆两对。网络拓扑结构如图 4.5 所示。

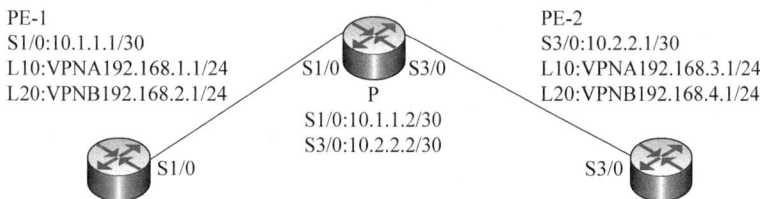

图 4.5　MPLS 基本配置实验拓扑结构图

【实验步骤】

(1) 按照图 4.5 的要求将网络搭建起来。

(2) MPLS 的基本配置。

① 对 PE-1 做如下配置:

```
<H3C>system-view
[H3C]sysname PE-1
[PE-1]router id 1.1.1.1                    //配置 router id
[PE-1]mpls lsr-id 1.1.1.1                  //配置 mpls lsr-rd
[PE-1]mpls                                 //全局使能 mpls
[PE-1-mpls]mpls ldp                        //使能 LDP
[PE-1-ldp]quit
[PE-1]ip vpn-instance vpna                 //创建 vpna 实例
```

```
[PE-1-vpn-vpna]route-distinguisher 100:1    //配置 RD=100:1
[PE-1-vpn-vpna]vpn-target 100:1 both
[PE-1-vpn-vpna]ip vpn-instance vpnb          //创建 vpnb 实例,RD=200:1,RT=200:1
[PE-1-vpn-vpnb]route-distinguisher 200:1
[PE-1-vpn-vpnb]vpn-target 200:1 both
[PE-1-vpn-vpnb]interface serial1/0
[PE-1-Serial1/0]ip address 10.1.1.1 255.255.255.252
[PE-1-Serial1/0]mpls                         //接口使能 mpls
[PE-1-Serial1/0]mpls ldp enable              //接口使能 ldp
[PE-1-Serial1/0]interface loopback 0
[PE-1-LoopBack0]ip address 1.1.1.1 255.255.255.255
                                             //loopback 0 地址=router id
[PE-1-LoopBack0]interface loopback 10
[PE-1-LoopBack10]ip binding vpn-instance vpna    //接口与 vpna 绑定
[PE-1-LoopBack10]ip address 192.168.1.1 255.255.255.0
[PE-1-LoopBack10]interface loopback 20
[PE-1-LoopBack20]ip binding vpn-instance vpnb    //接口与 vpnb 绑定
[PE-1-LoopBack20]ip address 192.168.2.1 255.255.255.0
[PE-1-LoopBack20]bgp 100
[PE-1-bgp] undo synchronization              //取消 BGP 同步
[PE-1-bgp]group inter internal               //创建 internal 组 inter
[PE-1-bgp]peer 3.3.3.3 group inter           //与 3.3.3.3 建立 iBGP 关系
[PE-1-bgp]peer 3.3.3.3 connect-interface LoopBack0
                                             //使用 loopback 0 建立 BGP 连接
[PE-1-bgp]ipv4-family vpn-instance vpna      //vpna 与 MBGP 地址族关联
[PE-1-bgp-af-vpn-instance]import-route direct    //引入直连路由
[PE-1-bgp-af-vpn-instance]undo synchronization   //取消 BGP 同步
[PE-1-bgp-af-vpn-instance]ipv4-family vpn-instance vpnb
                                             //vpnb 与 MBGP 地址族关联
[PE-1-bgp-af-vpn-instance]import-route direct
[PE-1-bgp-af-vpn-instance]undo synchronization
[PE-1-bgp-af-vpn-instance]ipv4-family vpnv4
                                             //进入 MBGP 的 VPNv4 地址族
[PE-1-bgp-af-vpn]peer inter enable           //使能 inter 组
[PE-1-bgp-af-vpn] peer 3.3.3.3 group inter   //使能 3.3.3.3
[PE-1-bgp-af-vpn]quit
[PE-1-bgp]ospf 1
[PE-1-ospf-1]area 0
[PE-1-ospf-1-area-0.0.0.0]network 10.1.1.0 0.0.0.3    //接口使能 ospf
[PE-1-ospf-1-area-0.0.0.0]network 1.1.1.1 0.0.0.0     //loopback0 使能 ospf
[PE-1-ospf-1-area-0.0.0.0]quit
[PE-1-ospf-1]quit
[PE-1]
```

② 对 P 做如下配置：

```
<H3C>system-view
[H3C]sysname P
[P]router id 2.2.2.2                                   //配置 router id
[P]mpls lsr-id 2.2.2.2                                 //配置 mpls lsr-rd
[P]mpls                                                //全局使能 mpls
[P-mpls]mpls ldp                                       //使能 LDP
[P-ldp]quit
[P]interface serial1/0
[P-Serial1/0]ip address 10.1.1.2 255.255.255.252
[P-Serial1/0]mpls                                      //接口使能 mpls
[P-Serial1/0]mpls ldp enable                           //接口使能 ldp
[P-Serial1/0]interface serial3/0
[P-Serial3/0]ip address 10.2.2.2 255.255.255.252
[P-Serial3/0]mpls                                      //接口使能 mpls
[P-Serial3/0]mpls ldp enable                           //接口使能 ldp
[P-Serial3/0]interface loopback 0
[P-LoopBack0]ip address 2.2.2.2 255.255.255.255        //loopback 0 地址 = router id
[P-LoopBack0]quit
[P]ospf 1
[P-ospf-1]area 0
[P-ospf-1-area-0.0.0.0]network 10.1.1.0 0.0.0.3        //接口使能 ospf
[P-ospf-1-area-0.0.0.0]network 10.2.2.0 0.0.0.3        //接口使能 ospf/
[P-ospf-1-area-0.0.0.0]network 2.2.2.2 0.0.0.0         //loopback0 使能 ospf
[P-ospf-1-area-0.0.0.0]quit
[P-ospf-1]quit
[P]
```

③ 对 PE-2 做如下配置：

```
<H3C>system-view
[H3C]sysname PE-2
[PE-2]router id 3.3.3.3                                //配置 router id
[PE-2]mpls lsr-id 3.3.3.3                              //配置 mpls lsr-rd
[PE-2]mpls                                             //全局使能 mpls
[PE-2-mpls]mpls ldp                                    //使能 LDP
[PE-2-ldp]quit
[PE-2]ip vpn-instance vpna                             //创建 vpna 实例
[PE-2-vpn-vpna]route-distinguisher 100:1              //配置 RD=100:1
[PE-2-vpn-vpna]vpn-target 100:1 both
[PE-2-vpn-vpna]ip vpn-instance vpnb                    //创建 vpnb 实例,RD=200:1,RT=200:1
[PE-2-vpn-vpnb]route-distinguisher 200:1
[PE-2-vpn-vpnb]vpn-target 200:1 both
[PE-2-vpn-vpnb]interface serial3/0
```

```
[PE-2-Serial3/0]ip address 10.2.2.1 255.255.255.252
[PE-2-Serial3/0]mpls                                          //接口使能 mpls
[PE-2-Serial3/0]mpls ldp enable                               //接口使能 ldp
[PE-2-Serial3/0]interface loopback 0
[PE-2-LoopBack0]ip address 3.3.3.3 255.255.255.255            //loopback 0 地址=router id
[PE-2-LoopBack0]interface loopback 10
[PE-2-LoopBack10]ip binding vpn-instance vpna                 //接口与 vpna 绑定
[PE-2-LoopBack10]ip address 192.168.3.1 255.255.255.0
[PE-2-LoopBack10]interface loopback 20
[PE-2-LoopBack20]ip binding vpn-instance vpnb                 //接口与 vpnb 绑定
[PE-2-LoopBack20]ip address 192.168.4.1 255.255.255.0
[PE-2-LoopBack20]bgp 100
[PE-2-bgp] undo synchronization                               //取消 BGP 同步
[PE-2-bgp]group inter internal                                //创建 internal 组 inter
[PE-2-bgp]peer 1.1.1.1 group inter                            //与 1.1.1.1 建立 iBGP 关系
[PE-2-bgp]peer 1.1.1.1 connect-interface LoopBack0
                                                              //使用 loopback 0 建立 BGP 连接
[PE-2-bgp]ipv4-family vpn-instance vpna                       //vpna 与 MBGP 地址族关联
[PE-2-bgp-af-vpn-instance]import-route direct                 //引入直连路由
[PE-2-bgp-af-vpn-instance]undo synchronization                //取消 BGP 同步
[PE-2-bgp-af-vpn-instance]ipv4-family vpn-instance vpnb
                                                              //vpnb 与 MBGP 地址族关联
[PE-2-bgp-af-vpn-instance]import-route direct
[PE-2-bgp-af-vpn-instance]undo synchronization
[PE-2-bgp-af-vpn-instance]ipv4-family vpnv4                   //进入 MBGP 的 VPNv4 地址族
[PE-2-bgp-af-vpn]peer inter enable                            //使能 inter 组
[PE-2-bgp-af-vpn] peer 1.1.1.1 group inter                    //使能 1.1.1.1
[PE-2-bgp-af-vpn]quit
[PE-2-bgp]ospf 1
[PE-2-ospf-1]area 0
[PE-2-ospf-1-area-0.0.0.0]network 10.2.2.0 0.0.0.3            //接口使能 ospf
[PE-2-ospf-1-area-0.0.0.0]network 3.3.3.3 0.0.0.0             //loopback0 使能 ospf
[PE-2-ospf-1-area-0.0.0.0]quit
[PE-2-ospf-1]quit
[PE-2]
```

(3) 多角色主机的典型配置,属于 vpna 的 PC1(192.168.1.2)既可以访问 vpna 又可以访问 vpnb。

① 对 PE-1 做如下配置:

```
<H3C>system-view
[H3C]sysname PE-1
[PE-1]router id 1.1.1.1                                        //配置 router id
[PE-1]mpls lsr-id 1.1.1.1                                      //配置 mpls lsr-rd
[PE-1]mpls                                                     //全局使能 mpls
```

```
[PE-1-mpls]mpls ldp                                          //使能 LDP
[PE-1-mpls]quit
[PE-1]ip vpn-instance vpna                                   //创建 vpna 实例
[PE-1-vpn-vpna]route-distinguisher 100:1                     //配置 RD=100:1
[PE-1-vpn-vpna]vpn-target 100:1 export-extcommunity          //配置 RT=100:1 export
[PE-1-vpn-vpna]vpn-target 100:1 import-extcommunity          //配置 RT=100:1 import
[PE-1-vpn-vpna]ip vpn-instance vpnb               //创建 vpnb 实例,RD=200:1,RT=200:1
[PE-1-vpn-vpnb]route-distinguisher 200:1
[PE-1-vpn-vpnb]vpn-target 200:1 export-extcommunity
[PE-1-vpn-vpnb]vpn-target 200:1 import-extcommunity
[PE-1-vpn-vpnb]quit
[PE-1]acl number 3000                         //指定多角色主机的地址,在策略路由中使用
[PE-1-acl-adv-3000]rule 0 permit ip vpn-instance vpna source 192.168.1.2 0
[PE-1-acl-adv-3000]quit
[PE-1]interface GigabitEthernet0/0
[PE-1-GigabitEthernet0/0]ip binding vpn-instance vpna
[PE-1-GigabitEthernet0/0]ip address 192.168.11.1 255.255.255.0
[PE-1-GigabitEthernet0/0]ip policy route-policy multi-role
                                   //在接口上应用策略路由,实现多角色主机功能
[PE-1-vpn-vpnb]interface serial1/0
[PE-1-Serial1/0]ip address 10.1.1.1 255.255.255.252
[PE-1-Serial1/0]mpls                                         //接口使能 mpls
[PE-1-Serial1/0]mpls ldp enable                              //接口使能 ldp
[PE-1-Serial1/0]interface loopback 0
[PE-1-LoopBack0]ip address 1.1.1.1 255.255.255.255           //loopback 0 地址=router id
[PE-1-LoopBack0]interface loopback 20
[PE-1-LoopBack20]ip binding vpn-instance vpnb                //接口与 vpnb 绑定
[PE-1-LoopBack20]ip address 192.168.2.1 255.255.255.0
[PE-1-LoopBack20]bgp 100
[PE-1-bgp] undo synchronization                              //取消 BGP 同步
[PE-1-bgp]group inter internal                               //创建 internal 组 inter
[PE-1-bgp]peer 3.3.3.3 group inter                           //与 3.3.3.3 建立 iBGP 关系
[PE-1-bgp]peer 3.3.3.3 connect-interface LoopBack0
                                   //使用 loopback 0 建立 BGP 连接
[PE-1-bgp]ipv4-family vpn-instance vpna
                                   //vpna 与 MBGP 地址族关联
[PE-1-bgp-af-vpn-instance]import-route direct                //引入直连路由
[PE-1-bgp-af-vpn-instance]undo synchronization               //取消 BGP 同步
[PE-1-bgp-af-vpn-instance]ipv4-family vpn-instance vpnb
                                   //vpnb 与 MBGP 地址族关联
[PE-1-bgp-af-vpn-instance]import-route direct
[PE-1-bgp-af-vpn-instance]import-route static                //在 vpnb 中引入静态路由
[PE-1-bgp-af-vpn-instance]undo synchronization
```

```
[PE-1-bgp-af-vpn-instance]ipv4-family vpnv4          //进入 MBGP 的 VPNv4 地址族
[PE-1-bgp-af-vpn]peer inter enable                   //使能 inter 组
[PE-1-bgp-af-vpn] peer 3.3.3.3 group inter           //使能 3.3.3.3
[PE-1-bgp-af-vpn]quit
[PE-1-bgp]ospf 1
[PE-1-ospf-1]area 0
[PE-1-ospf-1-area-0.0.0.0]network 10.1.1.0 0.0.0.3   //接口使能 ospf
[PE-1-ospf-1-area-0.0.0.0]network 1.1.1.1 0.0.0.0    //loopback0 使能 ospf
[PE-1-ospf-1-area-0.0.0.0]quit
[PE-1-ospf-1]quit
[PE-1] route-policy multi-role permit node 10
                        //定义策略路由,实现多角色主机在 vpnb 中查找路由
[PE-1]if-match acl 3000                              //引用 ACL 3000
[PE-1]apply access-vpn vpn-instance vpnb      //实现多角色主机在 vpnb 中查找路由
[PE-1] ip route-static vpn-instance vpnb 192.168.1.2 255.255.255.255 vpn-
instance vpna 192.168.1.2 preference 60
                //在 vpnb 中添加一条访问 PC1 的静态路由,保证 vpnb 的返回报文可以转发给 PC1
```

② 对 P 做如下配置:

```
<H3C>system-view
[H3C]sysname P
[P]router id 2.2.2.2                                 //配置 router id
[P]mpls lsr-id 2.2.2.2                               //配置 mpls lsr-rd
[P]mpls                                              //全局使能 mpls
[P-mpls]mpls ldp                                     //使能 LDP
[P-mpls]quit
[P]ip vpn-instance vpna                              //创建 vpna 实例
[P-vpn-vpna]route-distinguisher 100:1               //配置 RD=100:1
[P-vpn-vpna]vpn-target 100:1 export-extcommunity     //配置 RT=100:1 export
[P-vpn-vpna]vpn-target 100:1 import-extcommunity     //配置 RT=100:1 import
[P-vpn-vpna]ip vpn-instance vpnb           //创建 vpnb 实例,RD=200:1,RT=200:1
[P-vpn-vpnb]route-distinguisher 200:1
[P-vpn-vpnb]vpn-target 200:1 export-extcommunity
[P-vpn-vpnb]vpn-target 200:1 import-extcommunity
[P-vpn-vpnb]quit
[P]interface serial1/0
[P-Serial1/0]ip address 10.1.1.2 255.255.255.252
[P-Serial1/0]mpls                                    //接口使能 mpls
[P-Serial1/0]mpls ldp enable                         //接口使能 ldp
[P-Serial1/0]interface serial3/0
[P-Serial3/0]ip address 10.2.2.2 255.255.255.252
[P-Serial3/0]mpls                                    //接口使能 mpls
[P-Serial3/0]mpls ldp enable                         //接口使能 ldp
[P-Serial3/0]interface loopback 0
```

```
[P-LoopBack0]ip address 2.2.2.2 255.255.255.255          //loopback 0 地址=router id
[P-LoopBack0]interface loopback 10
[P-LoopBack10]ip binding vpn-instance vpna               //接口与 vpna 绑定
[P-LoopBack10]ip address 192.168.5.1 255.255.255.0
[P-LoopBack10]interface loopback 20
[P-LoopBack20]ip binding vpn-instance vpnb               //接口与 vpnb 绑定
[P-LoopBack20]ip address 192.168.6.1 255.255.255.0
[P-LoopBack20]bgp 100
[P-bgp] undo synchronization                             //取消 BGP 同步
[P-bgp]group inter internal                              //创建 internal 组 inter
[P-bgp]peer inter reflect-client
[P-bgp]peer 1.1.1.1 group inter                          //与 1.1.1.1 建立 iBGP 关系
[P-bgp]peer 1.1.1.1 connect-interface LoopBack0

                                                         //使用 loopback 0 建立 BGP 连接
[P-bgp]peer 3.3.3.3 group inter                          //与 3.3.3.3 建立 iBGP 关系
[P-bgp]peer 3.3.3.3 connect-interface LoopBack0

                                                         //使用 loopback 0 建立 BGP 连接
[P-bgp]ipv4-family vpn-instance vpna                     //vpna 与 MBGP 地址族关联
[P-bgp-af-vpn-instance]import-route direct               //引入直连路由
[P-bgp-af-vpn-instance]undo synchronization              //取消 BGP 同步
[P-bgp-af-vpn-instance]ipv4-family vpn-instance vpnb

                                                         //vpnb 与 MBGP 地址族关联
[P-bgp-af-vpn-instance]import-route direct
[P-bgp-af-vpn-instance]undo synchronization              //取消 BGP 同步
[P-bgp-af-vpn-instance]ipv4-family vpnv4                 //进入 MBGP 的 VPNv4 地址族
[P-bgp-af-vpn]peer inter enable                          //使能 inter 组
[P-bgp-af-vpn]peer inter reflect-client
[P-bgp-af-vpn] peer 1.1.1.1 group inter                  //使能 1.1.1.1
[P-bgp-af-vpn] peer 3.3.3.3 group inter                  //使能 3.3.3.3
[P-bgp-af-vpn]quit
[P-bgp]quit
[P]ospf 1
[P-ospf-1]area 0
[P-ospf-1-area-0.0.0.0]network 10.1.1.0 0.0.0.3          //接口使能 ospf
[P-ospf-1-area-0.0.0.0]network 10.2.2.0 0.0.0.3          //接口使能 ospf/
[P-ospf-1-area-0.0.0.0]network 2.2.2.2 0.0.0.0           //loopback0 使能 ospf
[P-ospf-1-area-0.0.0.0]quit
[P-ospf-1]quit
[P]
```

③ 对 PE-2 做如下配置：

```
<H3C>system-view
[H3C]sysname PE-2
[PE-2]router id 3.3.3.3                                  //配置 router id
```

```
[PE-2]mpls lsr-id 3.3.3.3                                    //配置 mpls lsr-rd
[PE-2]mpls                                                   //全局使能 mpls
[PE-2-mpls]mpls ldp                                          //使能 LDP
[PE-2-mpls]quit
[PE-2]ip vpn-instance vpna                                   //创建 vpna 实例
[PE-2-vpn-vpna]route-distinguisher 100:1                     //配置 RD=100:1
[PE-2-vpn-vpna]vpn-target 100:1 export-extcommunity          //配置 RT=100:1 export
[PE-2-vpn-vpna]vpn-target 100:1 import-extcommunity          //配置 RT=100:1 import
[PE-2-vpn-vpna]ip vpn-instance vpnb              //创建 vpnb 实例,RD=200:1,RT=200:1
[PE-2-vpn-vpnb]route-distinguisher 200:1
[PE-2-vpn-vpnb]vpn-target 200:1 export-extcommunity
[PE-2-vpn-vpnb]vpn-target 200:1 import-extcommunity
[PE-2-vpn-vpnb]interface serial3/0
[PE-2-Serial3/0]ip address 10.2.2.1 255.255.255.252
[PE-2-Serial3/0]mpls                                         //接口使能 mpls
[PE-2-Serial3/0]mpls ldp enable                             //接口使能 ldp
[PE-2-Serial3/0]interface loopback 0
[PE-2-LoopBack0]ip address 3.3.3.3 255.255.255.255           //loopback 0 地址=router id
[PE-2-LoopBack0]interface loopback 10
[PE-2-LoopBack10]ip binding vpn-instance vpna               //接口与 vpna 绑定
[PE-2-LoopBack10]ip address 192.168.3.1 255.255.255.0
[PE-2-LoopBack10]interface loopback 20
[PE-2-LoopBack20]ip binding vpn-instance vpnb               //接口与 vpnb 绑定
[PE-2-LoopBack20]ip address 192.168.4.1 255.255.255.0
[PE-2-LoopBack20]bgp 100
[PE-2-bgp] undo synchronization                             //取消 BGP 同步
[PE-2-bgp]group inter internal                              //创建 internal 组 inter
[PE-2-bgp]peer 1.1.1.1 group inter                          //与 1.1.1.1 建立 iBGP 关系
[PE-2-bgp]peer 1.1.1.1 connect-interface LoopBack0
                                                            //使用 loopback 0 建立 BGP 连接
[PE-2-bgp]ipv4-family vpn-instance vpna                     //vpna 与 MBGP 地址族关联
[PE-2-bgp-af-vpn-instance]import-route direct               //引入直连路由 /
[PE-2-bgp-af-vpn-instance]undo synchronization              //取消 BGP 同步
[PE-2-bgp-af-vpn-instance]ipv4-family vpn-instance vpnb
                                                            //vpnb 与 MBGP 地址族关联
[PE-2-bgp-af-vpn-instance]import-route direct
[PE-2-bgp-af-vpn-instance]undo synchronization
[PE-2-bgp-af-vpn-instance]ipv4-family vpnv4                 //进入 MBGP 的 VPNv4 地址族
[PE-2-bgp-af-vpn]peer inter enable                          //使能 inter 组
[PE-2-bgp-af-vpn] peer 1.1.1.1 group inter                  //使能 1.1.1.1
[PE-2-bgp-af-vpn]quit
[PE-2-bgp]ospf 1
[PE-2-ospf-1]area 0
```

```
[PE-2-ospf-1-area-0.0.0.0]network 10.2.2.0 0.0.0.3        //接口使能 ospf
[PE-2-ospf-1-area-0.0.0.0]network 3.3.3.3 0.0.0.0 //loopback0 使能 ospf
[PE-2-ospf-1-area-0.0.0.0]quit
[PE-2-ospf-1]quit
[PE-2]
```

【思考题】

查询相关资料,完成野蛮 IPSec 的配置。

实验 4.6　网络攻击检测与防范实验

【实验背景】

ARP 协议有简单、易用的优点,但是也因为其没有任何安全机制而容易被攻击发起者利用。攻击者可以仿冒用户、仿冒网关发送伪造的 ARP 报文,使网关或主机的 ARP 表项不正确,从而对网络进行攻击;攻击者通过向设备发送大量目标 IP 地址不能解析的 IP 报文,使得设备试图反复地对目标 IP 地址进行解析,导致 CPU 负荷过重及网络流量过大;攻击者向设备发送大量 ARP 报文,对设备的 CPU 形成冲击。

攻击检测及防范是一个重要的网络安全特性,它通过分析经过设备的报文的内容和行为,判断报文是否具有攻击特征,并根据配置对具有攻击特征的报文执行一定的防范措施,如输出告警日志、丢弃报文、加入黑名单或客户端验证列表。本特性能够检测 ARP 攻击、单包攻击、扫描攻击和泛洪攻击等多种类型的网络攻击,并能对各类型攻击采取合理的防范措施。

【实验目的】

(1) 掌握 ARP 攻击的原理与检测及防范的方法。

(2) 掌握客户端验证的配置方法。

【实验内容】

(1) ARP 攻击防御。

(2) 攻击检测及防范。

【实验设备】

H3C 系列交换机一台,H3C 系列路由器一台,计算机 5 台,专用配置电缆一根,网线 6 根。网络拓扑结构如图 4.6 所示。

【实验步骤】

(1) 按照图 4.6 所示将网络拓扑结构搭建好,并配置各个计算机。

(2) 将网络连通,配置路由器的接口地址为后面的实验做准备。

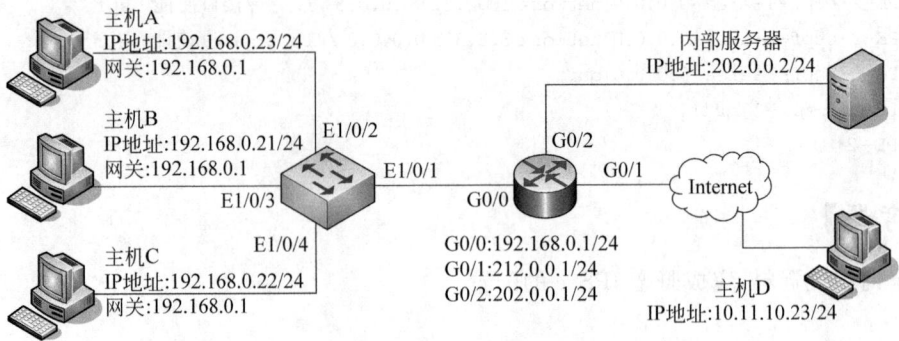

图 4.6 网络攻击检测与防范实验网络拓扑结构图

对路由器做如下配置：

```
<H3C>system-view
[H3C]interface Gigabitethernet0/0
[H3C-GigabitEthernet0/0]ip address 192.168.0.1 255.255.255.0
[H3C-GigabitEthernet0/0]interface GigabitEthernet0/1
[H3C-GigabitEthernet0/1]ip address 212.0.0.1 255.255.255.0
[H3C-GigabitEthernet0/1]interface GigabitEthernet0/2
[H3C-GigabitEthernet0/2]ip address 202.0.0.1 255.255.255.0
[H3C-GigabitEthernet0/2]quit
```

（3）ARP 防止 IP 报文攻击的配置。

```
<H3C>system-view
[H3C] arp source-suppression enable
[H3C] arp source-suppression limit 100
//使能 ARP 源抑制功能,并配置 ARP 源抑制的阈值为 100
[H3C] arp resolving-route enable  //配置 ARP 黑洞路由功能
```

（4）源 MAC 地址固定的 ARP 攻击检测配置。

假设 IP 地址 10.11.10.23 作为攻击源,其 MAC 为 0012-3f86-e94c。

```
<H3C>system-view
[H3C] arp source-mac filter        //使能源 MAC 固定 ARP 攻击检测功能,并选择过滤模式
[H3C] arp source-mac threshold 30 //配置源 MAC 固定的 ARP 报文攻击检测阈值为 30 个
[H3C] arp source-mac aging-time 60
//配置源 MAC 固定的 ARP 攻击检测表项的老化时间为 60 秒
[H3C] arp source-mac exclude-mac 0012-3f86-e94c
//攻击检查的保护 MAC 地址为 0012-3f86-e94c
```

（5）用户合法性和报文有效性检查配置。

① 将路由器配置为 DHCP 服务器。

```
[H3C] interface gigabitethernet 0/0
[H3C-GigabitEthernet0/0] ip address 192.168.0.1 24
```

```
[H3C-GigabitEthernet0/0] arp authorized enable        //使能接口授权 ARP 功能
[H3C-GigabitEthernet0/0] quit
[H3C] dhcp enable
[H3C] dhcp server ip-pool 1
[H3C-dhcp-pool-1] network 192.168.0.0 mask 255.255.255.0
[H3C-dhcp-pool-1] quit
```

② 配置交换机。

```
<H3C>system-view
[H3C] dhcp snooping enable         //启用 DHCP Snooping 功能
[H3C] interface ethernet 1/0/1
[H3C-Ethernet1/0/1] dhcp snooping trust
[H3C-Ethernet1/0/1] interface gigabitethernet 1/0/2
[H3C-Ethernet1/0/2] dhcp snooping binding record
//在接口 Ethernet1/0/2 上启用 DHCP Snooping 表项记录功能
[H3C-Ethernet1/0/2] quit
[H3C] vlan 10
[H3C-vlan10]port Ethernet1/0/1 to Ethernet1/0/3
[H3C-vlan10] arp detection enable
//使能 ARP Detection 功能,对用户合法性进行检查
[H3C-vlan10] interface ethernet 1/0/1
[H3C-Ethernet1/0/1] arp detection trust
//接口状态缺省为非信任状态,上行接口配置为信任状态,下行接口按缺省配置
[H3C-Ethernet1/0/1] quit
[H3C-Ethernet1/0/1] interface ethernet 1/0/3
[H3C-Ethernet1/0/3] ip source binding ip-address 192.168.0.21 mac-address 0001-
0203-0607 vlan 10
//在接口 Ethernet1/0/3 上配置 IP Source Guard 静态绑定表项
[H3C-Ethernet1/0/3] quit
[H3C] arp detection validate dst-mac ip src-mac        //配置进行报文有效性检查
```

完成上述配置后,对于接口 Ethernet1/0/2 和 Ethernet1/0/3 收到的 ARP 报文,先进行报文有效性检查,然后基于 IP Source Guard 静态绑定表项、DHCP Snooping 安全表项进行用户合法性检查。

(6) 配置 ARP 保护网关。

与交换机相连的主机 B 进行了仿造网关(IP 地址为 192.168.0.1)的 ARP 攻击,导致与交换机相连的设备与作为网关的路由器通信时错误发往了主机 B,要求通过配置防止这种仿造网关攻击。

```
<H3C>system-view
[H3C] interface ethernet 1/0/2
[H3C-Ethernet1/0/2] arp filter source 192.168.0.1
[H3C-Ethernet1/0/2] interface ethernet 1/0/3
[H3C-Ethernet1/0/3] arp filter source 192.168.0.1
```

完成上述配置后，对于主机 B 发送的伪造的源 IP 地址为网关 IP 地址的 ARP 报文将会被丢弃，不会再被转发。

(7) 配置 ARP 过滤保护。

主机 A 的 IP 地址为 192.168.0.23，MAC 地址为 000f-e349-1233；主机 B 的 IP 地址为 192.168.0.21，MAC 地址为 000f-e349-1234。要求限制交换机的 Ethernet1/0/2、Ethernet1/0/3 接口只允许指定用户接入，不允许其他用户接入。

```
<H3C>system-view
[H3C] interface ethernet 1/0/2
[H3C-GigabitEthernet1/0/2] arp filter binding 192.168.0.23 000f-e349-1233
[H3C-Ethernet1/0/2] interface ethernet 1/0/3
[H3C-Ethernet1/0/3] arp filter binding 192.168.0.21 000f-e349-1234
```

完成上述配置后，接口 Ethernet1/0/2 收到主机 A 发出的源 IP 地址为 192.168.0.23、源 MAC 地址为 000f-e349-1233 的 ARP 报文将被允许通过，其他 ARP 报文将被丢弃；接口 Ethernet1/0/3 收到主机 B 发出的源 IP 地址为 192.168.0.21、源 MAC 地址为 000f-e349-1234 的 ARP 报文将被允许通过，其他 ARP 报文将被丢弃。

(8) 攻击方法配置。

为防范外部网络对内部网络主机的 Smurf 攻击和扫描攻击，需要在路由器的接口 GigabitEthernet0/1 上开启 Smurf 攻击防范和扫描攻击防范。具体要求为：启动扫描攻击防范的连接速率阈值为每秒 4500 个连接数；将扫描攻击者添加到黑名单中（老化时间为 10 分钟）；检测到 Smurf 攻击或扫描攻击后，输出告警日志。

为防范外部网络对内部服务器的 SYN flood 攻击，需要在接口 GigabitEthernet0/2 上开启 SYN flood 攻击防范。具体要求为：当设备监测到向内部服务器每秒发送的 SYN 报文数持续达到或超过 5000 时，输出告警日志并丢弃攻击报文。

```
[H3C] blacklist global enable                    //开启全局黑名单过滤功能
[H3C] blacklist global enable
[H3C] blacklist ip 10.11.10.23
//将主机 D 的 IP 地址 10.11.10.23 添加到黑名单列表中，老化时间使用缺省情况（永不老化）
[H3C] blacklist ip 192.168.0.22 timeout 50       //老化时间为 50 分钟
[H3C] attack-defense policy a1                   //创建攻击防范策略 a1
[H3C-attack-defense-policy-a1] signature detect smurf action logging
//开启 Smurf 单包攻击报文的特征检测，配置处理行为为输出告警日志
[H3C-attack-defense-policy-a1] scan detect level low action logging block
-source
//开启低防范级别的扫描攻击防范，配置处理行为输出告警日志以及阻断并将攻击者的源 IP 地
//址加入黑名单表项
[H3C-attack-defense-policy-a1] quit
[H3C] interface gigabitethernet 0/1
[H3C-GigabitEthernet0/1] attack-defense apply policy a1
//在接口 GigabitEthernet0/1 上应用攻击防范策略 a1
[H3C-GigabitEthernet0/1] quit
```

```
[H3C] attack-defense policy a2                    //创建攻击防范策略 a2
[H3C-attack-defense-policy-a2] syn-flood threshold 4500
//配置 SYN flood 攻击防范的全局触发阈值为 4500
[H3C-attack-defense-policy-a2] syn-flood action logging drop
//配置对 SYN flood 攻击防范的全局处理行为输出告警日志并丢弃攻击报文
[H3C-attack-defense-policy-a2] syn-flood detect ip 202.0.0.2 threshold 5000
//为保护 IP 地址为 202.0.0.2 的内部服务器,配置针对 IP 地址 202.0.0.2 的 SYN flood 攻
//击防范参数,触发阈值为 5000
[H3C-attack-defense-policy-a2] quit
[H3C] interface gigabitethernet 0/1
[H3C-GigabitEthernet0/1] attack-defense apply policy a2
[H3C-GigabitEthernet0/1] quit
```

如果接口 GigabitEthernet0/1 上收到 Smurf 攻击报文,设备输出告警日志;如果接口 GigabitEthernet0/1 上收到扫描攻击报文,设备会输出告警日志,并将攻击者的 IP 地址加入黑名单;如果接口 GigabitEthernet0/2 上收到的 SYN flood 攻击报文超过触发阈值,则设备会输出告警日志,并将受到攻击的主机地址添加到 TCP 客户端验证的受保护 IP 列表中,同时丢弃攻击报文。

(9) 客户端验证配置。

在路由器上配置 TCP(DNS、HTTP)客户端验证功能,保护内网服务器不会受到外网非法用户的 SYN flood 攻击,并要求在客户端与服务器之间进行双向代理。

```
<H3C>system-view
[H3C] interface gigabitethernet 0/0
[H3C-GigabitEthernet0/0] ip address 192.168.0.1 24
[H3C-GigabitEthernet0/0] interface gigabitethernet 0/1
[H3C-GigabitEthernet0/1] ip address 212.0.0.1 24
[H3C-GigabitEthernet0/1] quit
[H3C] attack-defense policy a1                    //创建攻击防范策略 a1
[H3C-attack-defense-policy-a1] syn-flood detect non-specific
//对所有非受保护 IP 地址开启 SYN flood 攻击防范检测
[H3C-attack-defense-policy-a1] syn-flood threshold 10000
//配置 SYN flood 攻击防范的全局触发阈值为 10000
[H3C-attack-defense-policy-a1] syn-flood action logging client-verify
//配置 SYN flood 攻击防范的全局处理行为为添加到 TCP 客户端验证的受保护 IP 列表中以及
//输出告警日志

[H3C-attack-defense-policy-a1] dns-flood detect non-specific
[H3C-attack-defense-policy-a1] dns-flood threshold 10000
[H3C-attack-defense-policy-a1] dns-flood action logging client-verify

[H3C-attack-defense-policy-a1] http-flood detect non-specific
[H3C-attack-defense-policy-a1] http-flood threshold 10000
[H3C-attack-defense-policy-a1] http-flood action logging client-verify
```

```
[H3C-attack-defense-policy-a1] quit
[H3C] interface gigabitethernet 0/1
[H3C-GigabitEthernet0/1] attack-defense apply policy a1
```
//在接口 GigabitEthernet0/1 上应用攻击防范策略 a1
```
[H3C-GigabitEthernet0/1] client-verify tcp enable mode syn-cookie
```
//在接口 GigabitEthernet0/1 上开启 TCP 客户端验证的双向代理功能
```
[H3C-GigabitEthernet0/1] client-verify dns enable
[H3C-GigabitEthernet0/1] client-verify http enable
[H3C-GigabitEthernet0/1] quit
```

(10) 攻击与防范的其他相关配置。

```
[H3C] arp valid-check enable          //配置 ARP 报文源 MAC 地址一致性检查功能
[H3C] arp active-ack enable           //配置 ARP 主动确认功能
<H3C> system-view
[H3C] interface ethernet 1/0/1
[H3C-Ethernet1/0/1] arp scan [start-ip-address to end-ip-address]
```
//启动 ARP 自动扫描功能
```
[H3C-Ethernet1/0/1] quit
[H3C] arp fixup                       //配置 ARP 固化功能
```

注意：通过固化生成的静态 ARP 表项，可以通过命令行 undo arp ip-address [vpn-instance-name]逐条删除，也可以通过命令行 reset arp all 或 reset arp static 全部删除。

第 **5** 章

无线局域网技术实验

CHAPTER

无线局域网是计算机网络与无线通信技术相结合的产物。它利用射频(RF)技术取代旧式的双绞铜线构成局域网络,提供传统有线局域网的所有功能,网络所需的基础设施不需再埋在地下或隐藏在墙里,也能够随需移动或变化,使得无线局域网络能利用简单的存取构架让用户透过它达到"信息随身化、便利走天下"的理想境界。WLAN 是 20 世纪 90 年代计算机与无线通信技术相结合的产物,它使用无线信道来接入网络,为通信的移动化、个人化和多媒体应用提供了潜在的手段,并成为宽带接入的有效手段之一。1997 年 IEEE 802.11 标准的制定是无线局域网发展的里程碑,它是由大量的局域网及计算机专家审定通过的标准。IEEE 802.11 标准定义了单一的 MAC 层和多样的物理层,其物理层标准主要有 IEEE 802.11a、IEEE 802.11b、IEEE 802.11g 和 IEEE 802.11n。IEEE 802.11 无线局域网络是一种能支持较高数据传输速率(1~54Mb/s),采用微蜂窝、微微蜂窝结构的自主管理的计算机局域网络。其关键技术大致有三种:DSSS 调制技术、PBCC 调制技术和 OFDM 技术。每种技术皆有其特点,目前扩频调制技术正成为主流,而 OFDM 技术由于其优越的传输性能成为人们关注的新焦点。

实验 5.1 简单的 FAT AP 无线局域网实验

【实验背景】

FAT AP 是传统的 WLAN 组网方案,AP 本身承担了认证终结、漫游切换、动态密钥产生等复杂功能。相对来说 AP 的功能较重,因此称为 FAT AP。AP 通过边缘交换机接入有线网络。由于 FAT AP 自身的原理特点,组网简单且成本低廉,它通常适用于规模较小、仅仅是数据接入业务需求的 WLAN 网络组建,或者是一些局部应用 WLAN 网络进行热点覆盖的项目。

【实验目的】

掌握简单的 FAT AP 无线局域网搭建技术。

【实验内容】

搭建 FAT AP 无线局域网,并通过交换机将无线局域网接入 IP 网。

【实验设备】

一个具有无线网卡的计算机,一个 FAT AP,一个三层交换机,双绞线两根,配置线一根。网络拓扑结构如图 5.1 所示。

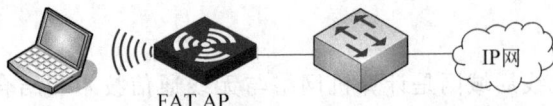

图 5.1 FAT AP 无线网络实验拓扑结构图

【实验步骤】

1. 配置 FAT AP

(1) 在无线 AP 上创建业务 VLAN 10 和管理 VLAN 100,并设置管理地址。

```
<H3C>system-view
[H3C]vlan 10
[H3C-vlan 10]vlan 100
[H3C-vlan 100]quit
[H3C]management-vlan 100
[H3C]interface vlan-interface 100
[H3C-vlan-interface100]ip address 10.10.10.1 255.255.255.0
[H3C-vlan-interface100]quit
```

(2) 将连接交换机的上行以太网接口设置为 Trunk 类型并允许 VLAN 通过。

```
[H3C]interface Ethernet 1/0/1
[H3C-Ethernet1/0/1]port link-type trunk
[H3C-Ethernet1/0/1]port trunk permit vlan all
[H3C-Ethernet1/0/1]quit
```

(3) 创建无线虚拟接口。由于移动终端用户要通过该接口接入,因此要指明用户VLAN。

```
[H3C]interface WLAN-BSS 1
[H3C-WLAN-BSS1]port access vlan 10
[H3C-WLAN-BSS1]quit
```

(4) 创建无线服务模板,SSID 为 jsjxy。

```
[H3C]wlan service-template 1 clear
[H3C-wlan-st-1]authentication-method open-system
[H3C-wlan-st-1]ssid jsjxy
```

```
[H3C-wlan-st-1]service-template enable
[H3C-wlan-st-1]quit
```

（5）在射频卡上绑定无线服务模板和无线虚拟接口，设置 AP 工作在 802.11g 模式下，信道为 10，功率为 20dBm。

```
[H3C]interface WLAN-Radio 1/0/1
[H3C-WLAN-Radio1/0/1]service-template 1 interface WLAN-BSS 1
[H3C-WLAN-Radio1/0/1]radio-type dot11g
[H3C-WLAN-Radio1/0/1]channel 10
[H3C-WLAN-Radio1/0/1]max-power 20
[H3C-WLAN-Radio1/0/1]quit
```

（6）设置路由。

```
[H3C]ip route-static 0.0.0.0 0.0.0.0 10.10.10.254
```

2. 设置三层交换机

（1）创建业务 VLAN，并设置业务 VLAN 的网关地址。

```
<H3C>system-view
[H3C]vlan 10
[H3C-vlan 10]quit
[H3C]interface vlan-interface 10
[H3C-vlan-interface10]ip address 192.168.1.254 255.255.255.0
[H3C-vlan-interface10]quit
```

（2）设置管理 VLAN 的 IP 地址。

```
[H3C]interface vlan-interface 1
[H3C-vlan-interface1]ip address 10.10.10.254 255.255.255.0
[H3C-vlan-interface1]quit
```

（3）开启 DHCP 服务并建立 FAT AP 的地址池。

```
[H3C]dhcp enable
[H3C]dhcp server ip-pool 1
[H3C-dhcp-pool-1]network 10.10.10.0 mask 255.255.255.0
[H3C-dhcp-pool-1]gateway-list 10.10.10.254
```

（4）建立无线客户端的地址池。

```
[H3C-dhcp-pool-1]network 192.168.1.0 mask 255.255.255.0
[H3C-dhcp-pool-1]gateway-list 192.168.1.254
[H3C-dhcp-pool-1]quit
```

（5）设置禁止分配的 IP 地址。

```
[H3C]dhcp server forbidden-ip 192.168.1.254
[H3C]dhcp server forbidden-ip 10.10.10.10.254
```

(6) 设置与 AP 相连的接口 Ethernet1/0/1 的类型为 Trunk 并允许 VLAN 通过。

```
[H3C]interface Ethernet 1/0/1
[H3C-Ethernet1/0/1]port link-type trunk
[H3C-Ethernet1/0/1]port trunk permit vlan all
[H3C-Ethernet1/0/1]quit
```

实验 5.2 安全可靠的 FAT AP 无线局域网实验

【实验背景】

随着科技时代的发展,越来越多的无线产品正在投入使用,根据中国互联网络信息中心(CNNIC)公布的数据,截至 2014 年 12 月底,我国网民规模达 6.49 亿,其中手机网民达 5.27 亿,较 2013 年年底增加 3117 万人,网民中使用手机上网的人群占比提升至 83.4%,中国也真正地步入网络时代。其中 WLAN 在提高企业效率、降低企业成本、提高用户满意度等方面有着突出的作用。无线安全的概念也不是风声大雨点小,不论是咖啡店、机场的无线网络,还是自家用的无线路由都已经成为黑客进攻的目标,目前业界解决无线网络部署的技术主要是 FAT(胖)AP 解决方案和 FIT(瘦)AP 解决方案,而适用于家庭的是 FAT AP 独立部署方式,因此架设一个安全可靠的无线家庭网络成为网民必然要考虑的问题。

【实验目的】

(1) 掌握无线网络中接入控制的实现技术。
(2) 掌握无线网络中控制用户接入数量的实现技术。
(3) 掌握无线网络中射频资源管理的实现技术。
(4) 掌握无线网络中用户安全访问的实现技术。

【实验内容】

(1) 无线网络中接入控制。
(2) 无线网络中控制用户接入数量。
(3) 无线网络中射频资源管理。
(4) 无线网络中用户安全访问。

【实验设备】

三个 AP,两个带有无线网卡的计算机,一个交换机,一个 Radius Server,一个通用服务器或计算机,一根配置线和三根双绞线。网络拓扑结构如图 5.2 所示。

【实验步骤】

(1) 组建点对点无线桥接网。本实验拓扑结构简单,假设只要图 5.2 中的 APB 和

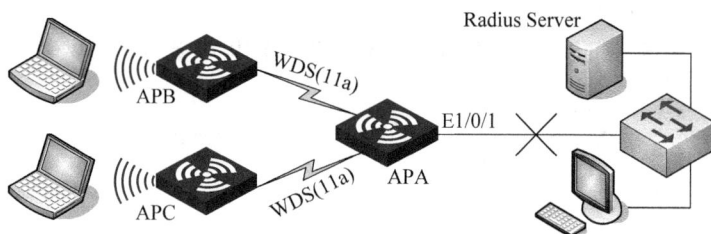

图 5.2　基于 FAT AP 的安全可靠的无线网络实验拓扑图

APC 两个无线接入点。

① 使能端口安全。

```
<H3C>system-view
[H3C]sysname APB
[APB]port-security enable
```

② 创建 WLA-Mesh 1 接口,设置预共享密钥的方式(密钥为 68686868),并使能 11key 类型的密钥协商功能。

```
[APB]interface wlan-mesh 1
[APB-wlan-mesh1]port-security port-mode psk
[APB-wlan-mesh1]port-security preshared-key pass-phrase 68686868
[APB-wlan-mesh1]port-security tx-key-type 11key
[APB-wlan-mesh1]quit
```

③ 设置 Mesh Profile 并指定当前 Mesh Profile 的 Mesh ID 为 jsjxy,将 WLAN-Mesh 1 接口绑定到服务模板,使能当前 Mesh Profile。

```
[APB]wlan mesh-profile 1
[APB-wlan-mshp-1]mesh-id jsjxy
[APB-wlan-mshp-1]bind wlan-mesh1
[APB-wlan-mshp-1]mesh-profile enable
[APB-wlan-mshp-1]quit
```

④ 设置射频接口,指定工作信道为 10,设置 Mesh 邻居(即 APC)的射频接口的 MAC 地址,绑定 MP 策略。

```
[APB]interface wlan-radio 1/0/2
[APB-WLAN-Radio1/0/2]radio-type dot11g
[APB-WLAN-Radio1/0/2]channel 10
[APB-WLAN-Radio1/0/2]mesh peer-mac-address 1a1a-3c3c-5e5e
[APB-WLAN-Radio1/0/2]mesh-profile 1
```

⑤ 按照同样的方法设置 APC,配置几乎和 APB 一样,只是 APC Mesh 邻居的射频 接口的 MAC 地址应为 APB 的射频接口的 MAC 地址,且 APB 和 APC 的信道要保持 一致。

（2）组建点对多点无线桥接网。

① 设置 APA 的 WDS。首先创建 VLAN，并设置相应接口的参数。

```
<H3C>system-view
[H3C]sysname APA
[APA]vlan 2 to 3
[APA]interface ethernet 1/0/1
[APA-Ethernet1/0/1]port link-type trunk
[APA-Ethernet1/0/1]port trunk permit vlan all
[APA-Ethernet1/0/1]quit
[APA]interface vlan-interface 1
[APA-vlan-interface1]ip address 172.16.0.1 255.255.255.0
[APA-vlan-interface1]quit
```

② 在 WDS 设备上使能接口安全并设置 Mesh 接口。

```
[APA]port-security enable
[APA]interface wlan-mesh 1
[APA-wlan-mesh1]port-security port mode psk
[APA-wlan-mesh1]port-security tx-key-type 11key
[APA-wlan-mesh1]port-security preshared-key pass-phrase 68686868
[APA-wlan-mesh1]port link-type hybrid
[APA-wlan-mesh1]port hybrid vlan 2 to 3 tagged
[APA-wlan-mesh1]quit
```

③ 在 WDS 设备上设置 MP-Policy 和 Mesh-Profile。

```
[APA]wlan mp-policy 1
[APA-wlan-mp-policy1]link-maximum-number
[APA-wlan-mp-policy1]quit
[APA]wlan mesh-profile 1
[APA-wlan-mshp-1]mesh-id jsjzx
[APA-wlan-mshp-1]bind wlan-mesh1
[APA-wlan-mshp-1]mesh-profile enable
[APA-wlan-mshp-1]quit
```

④ 在 WLAN-Radio 接口上应用 MP-Policy、Mesh-Profile，00aa-11bb-22cc 是 APB 11a Radio 接口的 MAC 地址，aa00-bb11-cc22 是 APC 11a Radio 接口的 MAC 地址。

```
[APA]interface WLAN-Radio 1/0/1
[APA-WLAN-Radio1/0/1]channel 123
[APA-WLAN-Radio1/0/1]mp-policy 1
[APA-WLAN-Radio1/0/1]mesh-profile 1
[APA-WLAN-Radio1/0/1]mesh peer-mac-address 00aa-11bb-22cc
[APA-WLAN-Radio1/0/1]mesh peer-mac-address aa00-bb11-cc22
```

⑤ 接入点 APB 和 APC 的 WDS 设置。

APB 和 APC 的 WDS 设置与 APA 类似，只是 APB 和 APC 的 peer-mac-address 指向的都是 APA 11a Radio 的 MAC 地址 1a1a-3c3c-5e5e。而 APA 要配置两个 peer-mac-address 分别指向 APB 11a Radio 的 MAC 地址和 APC 11a Radio 的 MAC 地址，并且要注意的是，WDS 链路两端的 WDS 设备上设置的 Preshared-key 必须保持一致，WDS 链路两端的 WDS 设备上设置的 Mesh-ID 也必须保持一致。

⑥ 接入点 APB 的无线接入功能设置。首先在接入点 APB 上创建两个不加密的服务模板。

```
<H3C>system-view
[H3C]sysname APB
[APB]wlan service-template 1 clear
[APB-wlan-st-1]ssid jsjzxA
[APB-wlan-st-1]service-template enable
[APB-wlan-st-1]quit
[APB]wlan service-template 2 clear
[APB-wlan-st-2]ssid jsjzxB
[APB-wlan-st-2]service-template enable
[APB-wlan-st-2]quit
```

⑦ 创建两个 WLAN-BSS 接口，分别属于 VLAN 1 和 VLAN 2。

```
[APB]interface wlan-bss 1
[APB-wlan-bss1]port access vlan 1
[APB-wlan-bss1]quit
[APB]interface wlan-bss 2
[APB-wlan-bss2]port access vlan 2
[APB-wlan-bss2]quit
```

⑧ 在 11g Radio 上绑定两个服务模板。

```
[APB]interface wlan-radio 1/0/1
[APB-WLAN-Radio1/0/1]service-template 1 interface wlan-bss 1
[APB-WLAN-Radio1/0/1]service-template 2 interface wlan-bss 2
[APB-WLAN-Radio1/0/1]quit
```

⑨ 设置接入点 APC 的无线接入功能，其设置和 APB 类似。

（3）开启上行链路检测确保 AP 通信的连续，见图 5.2 所示。当 APA 检测到上行链路有故障时，可以关联到其他正在正常工作的 AP，进而再接入上行网络。

```
[APA]wlan uplink-interface ethernet 1/0/1
```

（4）接入控制与隔离控制。

拓扑结构见图 5.2 所示。

① 接入控制。

```
[APB]wlan ids
[APB-WLAN-IDS]static-blacklist mac-address mac-add1
                                                    //mac-add1 为黑名单 MAC 地址
[APB-WLAN-IDS]whitelist mac-address mac-add2        //mac-add2 为白名单 MAC 地址
[APB-WLAN-IDS]dynamic-blacklist enable
[APB-WLAN-IDS]dynamic-blacklist lifetime 500
[APB-WLAN-IDS]attack-detection enable all
[APB-WLAN-IDS]quit
```

② 隔离控制

```
[APB]l2fw wlan-client-isolation enable
```

若仅对某 VLAN 2 的用户实施隔离,命令应为:

```
[APB]user-isolation vlan 2 enable
[APB]user-isolation vlan 2 permit-mac interface-vlan 2-mac-address
                        //interface-vlan 2-mac-address 为虚接口 2 的 MAC
```

(5) 对接入用户进行服务质量控制。

① 设置用于流分类的访问控制列表。

```
[APB]acl number 4076
[APB-acl-ethernetframe-4076]rule permit source-mac 0123-4567-89ab ffff-ffff
-ffff
[APB-acl-ethernetframe-4076]rule permit dest-mac 0123-4567-89ab ffff-ffff
-ffff
[APB-acl-ethernetframe-4076]rule deny
[APB-acl-ethernetframe-4076]quit
```

② 设置流分类和流行为。

```
[APB]traffic classifier ca
[APB-classifier-ca]if-match acl 4076
[APB-classifier-ca]quit
[APB]traffic behavior ac
[APB-behavior-ac]car cir 5000          //承诺信息速率 5000Kb/s
[APB-behavior-ac]quit
```

③ 设置 QOS 策略,并在 WLAN-BSS 1 接口上应用 QOS 策略。

```
[APB]qos policy clientpolicy
[APB-qospolicy-clientpolicy]classifier ca behavior ac
[APB-qospolicy-clientpolicy]quit
[APB]interface WLAN-BSS 1
[APB-WLAN-BSS1]qos apply policy clientpolicy inbound
[APB-WLAN-BSS1]qos apply policy clientpolicy outbound
```

```
[APB-WLAN-BSS1]quit
```

（6）限制 AP 接入用户数。

如果要限制某个 AP 的接入用户数，需要做如下设置：

```
[APB]wlan radio-policy 1
[APB-wlan-rp-1]client max-count 30
[APB-wlan-rp-1]quit
[APB]wlan ap a1
[APB-wlan-ap-a1]radio 1
[APB-wlan-ap-a1-radio1]radio-policy 1
```

如果要限制某个 AP 某 SSID 的接入用户数，需要做如下设置：

```
[APB]wlan service-template 1 clear
[APB-wlan-st-1]ssid jsjxy
[APB-wlan-st-1]client max-count 10
[APB-wlan-st-1]service-template enable
[APB-wlan-st-1]quit
[APB]interface WLAN-Radio 1/0/1
[APB-WLAN-Radio1/0/1]service-template 1 interface WLAN-BSS 1
[APB-WLAN-Radio1/0/1]radio enable
[APB-WLAN-Radio1/0/1]quit
```

（7）射频资源管理。

① 设置射频速率命令，不同的标准命令不同，具体介绍如下：

```
[APB]wlan rrm
[APB-wlan-rrm]dot11a {mandatory-rate|supported-rate|disable-rate } rate-value
//强制速率：6,12,24；支持速率：9,18,36,48,54；禁用速率：无；单位：Mb/s
[APB-wlan-rrm]dot11b {mandatory-rate|supported-rate|disable-rate } rate-value
//强制速率：1,2；支持速率：5.5,11；禁用速率：无；单位：Mb/s
[APB-wlan-rrm]dot11g {mandatory-rate|supported-rate|disable-rate } rate-value
//强制速率：1,2,5.5,11；支持速率：6,9,12,18,24,36,48,54；禁用速率：无；单位：Mb/s
[APB-wlan-rrm]dot11n mandatory maximum-mcx index
//如果用户在 Radio 接口下配置使能 client dot11n-only 命令，必须配置该基本 MCS 集
[APB-wlan-rrm]dot11n support maximum-mcx index
```

② 设置射频功率。

```
[APB-wlan-rrm]spectrum-management enable    //使能 802.11a 频段的频谱管理
[APB-wlan-rrm]power-constraint power-constraint
                              //配置所有 802.11a 射频的功率限制
```

③ 扫描非 dot11h 信道。

```
[APB-wlan-rrm]autochannel-set avoid-dot11h
```

④ 使能 dot11g 保护。

```
[APB-wlan-rrm]dot11g protection enable      //默认是关闭的
```

(8) 本地 MAC 地址接入控制。

① 启用端口安全。

```
[APB]port-security enable
```

② 设置 MAC 认证域为 system 域并设置本地 MAC 认证用户。

```
[APB]mac-authentication domain system
[APB]local-user 11aa22bb33cc                      //11aa22bb33cc 为本地客户端的 MAC 地址
[APB-luser-11aa22bb33cc]password simple 11aa22bb33cc
[APB-luser-11aa22bb33cc]service-type lan-access
[APB-luser-11aa22bb33cc]quit
```

③ 设置无线服务模板。

```
[APB]wlan service-template 1 clear
[APB-wlan-st-1]ssid jsjxy
[APB-wlan-st-1]authentication-method open-system
[APB-wlan-st-1]service-template enable
[APB-wlan-st-1]quit
```

④ 设置无线接口并启用端口安全。

```
[APB]interface wlan-bss 1
[APB-wlan-bss1]port-security port-mode mac-authentication
[APB-wlan-bss1]quit
```

⑤ 将无线服务模板和无线接口绑定到射频接口。

```
[APB]interface wlan-radio 1/0/1
[APB-wlan-radio1/0/1]service-template 1 interface wlan-bss 1
[APB-wlan-radio1/0/1]quit
```

⑥ 设置虚接口。

```
[APB]interface vlan-interface 1
[APB-vlan-interface1]ip address 192.168.10.99 255.255.255.0
[APB-vlan-interface1]quit
```

⑦ 设置默认路由。

```
[APB]ip route-static 0.0.0.0 0.0.0.0 192.168.254.0
```

(9) 远程本地 MAC 地址接入控制。

① 将本地 MAC 地址接入控制中的第②步更改为如下配置：

```
[APB]radius scheme jsjzx
[APB-radius-jsjzx]service-type extended
[APB-radius-jsjzx]primary authentication 192.168.10.10    //认证/授权服务器
[APB-radius-jsjzx]primary accounting 192.168.10.10        //计费服务器
[APB-radius-jsjzx]key authentication 10101010
[APB-radius-jsjzx]key accounting 10101010
[APB-radius-jsjzx]timer realtime-accounting 5             //实时计费时间间隔为 5min
[APB-radius-jsjzx]user-name-format without-domain
[APB-radius-jsjzx]undo stop-accounting-buffer enable
                              //禁止缓存没有得到响应的停止计费请求报文
[APB-radius-jsjzx]accounting-on enable
[APB-radius-jsjzx]domain jsjxy
[APB-radius-jsjzx]authentication default radius-scheme jsjzx
[APB-radius-jsjzx]authorization default radius-scheme jsjzx
[APB-radius-jsjzx]accounting default radius-scheme jsjzx
[APB-radius-jsjzx]quit
[APB]mac-authentication domain jsjxy
```

② 按照本地 MAC 地址认证的其他配置一样继续配置 APB。

③ 在 CAMS 配置 MAC 认证项，依次按照图 5.3～图 5.6 所示进行系统配置、计费策略、服务策略和用户账号等相关信息的设置。

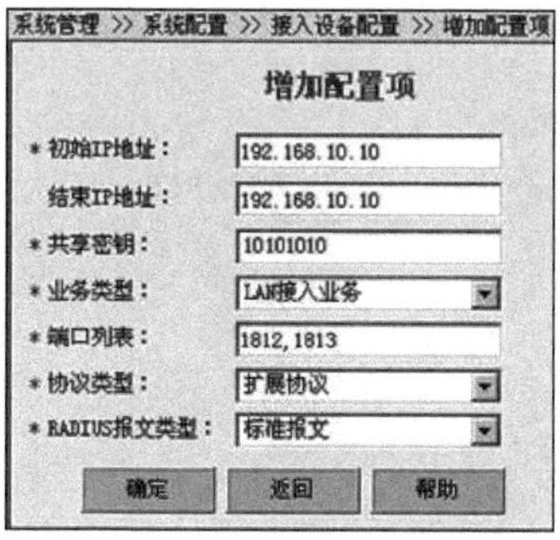

图 5.3　系统配置示意图

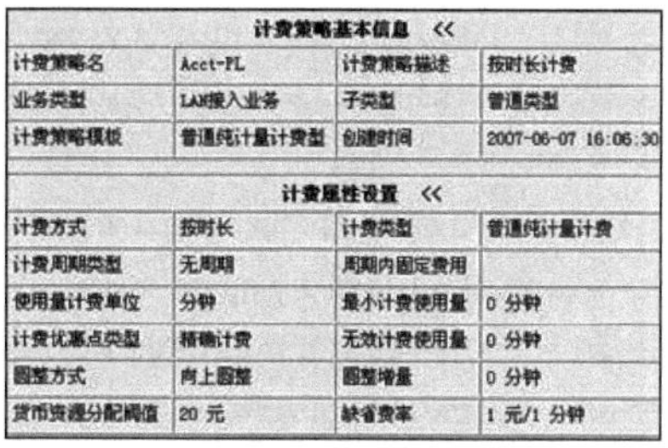

图 5.4　计费策略配置示意图

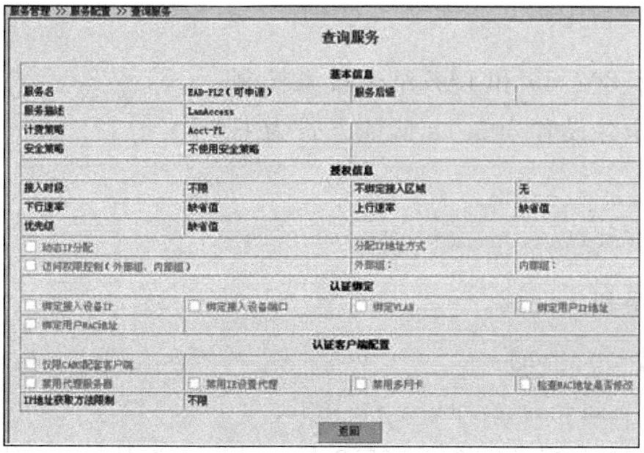

图 5.5　服务策略配置示意图

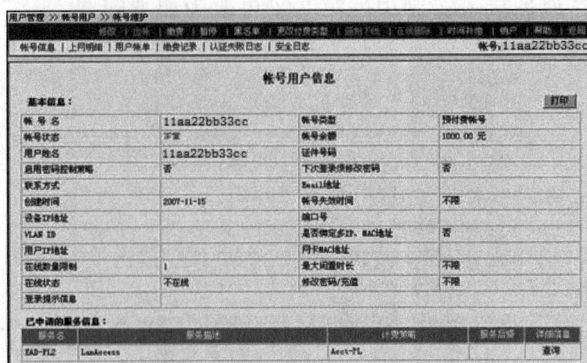

图 5.6　用户账号配置示意图

注意：在配置 Radius 时，service-type、primary authentication、primary accounting、key 要配置正确并和 Radius 服务器一致，相应 MAC 用户的密码形式应和用户名形式一致，且必须是小写。

(10) PSK 接入控制。

将本地 MAC 地址接入控制中的第②～④步更改为如下配置，其他的配置和本地 MAC 地址认证的配置一样即可。

```
[APB]interface wlan-bss 1
[APB-wlan-bss1]port-security port-mode psk
[APB-wlan-bss1]port-security tx-key-type 11key
[APB-wlan-bss1]port-security preshared-key pass-phrase 68686868
[APB-wlan-bss1]quit
[APB]wlan service-template 1 crypto
[APB-wlan-st-1]ssid jsjxy
[APB-wlan-st-1]authentication-method open-system
[APB-wlan-st-1]cipher-suite tkip
[APB-wlan-st-1]security-ie wpa
[APB-wlan-st-1]service-template enable
[APB-wlan-st-1]quit
```

(11) WPA 加密、802.1x 和 IAS 结合接入控制。

① 开启端口安全并设置 802.1x 认证方式为 EAP。

```
[APB]port-security enable
[APB]dot1x authentication-method eap
```

② 设置认证策略和认证域。

```
[APB]radius scheme jsjzx
[APB-radius-jsjzx]service-type extended
[APB-radius-jsjzx]primary authentication 192.168.10.10   //认证/授权服务器
[APB-radius-jsjzx]primary accounting 192.168.10.10       //计费服务器
```

```
[APB-radius-jsjzx]key authentication 10101010
[APB-radius-jsjzx]key accounting 10101010
[APB-radius-jsjzx]timer realtime-accounting 5          //实时计费时间间隔为 5min
[APB-radius-jsjzx]user-name-format without-domain
[APB-radius-jsjzx]undo stop-accounting-buffer enable
                                   //禁止缓存没有得到响应的停止计费请求报文
[APB-radius-jsjzx]accounting-on enable
[APB-radius-jsjzx]domain jsjxy
[APB-radius-jsjzx]authentication lan-access radius-scheme jsjzx
[APB-radius-jsjzx]authorization lan-access radius-scheme jsjzx
[APB-radius-jsjzx]accounting lan-access radius-scheme jsjzx
[APB-radius-jsjzx]quit
[APB]domain default enable jsjxy
```

③ 配置无线接口。

```
[APB]interface wlan-bss 1
[APB-wlan-bss1]port-security port-mode userlogin-secure-ext
[APB-wlan-bss1]port-security tx-key-type 11key
[APB-wlan-bss1]port-security preshared-key pass-phrase 68686868
[APB-wlan-bss1]quit
```

④ 配置服务模板。

```
[APB]wlan service-template 1 crypto
[APB-wlan-st-1]ssid jsjxy
[APB-wlan-st-1]authentication-method open-system
[APB-wlan-st-1]cipher-suite tkip
[APB-wlan-st-1]security-ie wpa
[APB-wlan-st-1]service-template enable
[APB-wlan-st-1]quit
[APB]interface wlan-radio 1/0/1
[APB-wlan-radio1/0/1]service-template 1 interface wlan-bss 1
[APB-wlan-radio1/0/1]quit
```

⑤ 设置虚接口。

```
[APB]interface vlan-interface 1
[APB-vlan-interface1]ip address 192.168.10.99 255.255.255.0
[APB-vlan-interface1]quit
```

⑥ 设置默认路由。

```
[APB]ip route-static 0.0.0.0 0.0.0.0 192.168.254.0
```

⑦ 在 IAS 配置 802.1x 认证项,依次按照图 5.7～图 5.9 所示配置 Radius 客户端、远程访问策略和拨入配置文件等。

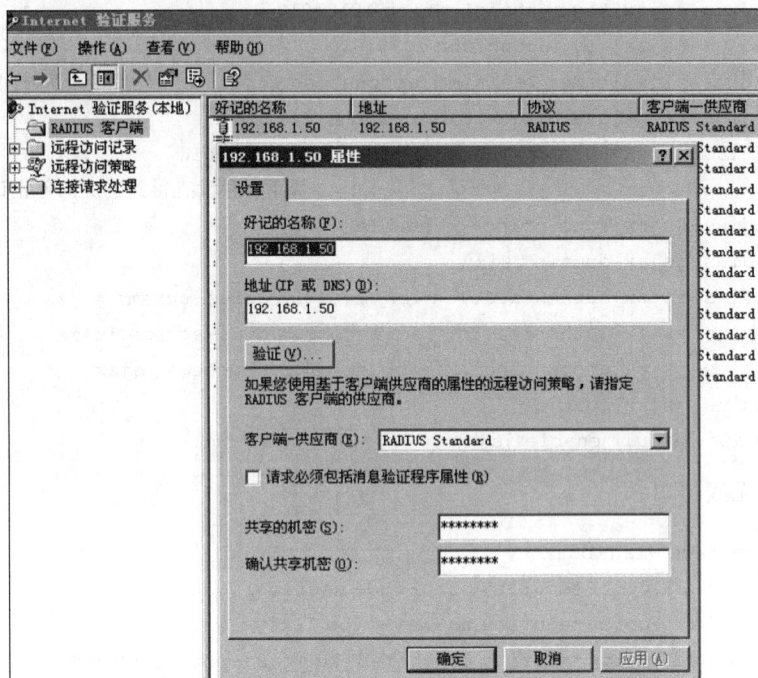

图 5.7　Radius 客户端配置示意图

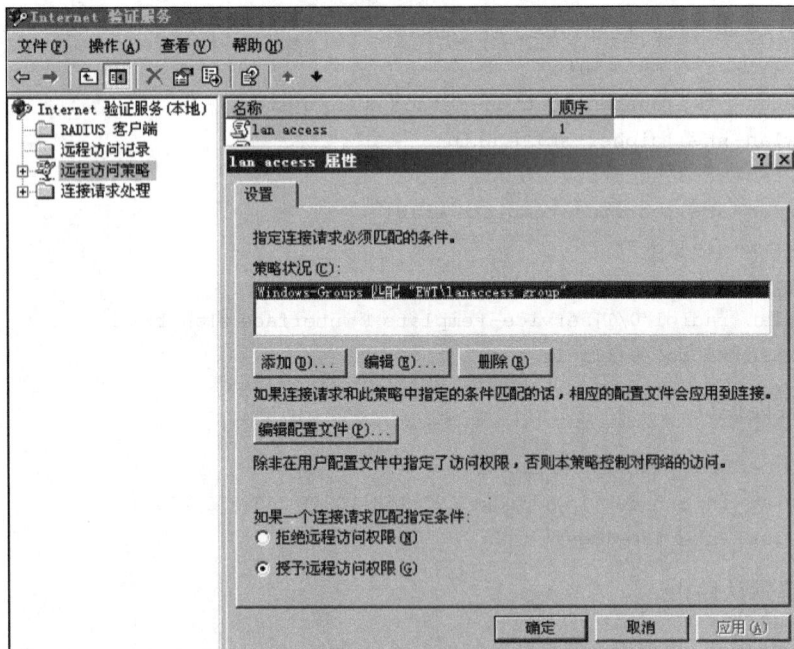

图 5.8　远程访问策略配置示意图

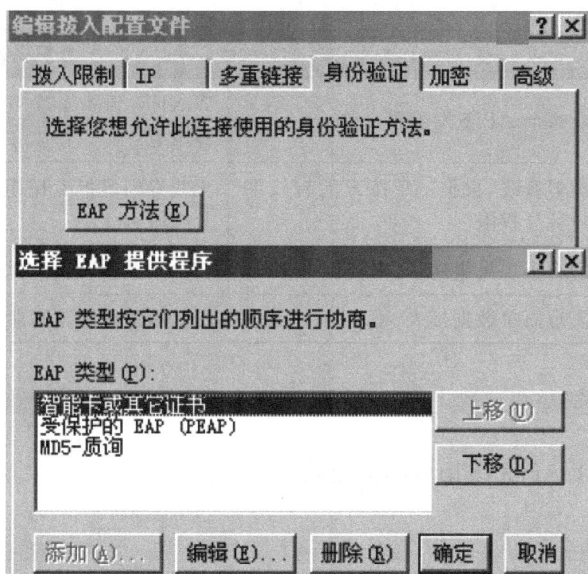

图 5.9　拨入配置文件编辑示意图

实验 5.3　简单的 AC＋FIT AP 无线局域网实验

【**实验背景**】

　　FIT AP 是新兴的一种 WLAN 组网模式,其相对 FAT AP 方案增加了无线交换机 (Wireless Switch)作为中央集中控制管理设备,原先在 FAT AP 自身上承载的认证终结、漫游切换、动态密钥等复杂业务功能转移到无线交换机上来进行。AP 与无线交换机之间通过隧道方式进行通信,之间可以跨越局域网络甚至广域网进行连接,因此减少了单个 AP 的负担,提高了整网的工作效率。同时由于 FIT AP 方案这种集中式管理的特点,可以很方便地通过升级无线交换机的软件版本实现更丰富业务功能的扩展。FIT AP 的组网有三种模式:FIT AP 与无线交换机相连,无线交换机接入 IP 网络;FIT AP 与一般交换机相连,一般交换机与无线交换机相连,无线交换机再接入 IP 网络,FIT AP 与无线交换机之间通过隧道进行通信;FIT AP 与一般交换机相连,一般交换机接入 IP 网络,IP 网络通过无线交换机接入 Internet,通常在网络规模较大且存在分支机构应用无线网络的环境。FAT AP 方案与 FIT AP 方案的比较如表 5.1 所示。

表 5.1　FAT AP 方案与 FIT AP 方案的不同

区　别　点	FAT AP 方案	FIT AP 方案
技术模式	传统主流	新生方式,增强管理
安全性	传统加密、认证方式,普通安全性	增加射频环境监控,基于用户位置安全策略,高安全性

区　别　点	FAT AP 方案	FIT AP 方案
网络管理	对每个 AP 下发配置文件	Wireless Switch 上配置好文件,AP 本身零配置
用户管理	类似有线,根据 AP 接入的有线端口区分权限	无线专门虚拟专用组方式,根据用户名区分权限
WLAN 组网规模	适合小规模组网,成本较低	拓扑无关性,适合大规模组网,成本较高
增值业务能力	实现简单数据接入	可扩展语音等丰富业务

【实验目的】

掌握简单的 FIT AP 无线局域网搭建技术。

【实验内容】

搭建 FAT AP 无线局域网,并通过交换机将无线局域网接入 IP 网。

【实验设备】

一个具有无线网卡的计算机,一个 FIT AP,一个三层交换机,一个无线控制器,一个 DHCP 服务器,双绞线三根,配置线一根。网络拓扑结构如图 5.10 所示。

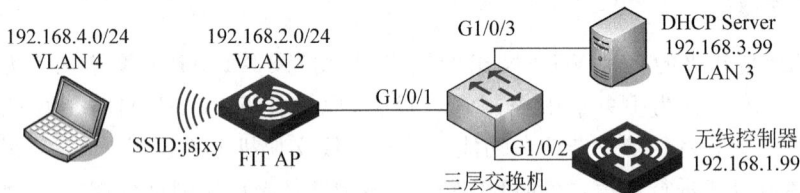

图 5.10　简单的 AC+FIT AP 无线局域网实验拓扑结构图

【实验步骤】

1. 设置无线控制器

(1) 初始化无线控制模块,设置相应的接口为 Trunk 接口并允许所有的 VLAN 通过。

```
<H3C>system-view
[H3C]interface vlan-interface 1
[H3C-vlan-interface1]ip address 192.168.1.99 255.255.255.0
[H3C-vlan-interface1]quit
[H3C]sysname WC                  //无线控制模块更名为 WC
[WC]interface GigabitEthernet 1/0/1
[WC-GigabitEthernet 1/0/1]port link-type trunk
[WC-GigabitEthernet 1/0/1]port trunk permit vlan all
```

```
[WC-GigabitEthernet 1/0/1]quit
[WC]quit
```

（2）初始化交换模块，设置相应的接口为 Trunk 接口并允许所有的 VLAN 通过。

```
<WC>oap connect slot 0                //进入交换模块
<H3C>system-view
[H3C]sysname SC                       //交换模块更名为 SC
[SC]interface GigabitEthernet 1/0/2
[SC-GigabitEthernet 1/0/2]port link-type trunk
[SC-GigabitEthernet 1/0/2]port trunk permit vlan all
[SC-GigabitEthernet 1/0/2]quit
[SC]Ctrl+K                            //返回无线控制模块
<WC>
```

（3）开启无线服务，创建 VLAN，建立二层虚拟接口。

```
<WC>system-view
[WC]wlan enable
[WC]vlan 2 to 4
[WC]interface WLAN-ESS 1
[WC-WLAN-ESS1]port access vlan 4
```

（4）创建无线服务模板，配置 SSID 和认证方式，与虚拟接口 1 绑定并开启服务模板 1。

```
[WC-WLAN-ESS1]quit
[WC]wlan service-template 1 clear
[WC-wlan-st-1]ssid jsjxy
[WC-wlan-st-1]authentication-method open-system
[WC-wlan-st-1]bind WLAN-ESS 1
[WC-wlan-st-1]service-template enable
```

（5）设置注册 AP 参数。

```
[WC-wlan-st-1]quit
[WC]wlan ap jsjzx model WA2600
[WC-wlan-ap-jsjzx]serial-id 625630A22W7662563265          //AP 对应的序列号
```

（6）创建射频接口 1，工作在 802.11g，绑定服务模板 1 并开启射频接口。

```
[WC-wlan-ap-jsjzx]radio 1 type dot11g
[WC-wlan-ap-jsjzx-radio-1]service-template 1
[WC-wlan-ap-jsjzx-radio-1]radio enable
[WC-wlan-ap-jsjzx-radio-1]quit
[WC-wlan-ap-jsjzx]quit
```

（7）设置路由。

```
[WC]ip route-static 0.0.0.0 0.0.0.0 192.168.1.254
```

2. 设置三层交换机

（1）建立相应的 VLAN 并设置接口地址。

```
<H3C>system-view
[H3C]sysname SWITCH
[SWITCH]vlan 2-4
[SWITCH]interface vlan-interface 1
[SWITCH-vlan-interface1]ip address 192.168.1.254 24
[SWITCH-vlan-interface1]quit
[SWITCH]interface vlan-interface 2
[SWITCH-vlan-interface2]ip address 192.168.2.254 24
[SWITCH-vlan-interface2]quit
[SWITCH]interface vlan-interface 3
[SWITCH-vlan-interface3]ip address 192.168.3.254 24
[SWITCH-vlan-interface3]quit
[SWITCH]interface vlan-interface 4
[SWITCH-vlan-interface4]ip address 192.168.4.254 24
[SWITCH-vlan-interface4]quit
```

（2）在 FIT AP 无外接电源的情况下，若交换模块的外部千兆以太网口 2 连接的是 FIT AP，那么千兆接口 2 要开启 POE 供电。

```
[SWITCH]interface GigabitEthernet 1/0/2
[SWITCH-GigabitEthernet 1/0/2]poe enable
[SWITCH-GigabitEthernet 1/0/2]quit
```

（3）开启 DHCP 服务，指明 DHCP 服务器地址，在 VLAN 接口 2 上告知 AP 如何获取地址，在 VLAN 接口 4 上告知无线客户端如何获取地址，完成 DHCP 中继的设置。

```
[SWITCH]dhcp enable
[SWITCH]dhcp relay server-group 1 ip 192.168.3.99
[SWITCH]interface vlan-interface 2
[SWITCH-vlan-interface2]dhcp select relay
[SWITCH-vlan-interface2]dhcp server-select 1
[SWITCH-vlan-interface2]quit
[SWITCH]interface vlan-interface 4
[SWITCH-vlan-interface4]dhcp select relay
[SWITCH-vlan-interface4]dhcp server-select 1
[SWITCH-vlan-interface4]quit
```

（4）设置连接 DHCP 服务器的接口的信息。

```
[SWITCH]interface GigabitEthernet 1/0/3
[SWITCH-GigabitEthernet 1/0/3]port access vlan 3
```

```
[SWITCH-GigabitEthernet 1/0/3]quit
```

（5）设置路由。

```
[SWITCH]ip route-static 0.0.0.0 0.0.0.0 192.168.1.99
```

3. 配置 DHCP 服务器

此处略。

也可以使用无线控制交换一体机和 FIT AP 构建 WLAN，即图 5.10 中的无线控制器和三层交换机为一台复合设备，DHCP Server 也搭建在这样的设备上。这种结构下需要做如下配置：

（1）设置无线控制器。

① 设置 WC 内部千兆以太网口 1 的参数。

```
<H3C>system-view
[H3C]sysname WC                 //无线控制模块更名为 WC
[WC]interface GigabitEthernet 1/0/1
[WC-GigabitEthernet 1/0/1]port link-type trunk
[WC-GigabitEthernet 1/0/1]port trunk permit vlan all
[WC-GigabitEthernet 1/0/1]quit
```

② 设置虚接口地址，虚接口 1 用于管理，虚接口 3 用于 DHCP Server。

```
[WC]vlan 2 to 4
[WC]interface vlan-interface 1
[WC-vlan-interface1]ip address 192.168.1.99 255.255.255.0
[WC-vlan-interface1]quit
[WC]interface vlan-interface 3
[WC-vlan-interface3]ip address 192.168.3.99 255.255.255.0
[WC-vlan-interface3]quit
```

③ 开启 DHCP 服务，在 WC 上创建地址池 1，用于 AP 获取地址，为跨越三层网络实现 AP 的注册，使用 Option 43 数值，Option 的固定数值是 80 07 00 00 01，192.168.1.99 的十六进制表示形式为 C0 A8 01 63；在 WC 上创建地址池 2，用于无线客户端获取地址。

```
[WC]dhcp enable
[WC]dhcp server ip-pool 1
[WC-dhcp-server-ip-pool1]network 192.168.2.0 mask 255.255.255.0
[WC-dhcp-server-ip-pool1]gate way-list 192.168.2.254
[WC-dhcp-server-ip-pool1]option 43 hex 80 07 00 00 01 C0 A8 01 63
[WC-dhcp-server-ip-pool1]quit
[WC]dhcp server ip-pool 2
[WC-dhcp-server-ip-pool2]network 192.168.4.0 mask 255.255.255.0
[WC-dhcp-server-ip-pool2]gate way-list 192.168.4.254
[WC-dhcp-server-ip-pool2]quit
```

④ 设置禁止分配的地址。

```
[WC]dhcp server forbidden-ip 192.168.2.254
[WC]dhcp server forbidden-ip 192.168.4.254
```

⑤ 创建无线接口 1,属于 VLAN 4。

```
[WC]interface WLAN-ESS 1
[WC-WLAN-ESS1]port access vlan 4
[WC-WLAN-ESS1]quit
```

⑥ 创建服务模板 3 并开启,明文,与无线接口 1 绑定。

```
[WC]wlan service-template 3 clear
[WC-wlan-st-3]ssid jsjxy
[WC-wlan-st-3]bind WLAN-ESS 1
[WC-wlan-st-3]service-template enable
[WC-wlan-st-3]quit
```

⑦ 注册 FIT AP,创建射频接口 1 并开启,默认工作模式,与服务模板 3 绑定。

```
[WC]wlan ap jsjzx model WA2600
[WC]wlan ap jsjzx model WA2600
[WC-wlan-ap-jsjzx]serial-id 625632A22W6562563076        //AP 对应的序列号
[WC-wlan-ap-jsjzx]radio 1
[WC-wlan-ap-jsjzx-radio-1]service-template 3
[WC-wlan-ap-jsjzx-radio-1]radio enable
[WC-wlan-ap-jsjzx-radio-1]quit
[WC-wlan-ap-jsjzx]quit
```

⑧ 设置 WC 路由,指向交换模块 SWITCH 的管理地址。

```
[WC]ip route-static 0.0.0.0 0.0.0.0 192.168.1.254
```

(2) 设置三层交换机。

① 设置 DHCP 中继,指明 DHCP Server 地址。

```
<H3C>system-view
[H3C]sysname SWITCH
[SWITCH]dhcp relay hand enable
[SWITCH]dhcp-server 1 ip 192.168.3.99
```

② 创建 VLAN 2～VLAN 4,设置 VLAN 1 的管理地址;设置 VLAN 2 接口地址,将 AP 的 DHCP Discovery 报文转移至 DHCP Server;设置 VLAN 4 接口地址,将无线客户端的 DHCP Discovery 报文转移至 DHCP Server;设置 VLAN 2 接口地址;设置 VLAN 3 接口地址。

```
[SWITCH]vlan 2 to 4
[SWITCH]interface vlan-interface 1
[SWITCH-vlan-interface1]ip address 192.168.1.254 255.255.255.0
[SWITCH-vlan-interface1]quit
```

```
[SWITCH]interface vlan-interface 2
[SWITCH-vlan-interface2]ip address 192.168.2.254 255.255.255.0
[SWITCH-vlan-interface2]dhcp server 1
[SWITCH-vlan-interface2]quit
[SWITCH]interface vlan-interface 3
[SWITCH-vlan-interface3]ip address 192.168.3.254 255.255.255.0
[SWITCH-vlan-interface3]quit
[SWITCH]interface vlan-interface 4
[SWITCH-vlan-interface4]ip address 192.168.4.254 255.255.255.0
[SWITCH-vlan-interface4]dhcp server 1
[SWITCH-vlan-interface4]quit
```

③ 设置与 AP 相连接口的参数，POE 供电开启。

```
[SWITCH]interface GigabitEthernet 1/0/1
[SWITCH-GigabitEthernet 1/0/1]poe enable
[SWITCH-GigabitEthernet 1/0/1]port access vlan 2
```

④ 设置内部与 WC 互联的千兆以太网参数。

```
[SWITCH-GigabitEthernet 1/0/1]interface GigabitEthernet 1/0/15
[SWITCH-GigabitEthernet 1/0/15]stp disable
[SWITCH-GigabitEthernet 1/0/15]port link-type trunk
[SWITCH-GigabitEthernet 1/0/15]port trunk permit vlan all
```

⑤ 设置 SWITCH 路由，指向交换模块 WC 的管理地址。

```
[SWITCH]ip route-static 0.0.0.0 0.0.0.0 192.168.1.99
```

实验 5.4　安全可靠的 AC＋FIT AP 无线局域网实验

【实验背景】

对于中小规模网络，如何更方便地建设、部署 WLAN 网络成为网络建设者首要面对的问题。针对网络规模的特点，以下内容是网络规划、建设过程中必须回答的问题。需求分析对于中小规模网络普遍存在管理能力不强的因素，客户倾向于简单、易管理的网络解决方案，对于无线部署尤其如此。业界比较一致的观点是采用集中控制管理的 FIT AP 部署模式来建设企业 WLAN 网络，即通过无线控制器和无线 AP 共同满足企业无线覆盖需求，有效地解决企业 IT 人员对 AP 管理的后顾之忧，并满足企业对无线话音、视频等增值业务的需要。FIT AP 方案具有以下优点：

（1）配置简单。AP 零配置，所有的配置集中在无线交换机上完成，简单便捷。

（2）维护方便。管理、维护针对无线交换机来实现，不需要对每一台 AP 进行操作。

（3）易于升级。针对特性增加带来的软件版本升级需求，只需要对无线交换机进行操作即可，不需要对每一台无线 AP 单独升级。

（4）安全可控。可以集中进行射频及功率、信道调整,安全访问控制等功能。

（5）更易扩展。根据需要,可以灵活增加补点 AP,支持三层漫游,方便扩展支持无线监控、话音应用等业务。

【实验目的】

（1）掌握在 AC 上为无线用户进行授权的方法。

（2）掌握在 AC 上实现负载均衡的方法。

（3）掌握 AC 可靠性的实现方法。

（4）掌握 Rogue AP 检测的方法。

（5）掌握 PSK 认证的方法。

【实验内容】

（1）在 AC 上为无线用户进行授权。

（2）在 AC 上实现负载均衡。

（3）AC 可靠性的实现。

（4）Rogue AP 检测。

（5）PSK 认证。

【实验设备】

交换机一台,无线控制器三台,AP 两台,带无线网卡的计算机两台,有线网卡的计算机一台,双绞线 6 根。网络拓扑结构如图 5.11 所示。

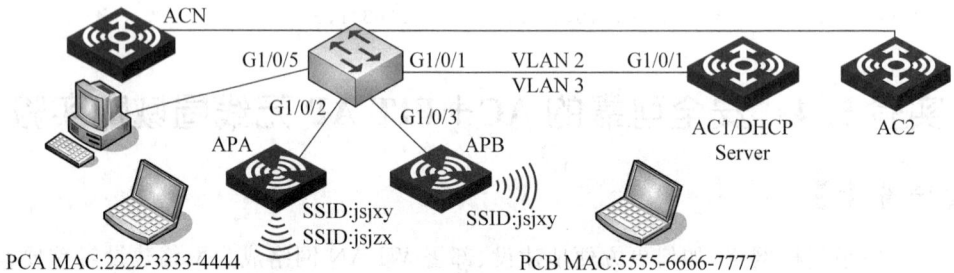

图 5.11   可靠的 AC+FIT AP 无线局域网实验拓扑结构图

【实验步骤】

1. 在 AC 上为无线用户进行授权

（1）无线控制器基于 SSID 方式授权。在同一个 AP 上设置两个 SSID,如果用户连接到 jsjxy 属于 VLAN 2,连接到 jsjzx 则属于 VLAN 3。

① 在 WLAN-ESS 接口上绑定 VLAN。

```
[AC1]interface WLAN-ESS 2
[AC1-WLAN-ESS2]port access vlan 2
```

```
[AC1-WLAN-ESS2]quit
[AC1]interface WLAN-ESS 3
[AC1-WLAN-ESS3]port access vlan 3
[AC1-WLAN-ESS3]quit
```

② 在无线服务模板中绑定 SSID 和 WLAN-ESS 接口。

```
[AC1]wlan service-template 2 clear
[AC1-wlan-st-2]ssid jsjxy
[AC1-wlan-st-2]bind WLAN-ESS 2
[AC1-wlan-st-2]service-template enable
[AC1-wlan-st-2]quit
[AC1]wlan service-template 3 clear
[AC1-wlan-st-3]ssid jsjzx
[AC1-wlan-st-3]bind WLAN-ESS 3
[AC1-wlan-st-3]service-template enable
[AC1-wlan-st-3]quit
```

（2）无线控制器基于 AP 方式授权。通过区分用户的 VLAN 属性来对用户进行 VLAN 授权。

① 配置无线服务模板。

```
[AC1]wlan service-template 1 clear
[AC1-wlan-st-1]ssid jsjxy
[AC1-wlan-st-1]bind WLAN-ESS 1
[AC1-wlan-st-1]service-template enable
[AC1-wlan-st-1]quit
```

② 将无线服务模板与 VLAN 绑定应用到不同的 FIT AP 上。

```
[AC1]wlan ap APA model WA2620E-AGN
[AC1-wlan-ap-APA] serial-id 21023529G007C000020
[AC1-wlan-ap-APA] radio 1
[AC1-wlan-ap-APA-radio-1]service-template 1 vlan-id 2
[AC1-wlan-ap-APA-radio-1]Radio enable
[AC1-wlan-ap-APA-radio-1]quit
[AC1-wlan-ap-APA]quit
[AC1]wlan ap APB model WA2620E-AGN
[AC1-wlan-ap-APB] serial-id 21023529G007C000021
[AC1-wlan-ap-APB] radio 1
[AC1-wlan-ap-APB-radio-1]service-template 1 vlan-id 3
[AC1-wlan-ap-APB-radio-1]Radio enable
[AC1-wlan-ap-APB-radio-1]quit
[AC1-wlan-ap-APB]quit
```

（3）无线控制器基于 MAC 方式授权。通过使能 MAC-VLAN，建立 MAC-VLAN 对应列表,以实现基于 MAC 的无线用户授权。

① 配置无线接口。

```
[AC1]interface WLAN-ESS 10
[AC1-WLAN-ESS10]port link-type hybrid
[AC1-WLAN-ESS10] port hybrid vlan 1 to 3 untagged
[AC1-WLAN-ESS10] mac-vlan enable
[AC1-WLAN-ESS10]quit
```

② 在无线控制器视图下设置。

```
[AC1]mac-vlan mac-address 2222-3333-4444 vlan 2
[AC1]mac-vlan mac-address 5555-6666-7777 vlan 3
```

2. 在 AC 上实现负载均衡

(1) 基于用户会话数的负载均衡。

```
[AC1]wlan rrm
[AC1-wlan-rrm]load-balance session 5 gap 4
```

备注: load-balance session *value* gap *gap-value* Value 为会话限制,取值范围为 2～40;gap-value 为会话差值门限,取值范围为 1～8。

假如 APA 上已经有 4 个用户,APB 上没有用户,这时有第 5 个用户试图连接 APA,由于两个 AP 用户数量差额已经到达 4,这时 APA 会拒绝第 5 个用户,最终会连接到 APB 上。

(2) 基于流量的负载均衡。

```
[AC1]wlan rrm
[AC1-wlan-rrm]load-balance traffic 10 gap 20
```

备注: load-balance session *value* gap *gap-value* Value 为流量限制,取值范围为 10～80;以百分比表示;gap-value 为流量差值门限,取值范围为 10～40,以百分比表示。

假设 AP 最大吞吐率为 30M,则流量门限为 $30M \times 10\% = 3M$,差值门限为 $30M \times 20\% = 6M$,第一个用户向 APA 发送 10M 的流量,而 APB 空闲,这时第二个用户连接 APA 时由于 APA 既超过门限($10 > 3$)又超过门限差值($10 > 6$),最后第二个用户会被关联到 APB 上。

3. AC 可靠性实验

(1) 通过配置优先级设置接入 AC 的先后顺序提高可靠性。

```
[AC1]wlan ap APA model WA2620E-AGN
[AC1-wlan-ap-APA] ssid jsjxy
[AC1-wlan-ap-APA] priority level 6
[AC1-wlan-ap-APA]quit

[AC2]wlan ap APA model WA2620E-AGN
[AC2-wlan-ap-APA] ssid jsjxy
```

```
[AC2-wlan-ap-APA] priority level 4
[AC2-wlan-ap-APA]quit
```

当 AC1 出现问题宕机时 AP 将自动接入到 AC2,当 AC1 恢复后,AP 再次重启后将重新接入 AC1,不会实现动态负载分担。

(2) 通过设置 AC 1+1 热备份提高接入 AC 可靠性。

在通过配置优先级设置接入 AC 的先后顺序提高可靠性的基础上做如下设置即可:

```
[AC1]wlan backup-ac ip AC2-ip-address   //AC2-ip-address 是 AC2 的 ip address
[AC2]wlan backup-ac ip AC1-ip-address   //AC1-ip-address 是 AC1 的 ip address
```

如果 AC1 和 AC2 上配置的策略相同,可实现负载分担功能。

(3) N+1 备份结构提供接入可靠性。

假设 AC1、AC2 和 ACN 组成针对 APA 和 APB 的 2+备份,APA 的主 AC 是 AC1,APB 的主 AC 是 AC2,ACN 作为备份 AC。主 AC 出现问题时备份 AC 才会提供服务,一旦主 AC 恢复,相应的 AP 就会立即切换到主 AC 上而不是等到重启时才切换。

```
[AC1]wlan ap APA model WA2620E-AGN
[AC1-wlan-ap-APA] ssid jsjxy
[AC1-wlan-ap-APA] priority level 7
[AC1-wlan-ap-APA]quit

[AC2]wlan ap APA model WA2620E-AGN
[AC2-wlan-ap-APA] ssid jsjxy
[AC2-wlan-ap-APA] priority level 7
[AC2-wlan-ap-APA]quit

[ACN]wlan ap APA model WA2620E-AGN
[ACN-wlan-ap-APA] ssid jsjxy
[ACN-wlan-ap-APA] backup-ac ip AC1-ip-address
[ACN-wlan-ap-APA] quit
[ACN]wlan ap APB model WA2620E-AGN
[ACN-wlan-ap-APB] ssid jsjxy
[ACN-wlan-ap-APB] backup-ac ip AC1-ip-address
[ACN-wlan-ap-APB] quit
```

4. Rogue AP 检测功能实验

AP 通过交换机与 AC 相连,AC 作为 DHCP 服务器为 APA 和 Client 分配 IP 地址,开启 Rouge AP 反制功能,以保证用户能通过合法的 APA 接入到正确的网络中,具体要求如下:Monitor AP(APB)周期性的监听无线射频接口报文;当发现 Rogue AP 时,Monitor AP 发起反制。

(1) 对 AC1 的配置如下:

① 配置 AC1 的接口创建。

```
<AC1>system-view
```

```
[AC1] vlan 3                //VLAN 3 及其对应的 VLAN 接口,并为该接口配置 IP 地址
[AC1-vlan3] quit           //AC1 将使用该接口的 IP 地址与 AP 建立 LWAPP 隧道
[AC1] interface vlan-interface 3
[AC1-Vlan-interface3] ip address 192.168.1.1 255.255.255.0
[AC1-Vlan-interface3] quit
[AC1] vlan 2               //创建 VLAN 2 作为 ESS 接口的默认 VLAN 和无线用户接入的 VLAN
[AC1-vlan2] quit
[AC1] interface vlan-interface 2
[AC1-Vlan-interface2] ip address 192.168.2.1 255.255.255.0
[AC1-Vlan-interface2] quit
//下面将与 Switch 相连的接口 GigabitEthernet1/0/1 的链路类型配置为 Trunk,当前
//Trunk 口的 PVID 为 3,禁止 VLAN1 通过,允许 VLAN 3 和 CLient 使用的 VLAN2 通过
[AC1] interface gigabitethernet 1/0/1
[AC1-GigabitEthernet1/0/1] port link-type trunk
[AC1-GigabitEthernet1/0/1] port trunk pvid vlan 3
[AC1-GigabitEthernet1/0/1] undo port trunk permit vlan 1
[AC1-GigabitEthernet1/0/1] port trunk permit vlan 3 2
[AC1-GigabitEthernet1/0/1] quit
```

② 配置 DHCP 服务,配置 DHCP 地址池 1 和地址池 2。

```
[AC1] dhcp enable
[AC1] dhcp server ip-pool 1
[AC1-dhcp-pool-1] network 192.168.2.0 mask 255.255.255.0
[AC1-dhcp-pool-1] quit
[AC] dhcp server ip-pool 2
[AC1-dhcp-pool-2] network 192.168.1.0 mask 255.255.255.0
[AC1-dhcp-pool-2] quit
```

③ 配置无线服务。

```
[AC1] interface wlan-ess 1                //创建编号为 1 的 WLAN-ESS 接口
[AC1-WLAN-ESS1] port link-type hybrid     //配置 WLAN-ESS1 接口类型为 Hybrid 类型
//配置当前 Hybrid 端口的 PVID 为 VLAN 2,禁止 VLAN 1 通过并允许 VLAN 2 不带 tag 通过
[AC1-WLAN-ESS1] undo port hybrid vlan 1
[AC1-WLAN-ESS1] port hybrid vlan 2 untagged
[AC1-WLAN-ESS1] port hybrid pvid vlan 2
[AC1-WLAN-ESS1] mac-vlan enable           //使能 MAC VLAN 功能
[AC1-WLAN-ESS1] quit
[AC] wlan service-template 1 clear        //创建一个新的服务模板(明文模板)1
[AC1-wlan-st-1] ssid service1             //设置当前服务模板的 SSID 为 service1
[AC1-wlan-st-1] bind wlan-ess 1           //将 WLAN-ESS1 接口绑定到服务模板 1
[AC1-wlan-st-1] authentication-method open-system    //认证方式为开放式系统认证
[AC1-wlan-st-1] service-template enable   //使能服务模板
[AC1-wlan-st-1] quit
```

④ 配置 APA 为 Normal 模式,只提供 WLAN 服务。

```
//创建一个 AP 管理模板,其名称为 APA,型号名称为 WA2620E-AGN
[AC] wlan ap APA model WA2620E-AGN
//设置 AP 的序列号为 21023529G007C000020。
[AC1-wlan-ap-APA] serial-id 21023529G007C000020
[AC1-wlan-ap-APA] radio 2 type dot11g          //设置 radio2 的射频类型为 802.11g
[AC1-wlan-ap-APA-radio-2] service-template 1    //将服务模板 1 映射到射频 2
[AC1-wlan-ap-APA-radio-2] radio enable          //启用 AP 的 radio 2
[AC1-wlan-ap-APA-radio-2] quit
[AC1-wlan-ap-APA] quit
```

⑤ 配置 APB 为 monitor 模式。

```
[AC1] wlan ap APB model WA2620E-AGN
[AC1-wlan-ap-APB] serial-id 21023529G007C000021
[AC1-wlan-ap-APB] work-mode monitor             //配置 APB 的工作模式为 monitor 模式
[AC1-wlan-ap-APB] radio 2
[AC1-wlan-ap-APB-radio-2] radio enable
[AC1-wlan-ap-APB-radio-2] quit
[AC1-wlan-ap-APB] quit
```

⑥ 配置 Rogue AP 检测及反制。

```
[AC1] wlan ids                                  //进入 WLAN IDS 视图
[AC1-wlan-ids] device permit ssid service
        //将 service 的这个 SSID 添加到允许 SSID 列表
[AC1-wlan-ids] countermeasures enable           //使能反制 Rogue 设备的功能
[AC1-wlan-ids] countermeasures mode all      //对攻击列表里的所有 Rogue 设备进行反制
[AC1-wlan-ids] quit
```

(2) 交换机的配置如下:

① 创建 vlan 3 和 vlan 2,其中 vlan 3 用于转发 AC 和 AP 间 LWAPP 隧道内的流量,
vlan 2 为无线用户接入的 VLAN。

```
<Switch>system-view
[Switch] vlan 3
[Switch-vlan3] quit
[Switch] vlan 2
[Switch-vlan2] quit
```

② 配置 Switch 与 AC 相连的 GigabitEthernet1/0/1 接口的属性为 Trunk,配置
PVID 为 3,禁止 vlan 1 通过,允许 vlan 3 通过。

```
[Switch] interface gigabitethernet1/0/1
[Switch-GigabitEthernet1/0/1] port link-type trunk
[Switch-GigabitEthernet1/0/1] undo port trunk permit vlan 1
```

```
[Switch-GigabitEthernet1/0/1] port trunk permit vlan 3
[Switch-GigabitEthernet1/0/1] port trunk pvid vlan 3
[Switch-GigabitEthernet1/0/1] quit
```

③ 配置 Switch 与计算机相连的 GigabitEthernet1/0/5 接口属性为 Access,并允许 vlan 2 通过。

```
[Switch] interface gigabitethernet1/0/5
[Switch-GigabitEthernet1/0/5] port link-type access
[Switch-GigabitEthernet1/0/5] port access vlan 2
[Switch-GigabitEthernet1/0/5] quit
```

④ 配置 Switch 与 APA 相连的 GigabitEthernet1/0/2 接口属性为 Access,允许 vlan 3 通过,并设置接口使能 PoE 功能。

```
[Switch] interface gigabitethernet1/0/2
[Switch-GigabitEthernet1/0/2] port link-type access
[Switch-GigabitEthernet1/0/2] port access vlan 3
[Switch-GigabitEthernet1/0/2] poe enable
[Switch-GigabitEthernet1/0/2] quit
```

⑤ 配置 Switch 与 APB 相连的 GigabitEthernet1/0/3 接口属性为 Access,并允许 vlan 3 通过,并设置接口使能 PoE 功能。

```
[Switch] interface gigabitethernet1/0/3
[Switch-GigabitEthernet1/0/3] port link-type access
[Switch-GigabitEthernet1/0/3] port access vlan 3
[Switch-GigabitEthernet1/0/3] poe enable
[Switch-GigabitEthernet1/0/3] quit
```

5. PSK 认证方式实验

(1) AC1 的配置如下:

① 配置 AC1 的接口。

```
//创建 vlan 3 及其对应的 VLAN 接口,并为该接口配置 IP 地址。AC1 将使用该接口的 IP 地址
//与 AP 建立 LWAPP 隧道。同时 vlan 3 为无线用户接入的 VLAN
<AC1>system-view
[AC1] vlan 3
[AC1-vlan3] quit
[AC1] interface vlan-interface 3
[AC1-Vlan-interface3] ip address 192.168.1.1 24
[AC1-Vlan-interface3] quit
//将与 Switch 相连的接口 GigabitEthernet1/0/1 的链路类型配置为 Trunk,当前 Trunk 口
//的 PVID 为 3,禁止 vlan 1 通过,允许 vlan 3 通过
[AC1] interface gigabitethernet 1/0/1
[AC1-GigabitEthernet1/0/1] port link-type trunk
[AC1-GigabitEthernet1/0/1] port trunk pvid vlan 3
```

```
[AC1-GigabitEthernet1/0/1] undo port trunk permit vlan 1
[AC1-GigabitEthernet1/0/1] port trunk permit vlan 3
[AC1-GigabitEthernet1/0/1] quit
```

② 配置 DHCP 功能。

```
[AC1] dhcp enable                              //全局下使能 DHCP
//配置 DHCP 地址池 1 为 APA 和 Client 动态分配地址,网段为 192.168.1.0/24,网关地址为
//192.168.1.1
[AC1] dhcp server ip-pool 1
[AC1-dhcp-pool-1] network 192.168.1.0 24
[AC1-dhcp-pool-1] gateway-list 192.168.1.1
[AC1-dhcp-pool-1] quit
```

③ 配置端口安全。

```
[AC1] port-security enable                     //使能端口安全功能
[AC1] interface wlan-ess 1                      //创建编号为 1 的 WLAN-ESS 接口
[AC1-WLAN-ESS1] port link-type hybrid          //配置端口的链路类型为 Hybrid
//配置当前 Hybrid 端口的 PVID 为 3,禁止 VLAN 1 通过并允许 VLAN 3 不带 tag 通过
[AC1-WLAN-ESS1] port hybrid pvid vlan 3
[AC1-WLAN-ESS1] undo port hybrid vlan 1
[AC1-WLAN-ESS1] port hybrid vlan 3 untagged
[AC1-WLAN-ESS1] mac-vlan enable                //使能 MAC VLAN 功能
[AC1-WLAN-ESS1] port-security port-mode psk    //配置端口安全模式为 PSK
//在接口 WLAN-ESS1 下使能 11key 类型的密钥协商功能
[AC1-WLAN-ESS1] port-security tx-key-type 11key
//在接口 WLAN-ESS1 下配置预共享密钥为 12345678
[AC1-WLAN-ESS1] port-security preshared-key pass-phrase 12345678
[AC1-WLAN-ESS1] quit
```

④ 配置无线服务模板。

```
[AC1] wlan service-template 1 crypto           //创建 crypto 类型的无线服务模板 1
[AC1-wlan-st-1] ssid jsjxy                     //设置当前服务模板的 SSID 为 jsjxy
[AC1-wlan-st-1] bind wlan-ess 1                //将 WLAN-ESS1 接口绑定到服务模板 1
[AC1-wlan-st-1] authentication-method open-system    //认证方式为开放式系统认证
[AC1-wlan-st-1] cipher-suite tkip              //使能 TKIP 加密套件
[AC1-wlan-st-1] security-ie wpa                //配置信标和探查帧携带 WPA IE 信息
[AC1-wlan-st-1] service-template enable        //使能服务模板
[AC1-wlan-st-1] quit
```

⑤ 在 AC1 上配置 AP 并绑定无线服务。

```
//创建一个 AP 管理模板,其名称为 APA,型号名称为 WA2620E-AGN
[AC1] wlan ap APA model WA2620E-AGN
[AC1-wlan-ap-APA] serial-id 21023529G007C000020
[AC1-wlan-ap-APA] radio 1      //配置服务模板与射频 1 进行关联,使能 AP 的 radio 1 射频
```

```
[AC1-wlan-ap-APA-radio-1] service-template 1
[AC1-wlan-ap-APA-radio-1] radio enable
[AC1-wlan-ap-APA-radio-1] return
```

（2）Switch 的配置如下：

① 创建 vlan 3，用于转发 AC1 和 APA 间 LWAPP 隧道内的流量和无线用户的接入。

```
<Switch>system-view
[Switch] vlan 3
[Switch-vlan3] quit
```

② 配置 Switch 与 AC1 相连的 GigabitEthernet1/0/1 接口的属性为 Trunk，禁止 vlan 1 通过，配置 PVID 为 3，允许 vlan 3 通过。

```
[Switch] interface gigabitethernet1/0/1
[Switch-GigabitEthernet1/0/1] port link-type trunk
[Switch-GigabitEthernet1/0/1] undo port trunk permit vlan 1
[Switch-GigabitEthernet1/0/1] port trunk permit vlan 3
[Switch-GigabitEthernet1/0/1] port trunk pvid vlan 3
[Switch-GigabitEthernet1/0/1] quit
```

③ 配置 Switch 与 APA 相连的 GigabitEthernet1/0/2 接口属性为 Access，允许 vlan 3 通过，并设置该接口使能 PoE 功能。

```
[Switch] interface gigabitethernet1/0/2
[Switch-GigabitEthernet1/0/2] port link-type access
[Switch-GigabitEthernet1/0/2] port access vlan 3
[Switch-GigabitEthernet1/0/2] poe enable
[Switch-GigabitEthernet1/0/2] quit
```

第 **6** 章

CHAPTER

IPv6 实验

目前我们使用的第二代互联网 IPv4 技术,核心技术属于美国,它的最大问题是网络地址资源有限。IPv6 是下一版本的互联网协议,它的提出最初是因为随着互联网的迅速发展,IPv4 定义的有限地址空间将被耗尽,地址空间的不足必将影响互联网的进一步发展。为了扩大地址空间,拟通过 IPv6 重新定义地址空间。本章主要介绍 IPv6 基础、IPv6 部署。通过本章的实验,能够进一步理解 IPv6 的基本原理,较熟练地掌握配置路由器以组建 IPv6 网络的方法和技能。

实验 6.1 IPv6 基础实验

【实验背景】

IPv6(Internet Protocol Version 6,也被称作下一代互联网协议)是由 IETF 设计的用来替代现行的 IPv4 协议的一种新的 IP 协议。与 IPv4 相比,IPv6 有简化的报头和灵活的扩展、层次化的地址结构、即插即用的连网方式、网络层的认证与加密、服务质量的满足、对移动通信更好的支持等特点。IPv6 的 128 位地址是以 16 位为一分组,每个 16 位分组写成 8 个十六进制数,中间用冒号分隔,称为冒号分十六进制格式。例如 21DA:00D3:0000:2F3B:02AA:00FF:FE28:9C5A 是一个完整的 IPv6 地址。IPv6 支持的路由协议有静态路由和动态路由,目前支持 IPv6 的重要动态路由协议有 RIPng、OSPFv3、IS-IS 等。

静态路由是一种特殊的路由,它由管理员手工配置。当网络结构比较简单时,只需配置静态路由就可以使网络正常工作。恰当地设置和使用静态路由可以改进网络的性能,并可以为重要的应用保证带宽。静态路由的缺点在于:当网络发生故障或者拓扑发生变化后,可能会出现路由不可达,导致网络中断,此时必须由网络管理员手工修改静态路由的配置。IPv6 静态路由与 IPv4 静态路由类似,适合于一些结构比较简单的 IPv6 网络。它们之间的主要区别是目的地址和下一跳地址有所不同,IPv6 静态路由使用的是 IPv6 地址,而 IPv4 静态路由使用 IPv4 地址。

下一代 RIP 协议(RIP Next Generation,RIPng)是对原来 IPv4 网络中 RIP-2 协议的扩展。大部分 RIP 的概念都可以用于 RIPng。为了在 IPv6 网络中应用,RIPng 对原有的 RIP 协议的 UDP 端口号、组播地址、前缀长度、下一跳地址及源地址进行了修改。RIPng 协议是基于距离矢量(Distance Vector)算法的协议。它通过 UDP 报文交换路由信息,使用的端口号为 521。RIPng 使用跳数来衡量到达目的地址的距离(也称为度量值或开销)。在 RIPng 中,从一个路由器到其直连网络的跳数为 0,通过与其相连的路由器到达另一个网络的跳数为 1,其余以此类推。当跳数大于或等于 16 时,目的网络或主机就被定义为不可达。RIPng 每 30s 发送一个路由更新报文。如果在 180s 内没有收到网络邻居的路由更新报文,RIPng 将从邻居学到的所有路由标识为不可达。如果在 420s 内没有收到邻居的路由更新报文,RIPng 将从路由表中删除这些路由。

开放式最短路径优先版本 3(Open Shortest Path First V3,OSPFv3)主要提供对 IPv6 的支持,遵循的标准为 RFC2740(OSPF for IPv6)。OSPFv3 和 OSPFv2 在很多方面是相同的,OSPFv3 和 OSPFv2 的不同主要有:

(1) OSPFv3 是基于链路(Link)运行,OSPFv2 是基于网段(Network)运行。

(2) OSPFv3 在同一条链路上可以运行多个实例。

(3) OPSFv3 是通过 Router ID 来标识邻接的邻居,OSPFv2 是通过 IP 地址来标识邻接的邻居。

IS-IS 路由协议(Intermediate System-to-Intermediate System Intra-domain Routing Information Exchange Protocol,IS-IS)支持多种网络层协议,其中包括 IPv6 协议,支持 IPv6 协议的 IS-IS 路由协议又称为 IPv6-IS-IS 动态路由协议。

IPv6 协议的设计目的在于解决现有 IPv4 版本所具有的各种问题,包括地址数量限制、安全性、自动配置、移动性、可扩展性等方面,因此 IPv6 为各种价值应用构想提供了强大的技术支持,尤其对视频、语音、网络家电、移动、传感器网络、智能交通系统、安全等业务的发展有极大的促进作用。要使网络运行 IPv6,需要对设备做相关的配置。

【实验目的】

(1) 无状态地址自动配置。

(2) 静态路由配置。

(3) RIPng 的配置。

(4) OSPFv3 的配置。

(5) ISIS 的配置。

【实验内容】

(1) 掌握 IPv6 下无状态地址自动配置的原理及配置方法。

(2) 掌握 IPv6 下静态路由的原理及配置方法。

(3) 掌握 IPv6 下 RIPng 的原理及配置方法。

(4) 掌握 IPv6 下 OSPFv3 的原理及配置方法。

（5）掌握 IPv6 下 ISIS 的原理及配置方法。

【实验设备】

H3C 系列交换机一台，安装 Commware V7 版本软件的路由器两台，PC 两台，专用配置电缆一条，网线 4 根，V35 电缆一对。网络拓扑结构如图 6.1 所示。

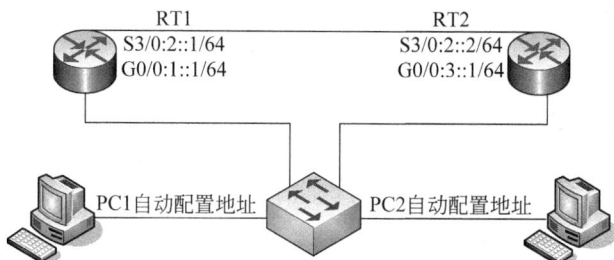

图 6.1　IPv6 基础实验网络拓扑结构图

【实验步骤】

（1）建立计算机与路由器的 IPv6 连接，这里有两个工作要做，其一是配置计算机，其二是配置路由器。由于 IPv6 的地址自动配置的特性，只需要在计算机上启用 IPv6 并适当配置路由器即可。

① 若在计算机上启用 IPv6，需要进行安装。右击"网上邻居"图标，从弹出的快捷菜单中选择"属性"命令，在弹出的窗口中右击"本地连接"，从弹出的快捷菜单中选择"属性"命令，在打开的对话框中单击安装"按钮，在打开的"选择网络组件类型"对话框中选择"协议"，单击"添加"按钮，在打开的对话框中选择"Microsoft TCP/IP 版本 6"，单击"确定"按钮，如图 6.2 所示，然后在命令提示符下输入命令 ipv6 install 以使能 IPv6。

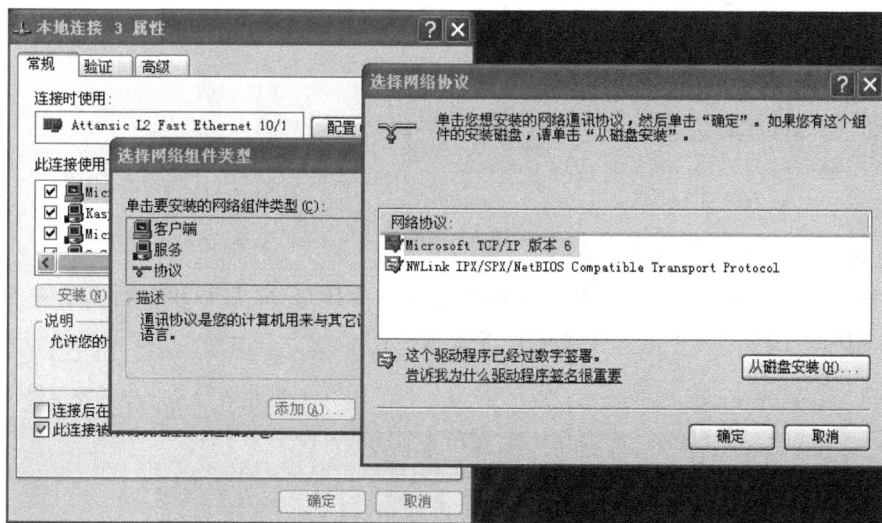

图 6.2　IPv6 安装示意图

② 在路由器上需要做如下配置：全局使能 IPv6、配置接口 IPv6 地址、在接口上使能路由器宣告功能。

```
<H3C>system-view
[H3C]sysname RT1                                    //修改路由器的名字
[RT1]ipv6
[RT1]interface GigabitEthernet0/0
[RT1-GigabitEthernet0/0]ipv6 address 1::1 64        //配置 GigabitEthernet 口的地址
[RT1-GigabitEthernet0/0]undo ipv6 nd ra halt        //取消对路由器发布的抑制
[RT1-GigabitEthernet0/0]interface Serial3/0
[RT1-Serial3/0]ipv6 address 2::1 64                 //配置 Serial 口的地址
[RT1-Serial3/0]undo ipv6 nd ra halt
```

③ 另外一个路由器做类似的配置。

(2) 静态路由的配置实验。方法与 ipv4 下的配置方法类似，命令如下：

```
ipv6 route-static ip-address prefix-length {interface-name[nexthop-address]|
gateway-address } [ preference preference-value ]
```

默认路由的参数 ip-address、prefix-length 分别为 ::、0。

① ［RT1］ipv6 route-static :: 0 2::2。

② 另外一个路由器的配置类似。

③ ［RT1］ping ipv6 -c 1 3::1。

(3) 动态路由 RIPng 的配置实验。RIPng 的配置和 RIP 类似，包括全局使能 RIPng、接口使能 RIPng。

① 在第(2)步基础上做如下配置：

```
[RT1]ripng 1                                        //全局使能 RIPng
[ER1-ripng-1]quit
[RT1]interface GigabitEthernet0/0
[RT1-GigabitEthernet0/0]ripng 1 enable              //接口使能 RIPng
[RT1-GigabitEthernet0/0]interface Serial3/0
[RT1-Serial3/0]ripng 1 enable
[RT1-Serial3/0]quit
```

② 另外一个路由器的配置类似。

注意：RIPng IPSec 安全框架对路由器之间的 RIPng 报文进行有效性检查和验证，要配置 RIPng IPSec 安全框架还要进行下述操作：

```
[RT1] ipsec transform-set jsjxy                     //创建名为 jsjxy 的安全提议
[RT1-ipsec-transform-set-jsjxy] esp encryption-algorithm 3des
[RT1-ipsec-transform-set-jsjxy] esp authentication-algorithm md5
[RT1-ipsec-transform-set-jsjxy] encapsulation-mode transport
[RT1-ipsec-transform-set-jsjxy] quit
[RT1] ipsec profile jsjzx manual                    //创建名为 jsjzx 的安全框架
```

```
[RT1-ipsec-profile-jsjzx-manual] transform-set jsjxy
[RT1-ipsec-profile-jsjzx-manual] sa spi inbound esp 256
[RT1-ipsec-profile-jsjzx-manual] sa spi outbound esp 256
[RT1-ipsec-profile-jsjzx-manual] sa string-key inbound esp simple abc
[RT1-ipsec-profile-jsjzx-manual] sa string-key outbound esp simple abc
[RT1-ipsec-profile-jsjzx-manual] quit
[RT1] ripng 1
[RT1-ripng-1] enable ipsec-profile jsjxy
[RT1-ripng-1]quit
```

另外一个路由器的配置类似。

（4）动态路由 OSPFv3 的配置实验。OSPFv3 的配置和 OSPF 类似，包括全局使能
OSPFv3、接口使能 OSPFv3。

① 在第（1）步基础上做如下配置：

```
[RT1]ospfv3 1                                    //全局使能 ospfv3
[RT1-ospfv3-1] router-id 1.1.1.1
[RT1-ospfv3-1] quit
[RT1]interface GigabitEthernet0/0
[RT1-GigabitEthernet0/0]ospfv3 1 area 0          //接口使能 ospfv3
[RT1-GigabitEthernet0/0]interface Serial3/0
[RT1-Serial3/0]ospfv3 1 area 0
[RT1-Serial3/0]quit
```

② 另外一个路由器的配置类似。

注意：OSPFv3 IPSec 安全框架对路由器之间的 OSPFv3 报文进行有效性检查和验
证，要配置 RIPng IPSec 安全框架还要进行下述操作：

```
[RT1] ipsec transform-set jsjxy                  //创建名为 jsjxy 的安全提议
[RT1-ipsec-transform-set-jsjxy] encapsulation-mode transport
[RT1-ipsec-transform-set-jsjxy] esp encryption-algorithm 3des-cbc
[RT1-ipsec-transform-set-jsjxy] esp authentication-algorithm md5
[RT1-ipsec-transform-set-jsjxy] ah authentication-algorithm md5
[RT1-ipsec-transform-set-jsjxy] quit
[RT1] ipsec profile jsjzx manual                 //创建名为 jsjzx 的安全框架
[RT1-ipsec-profile-jsjzx-manual] transform-set jsjxy
[RT1-ipsec-profile-jsjzx-manual] sa spi inbound ah 100000
[RT1-ipsec-profile-jsjzx-manual] sa spi outbound ah 100000
[RT1-ipsec-profile-jsjzx-manual] sa spi inbound esp 200000
[RT1-ipsec-profile-jsjzx-manual] sa spi outbound esp 200000
[RT1-ipsec-profile-jsjzx-manual] sa string-key inbound ah simple abc
[RT1-ipsec-profile-jsjzx-manual] sa string-key outbound ah simple abc
[RT1-ipsec-profile-jsjzx-manual] sa string-key inbound esp simple 123
[RT1-ipsec-profile-jsjzx-manual] sa string-key outbound esp simple 123
[RT1-ipsec-profile-jsjzx-manual] quit
```

```
[RT1] ospfv3 1
[RT1-ospfv3-1] area 0
[RT1-ospfv3-1-area-0.0.0.0] enable ipsec-profile jsjzx
[RT1-ospfv3-1-area-0.0.0.0] quit
[RT1-ospfv3-1] quit
```

另外一个路由器的配置类似。

如果路由器有多个 area,安全提议只需设置一个,但要设置多个安全框架并绑定安全提议,且每个区域都要应用相应的安全框架。

(5) 动态路由 Ipv6 IS-IS 的配置实验。Ipv6 IS-IS 本身是一个可扩展路由协议,它对 IPv4 的支持本身就是对 OSI 网络的一个扩展,包括全局使能 Ipv6 IS-IS、接口使能 Ipv6 IS-IS。

① 在第(1)步基础上做如下配置:

```
[RT1]isis 1                                    //全局使能 isis
[RT1-isis-1]is-level level-1
[RT1-isis-1]network-entity 47.0001.0010.0100.1001.00
[RT1-isis-1]ipv6 enable   //开启 ipv6 功能,如果不开启,在接口下就不能开启 ISIS 的功能
[RT1-isis-1]quit
[RT1]interface GigabitEthernet0/0
[RT1-GigabitEthernet0/0] isis ipv6 enable 1        //接口使能 isis
[RT1-GigabitEthernet0/0]interface Serial3/0
[RT1-Serial3/0] isis ipv6 enable 1
[RT1-Serial3/0]quit
```

② 另外一个路由器的配置类似,假设其 network-entity 为 47.0001.0020.0200. 2002.00。

(6) Windows XP 下可以用如下命令手工配置 IPv6 地址是 2::2,前缀是 64。

```
C:\Documents and Settings\Administrator>netsh
netsh>interface
netsh interface>ipv6
netsh interface ipv6>add address int=4 2::2
netsh interface ipv6>add route 2::/64 4
```

【思考题】

目的地分别为 1:: 和 ::1 的路由有什么区别?

实验 6.2   IPv6 部署实验

【实验背景】

由于目前网络上所有的主机和网络设备都是基于 IPv4 的,另外就是应用程序方面也

都是基于 IPv4 的,因此 IPv6 虽然好,但也不能一步到位,因为要把这些设备和应用全部替代为 IPv6 设备所需的代价成本是巨大的。也就是只能一步一步来,因此就要考虑 IPv6 与 IPv4 的共存与互通问题了。目前 IPv6 的过渡技术主要有下面三种:

1. 双协议栈技术

在同一个主机或者网络设备上同时启用 IPv4 与 IPv6 协议栈,主要是在第三层即 IP 层加多一个 IPv6 协议栈,也就是 IPv4＋IPv6。其好处就是在能用上 IPv6 的同时,以前所布置的 IPv4 应用也能用,不用大变动。这是目前过渡期用的最广泛的一种过渡技术。也是其他过渡技术的基础。

2. 隧道技术

把 IPv6 数据封装起来放到 IPv4 上来传。技术上很容易,但有一个不好的地方就是不能实现 IPv4 与 IPv6 主机的直接通信。

3. NAT-PT(Network Address Translation-Protocol Translation)技术

这有点像 IPv4 时代的 NAT,只不过这时 NAT 设备上多了一个 IPv6 协议栈。这种方法有一个好处就是能实现 IPv4 与 IPv6 主机的直接通信,还能最大可能上使 IPv4 上的应用程序也能在 IPv6 上用。

这三种过渡技术是从技术本身角度来分类叙述的,它们的工作原理不同,所适用的场合也不同。在进行 IPv6 网络部署时,无非分两种情况:IPv6(跨 IPv4)网络之间的互通、IPv6 网络和 IPv4 网络之间互通。前者主要利用双协议栈和在 IPv4 网络中建立 IPv6 隧道来实现;后者主要利用双协议栈、协议转换、应用层网关(Application Level Gateway)和在 IPv6 网络中建立 IPv4 隧道来实现。下面分别做一下简要的介绍。

1. IPv6(跨 IPv4)网络之间的互通

(1) IPv6-over-IPv4 GRE 隧道。

使用标准的 GRE 隧道技术,可在 IPv4 的 GRE 隧道上承载 IPv6 数据报文。GRE 隧道是两点之间的连路,每条连路都是一条单独的隧道。GRE 隧道把 IPv6 作为乘客协议,将 GRE 作为承载协议。所配置的 IPv6 地址是在 Tunnel 接口上配置的,而所配置的 IPv4 地址是 Tunnel 的源地址和目的地址(隧道的起点和终点)。GRE 隧道主要用于两个边缘路由器或终端系统与边缘路由器之间定期安全通信的稳定连接。边缘路由器与终端系统必须实现双协议栈。

(2) IPv6-over-IPv4 手动隧道。

手动隧道也是通过 IPv4 骨干网连接的两个 IPv6 域的永久链路,用于两个边缘路由器或者终端系统与边缘路由器之间安全通信的稳定连接。手动隧道的转发机制与 GRE 隧道一样,但它与 GRE 隧道的封装格式不同,手动隧道直接将 IPv6 报文封装到 IPv4 报文中,IPv6 报文作为 IPv4 报文的净载荷。采用这种机制的节点至少需要一个全球唯一的 IPv4 地址,节点的外部路由器需要支持双栈。当隧道要经过 NAT 域时这种机制可能不可用。

(3) IPv4 兼容 IPv6 自动隧道。

自动隧道能够完成点到多点的连接,而手动隧道仅仅是点到点的连接。IPv4 兼容 IPv6 自动隧道技术能够使隧道自动生成。在 IPv4 兼容 IPv6 自动隧道中,只需要告诉设备隧道的起点,隧道的终点由设备自动生成。为了完成隧道终点的自动产生,IPv4 兼容 IPv6 自动隧道需要使用一种特殊的地址,即 IPv4 兼容 IPv6 地址。在 IPv4 兼容 IPv6 地址中,前缀是 0:0:0:0:0:0,最后的 32 位是 IPv4 地址,要求自动隧道的每个节点都有一个全球唯一的 IPv4 地址。IPv4 兼容 IPv6 自动隧道将使用这 32 位 IPv4 地址来自动构造隧道的目的地址。IPv4 兼容 IPv6 的自动隧道两端的主机或路由器必须同时支持 IPv4 和 IPv6 协议栈。使用 IPv4 兼容 IPv6 的自动隧道可以方便地在 IPv4 上建立 IPv6 隧道,但是它限于在隧道的两端点进行通信,隧道两端点后的网络不能通过隧道通信。采用这种机制不能解决 IPv4 地址空间耗尽的问题,而且也不适用于要经过 NAT 域的情况。

(4) Tunnel Broker。

隧道代理(Tunnel Broker)是一种架构,而不是具体的协议。隧道代理的主要目的是简化隧道的配置,提供自动的配置手段。对于已经建立起 IPv6 的 ISP 来说,使用隧道代理技术可以方便地扩展网络用户。从这个意义上说,Tunnel Broker 可以看作一个虚拟的 IPv6 ISP,通过 Web 方式为用户分配 IPv6 地址、建立隧道,并提供和其他 IPv6 节点之间的通信。隧道代理的特点是灵活、可操作性强,可以针对不同的用户提供不同的隧道配置,它要求隧道的双方都支持双栈。

(5) 6over4。

随着 IPv6 的广泛应用,有些节点可能仅支持 IPv6 协议,这种节点一旦安装在 IPv4 网络中(没有直接相连的 IPv6 路由器),就需要考虑如何保证该节点能够与外界通信。该方案利用 IPv4 网络的组播特性建立与外部的虚拟通信链路来提供保证。IPv6 节点需要与外部通信,它不需要手工配置隧道或与 IPv4 兼容的地址,而是直接将 IPv6 报文封装在 IPv4 报文中,通过 IPv4 网络的组播特性将该报文传送到路由器发送到外部。这种机制要求节点支持组播,为了实现 6over4 域与 IPv6 网络间的路由,要求路由器至少有一个接口支持 6over4。6over4 技术使用 IPv4 组播来模拟一个虚拟的物理链路,将 IPv6 的组播地址映射成 IPv4 组播地址,在此基础上实现 ND 协议。6over4 主机的 IPv6 地址由 64 位的单播地址前缀和规定格式的 64 位接口标识符::wwxx:yyzz 组成,其中 wwxx:yyzz 是其 IPv4 地址 w.x.y.z 的十六进制表示。6over4 技术要求主机间的 IPv4 必须支持组播,以用来互联 IPv4 网络内隔离的 IPv6 主机。

(6) 6to4 隧道技术。

6to4 隧道可以将多个 IPv6 域通过 IPv4 网络连接到 IPv6 网络。它和 IPv4 兼容 IPv6 自动隧道类似,使用一种特殊的地址——2002:a.b.c.d:xxxx:xxxx:xxxx:xxxx:xxxx 格式的 6to4 地址。其中 a.b.c.d 是内嵌在 IPv6 地址中的 IPv4 地址,可以用来查找 6to4 网络中的其他终端,要求每个节点必须至少具有一个全球唯一的 IPv4 地址。采用 6to4 机制不会在 IPv4 的路由表中引入新的条目,在 IPv6 的路由表中只增加一条表项,而且需要的配置管理工作很少。6to4 地址有 64 位网络前缀,其中前 48 位由路由器上的 IPv4 地址决定,用户不能改变,后 16 位由用户自己定义。这样,这个边缘路由器后面就可以连接一组网络前缀不同的网络。

(7) ISATAP 隧道技术。

ISATAP(Intra-Site Automatic Tunnel Addressing Protocol)是一种自动隧道技术,

同时也可以进行地址自动配置。在 ISATAP 隧道的两端设备之间可以运行 ND 协议。配置了 ISATAP 隧道以后,IPv6 网络将底层的 IPv4 网络看成一个非广播的点到多点的链路(NBMA)。ISATAP 隧道的地址也有特定的格式,它的接口 ID 必须为::0:5ffe:w. x.y. x 的形式。其中,0:5ffe 是 IANA 规定的格式,w. x. y. x 是单播 IPv4 地址,它嵌入到 IPv6 地址的低 32 位。ISATAP 地址的前 64 位是通过向 ISATAP 路由器发送请求得到的。与 6to4 地址类似,ISATAP 地址中也有 IPv4 地址存在,它的隧道建立也是基于此内嵌的 IPv4 地址来进行。

(8) Teredo 隧道。

Teredo 隧道是一种 IPv6-over-UDP 隧道。为了解决传统的 NAT 不能够支持 IPv6-over-IPv4 数据包的穿越问题,Teredo 隧道技术采用将 IPv6 数据封装在 UDP 载荷中的方式穿越 NAT,使得 NAT 域内的 IPv6 节点得到全球性的 IPv6 连接。

(9) 6PE。

随着 MPLS 技术和标准的成熟,出现一种新的基于 MPLS/VPN 的 IPv6 隧道机制。该方法将整个 MPLS 网络看成 IPv6 隧道,并充分利用 MPLS 的特性。该方案具有 MPLS 网络的一切优点,支持约束路由流量工程,可以把 IPv4 和 IPv6 的数据流当作不同的流,从而在核心网络中减小 IPv4/IPv6 争抢资源的影响。同时,由于在 MPLS 网络中转发是根据标记进行的,不需要数据层面支持 IPv6 的数据转发,即无需核心网络软硬件的升级,只需要边缘路由器具有配置 IPv6 的能力即可。当 IPv6 核心网络达到一定的规模,且当其数据量足够大时就可以采用这种方案。6PE 隧道的特点是使用现成的 MPLS/VPN 技术,不需要升级 ISP 的核心网络,只要将 PE 路由器升级 IPv4/IPv6 双栈,并在连接核心网络的接口上运行 MPLS 即可。6PE 技术减少了对现有的网络架构及业务的影响,比较适合于 ISP 及企业网络。

2. IPv6 网络与 IPv4 网络之间的互通

(1) Dual Stack Model。

Dual Stack Model 要求所有节点都支持双协议栈,这样就不存在 IPv4 与 IPv6 之间的相互通信问题。但是这种机制要给每一个 IPv6 的节点分配一个 IPv4 地址,不能解决 IPv4 地址空间耗尽的问题。

(2) Limited Dual Stack Model。

Limited Dual Stack Model 要求服务器和路由器仍然是双栈的,而非服务器的主机只需要支持 IPv6。这种机制可以节省大量的 IPv4 地址,但是不能在纯 IPv6 服务器和纯 IPv4 非服务器间直接通信,需要网关来协助完成。

(3) SOCKS64。

SOCKS64 是对原有 SOCKS 协议(RFC1928)的扩展,可接收 IPv4 节点的连接请求,并可转发给其他的 IPv4 或 IPv6 节点。它不需要修改 DNS 或者做地址映射,可用于 IPv6 节点连接纯 IPv4 节点、IPv6 网络中的 IPv4 节点和 IPv4 网络中的 IPv6 节点等多种环境。但由于 SOCKS64 相当于高层协议网关,因此实现的代价很大。

(4) SIIT(Stateless IP/ICMP Translation)。

SIIT 是无状态的 IP 协议和 ICMP 协议转换,对每个分组都进行翻译。SIIT 定义了

IPv6 和 IPv4 的分组报头进行转换的方法,但需要较大的备用 IPv4 地址池来分配 IPv4 地址,给需要与 IPv4 节点通信的 IPv6 节点。SIIT 可以和其他机制(如 NAT-PT)结合实现纯 IPv6 节点和纯 IPv4 节点间的通信,但在采用网络层加密和数据完整性保护的环境下不可用。

(5) NAT-PT。

NAT-PT 利用 NAT(Network Address Translation)技术将 IPv4 地址和 IPv6 地址分别看作 NAT 技术中的内部地址和全局地址,同时根据协议不同对分组做相应的语义翻译,从而使纯 IPv4 和纯 IPv6 节点之间能够透明通信。NAT-PT 在 IPv4 分组和 IPv6 分组之间进行基于会话的报头和语义翻译,因此是有状态的。对于一些内嵌地址信息的高层协议(如 FTP),NAT-PT 需要和应用层的网关协作来完成翻译。NAT-PT 克服了 SIIT 机制需要较大备用 IPv4 地址池的缺点,能够实现纯 IPv4 节点和纯 IPv6 节点的大部分通信应用,但在采用网络层加密和数据完整性保护的环境下将不能工作。

(6) BIS(Bump-In-the-Stack)。

BIS 机制允许在 IPv4 节点运行的不支持 IPv6 的应用程序能够与纯 IPv6 节点进行通信,要求在 IPv4 协议栈中插入三个特殊的扩展模块:域名解析模块、地址映射模块和报头翻译模块。其基本思想是当 IPv4 应用程序与纯 IPv6 节点通信时,将节点的 IPv6 地址映射成一个备用 IPv4 地址池中的 IPv4 地址。可以认为 BIS 是 NAT-PT 在主机节点 IP 协议栈的特例实现。

(7) TRT (Transport Relay Translator)。

TRT 机制和 NAT-PT 类似,但它是在传输层将一个 IPv4 的 TCP 或 UDP 连接与一个 IPv6 的 TCP 或 UDP 连接联系起来,也就是说是在传输层实现协议转换,而不是在网络层。

TRT 机制的每个连接都是真正的 IPv4 或 IPv6 连接。因此,可以避免 IP 分组分片和 ICMP 报文转换带来的问题,但对一些存在内嵌地址信息的高层协议(如 FTP),同样需要和应用层的网关协作来完成协议转换。

(8) DSTM(Dual Stack Transition Mechanism)。

DSTM 机制用于实现支持双协议栈但没有分配全球唯一 IPv4 地址的节点与纯 IPv4 节点的相互通信。其基本思想是当支持双协议栈的节点需要 IPv4 地址时,可以通过与 DSTM 服务器进行基于 IPv6 的通信(可采用扩展的 DHCPv6)临时得到一个 IPv4 地址并反映到 DNS 中。对于没有 IPv4 内部路由体系的情况,支持双协议栈的节点使用 IPv6 路由体系,IPv4 的数据报将会被封装到 IPv6 数据报中在节点内传输。

(9) ALG(Application Level Gateway)。

ALG 机制是应用层网关,在 IPv4 中就已经广泛应用,典型的有 HTTP 协议的代理。显然,当一个 ALG 同时支持 IPv4 和 IPv6 协议栈时,就可以作为 IPv4 和 IPv6 的协议转换网关。ALG 提供的每个服务都是单独的 IPv4 和 IPv6 连接,可以完全避免在 IP 层进行 IP 头标转换带来的一些问题。但 ALG 机制要求对每个应用编写单独的 ALG 代理,而且代理必须同时支持 IPv4 和 IPv6 两种协议,因此缺乏灵活性。

实施 IPv6 网络必须充分利用现有的网络环境构造下一代互联网,以避免过多的投资浪费。IPv4 因其出色的技术特性在互联网领域获得了巨大的成功,现在的互联网络是基于 IPv4 的,不可能将它们在短时间内都过渡到基于 IPv6 的网络。因此,在相当长的一段时期内,IPv6 网络将和 IPv4 网络共存。实现 IPv4 与 IPv6 的互操作及平滑过渡是目前面临的重要问题。

【实验目的】

(1) GRE 隧道与手动隧道的配置。

(2) 自动隧道的配置。

(3) 6to4 隧道的配置。

(4) ISATAP 隧道的配置。

(5) NAT-PT 的配置。

【实验内容】

(1) 掌握 GRE 隧道与手动隧道的原理及配置方法。

(2) 掌握自动隧道的原理及配置方法。

(3) 掌握 6to4 隧道的原理及配置方法。

(4) 掌握 ISATAP 隧道的原理及配置方法。

(5) 掌握 NAT-PT 的原理及配置方法。

【实验设备】

安装 Commware V7 版本软件的路由器三台,PC 两台,专用配置电缆一根,交叉双绞线两根,V35 电缆两对。网络拓扑结构如图 6.3 所示。

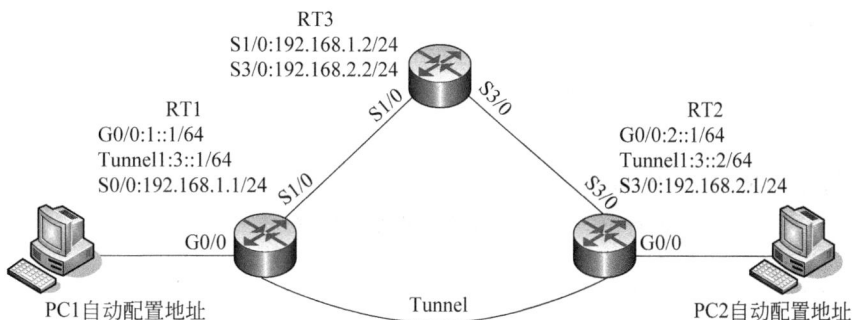

图 6.3 IPv6 隧道技术实验网络拓扑结构图

【实验步骤】

(1) 按照图 6.3 所示将网络搭建好。

(2) 建立网络连接:配置 PC1 与 RT1、PC2 与 RT2 之间的 IPv6 连接;配置 RT1 与 RT3、RT3 与 RT2 之间的 IPv4 连接。

① 对路由器 RT1 做如下配置：

```
<H3C>system-view
[H3C]sysname RT1
[RT1]ipv6
[RT1]interface GigabitEthernet0/0
[RT1-GigabitEthernet0/0]ipv6 address 1::1 64          //配置 GigabitEthernet 口的地址
[RT1-GigabitEthernet0/0]undo ipv6 nd ra halt          //取消对路由器发布的抑制
[RT1-GigabitEthernet0/0]interface Serial0/0
[RT1-Serial1/0]ip address 192.168.1.1 24             //配置 Serial 口的地址
[RT1-Serial1/0]shutdown
[RT1-Serial1/0]undo shutdown
[RT1-Serial1/0]rip
[RT1-rip]network 192.168.1.0
```

② RT2 的配置类似于 RT1，这里省略。

③ 对 RT3 做如下配置：

```
<H3C>system-view
[H3C]sysname RT3
[RT3]interface Serial1/0
[RT3-Serial1/0]ip address 192.168.1.2 24             //配置 Serial 口的地址
[RT3-Serial1/0]shutdown
[RT3-Serial1/0]undo shutdown
[RT3-Serial1/0]interface Serial3/0
[RT3-Serial3/0]ip address 192.168.2.2 24             //配置 Serial 口的地址
[RT3-Serial3/0]shutdown
[RT3-Serial3/0]undo shutdown
[RT3-Serial3/0]rip
[RT3-rip]network 192.168.1.0
[RT3-rip]network 192.168.2.0
```

（3）建立 GRE 隧道实验。

① 在第（2）步的基础上再对路由器 RT1 做如下配置：

```
[RT1]interface Tunnel 1
[RT1-Tunnel1]ipv6 address 3::1 64
[RT1-Tunnel1]source 192.168.1.1                      //设置隧道的源地址
[RT1-Tunnel1]destination 192.168.2.1                 //设置隧道的目的地址
[RT1-Tunnel1]tunnel-protocol gre                     //配置为 GRE 隧道模式
[RT1-Tunnel1]quit
[RT1]ipv6 route-static 2::0 64 tunnel 1
```

② RT2 的配置类似于 RT1，这里省略。

（4）手动隧道实验。

配置手动隧道与配置 GRE 隧道类似，只需将其中的：

```
[RT1-Tunnel1]tunnel-protocol gre          //配置为 GRE 隧道模式
```

修改为

```
[RT1-Tunnel1] tunnel-protocol ipv6-ipv4    //配置为手动隧道模式
```

即可。

（5）建立自动隧道实验。

① 在第（2）步的基础上再对路由器 RT1 做如下配置：

```
[RT1]interface Tunnel 1
[RT1-Tunnel1]ipv6 address :: 192.168.1.1 96
[RT1-Tunnel1] tunnel-protocol ipv6-ipv4 auto-tunnel
[RT1-Tunnel1]source 192.168.1.1              //设置隧道的源地址
```

② RT2 的配置类似于 RT1，这里省略。

（6）建立 6to4 隧道实验。

① 将第（2）步中对 RT1 配置中的：

```
[RT1-GigabitEthernet0/0]ipv6 address 1::1 64    //配置 GigabitEthernet 口的地址
```

修改为

```
[RT1-GigabitEthernet0/0]ipv6 address 2002:c0a8:101:1::1 64
                                       //配置 GigabitEthernet 口的地址
```

再对路由器 RT1 做如下配置：

```
[RT1-GigabitEthernet0/0]interface Tunnel 1
[RT1-Tunnel1]ipv6 address 2002: c0a8:101:2::1 64
[RT1-Tunnel1]source 192.168.1.1          //设置隧道的源地址
[RT1-Tunnel1]tunnel-protocol ipv6-ipv4 6to4
[RT1-Tunnel1]rip
[RT1-rip]import-route direct
[RT1-rip]quit
[RT1]ipv6 route-static 2002:: 16 tunnel 1
```

② RT2 的配置类似于 RT1，这里省略。

注意：由于 6to4 中使用特殊的 IPv6 地址，在本实验中 RT1 的配置为：G0/0 地址为 2002:c0a8:101:1::1/64，Tunnel1 地址为 2002:c0a8:101:2::1/64，S3/0 不变；RT2 的配置为：G0/0 地址为 2002:c0a8:201:1::1/64，Tunnel1 地址为 2002:c0a8:201:2::1/64，S3/0 不变。

（7）建立 ISATAP 隧道实验

实验目标是将双栈主机 PC1 连接到 PC2 所在的 IPv6 网络。在前面实验的基础上重新配置 PC1 和 RT1 即可。实验的拓扑结构如图 6.4 所示。

① PC1 的 IP 地址配置为 192.168.0.2，子网掩码为 255.255.255.0，网关为 192.168.0.1。

② 将第 2 步对 RT1 的配置命令：

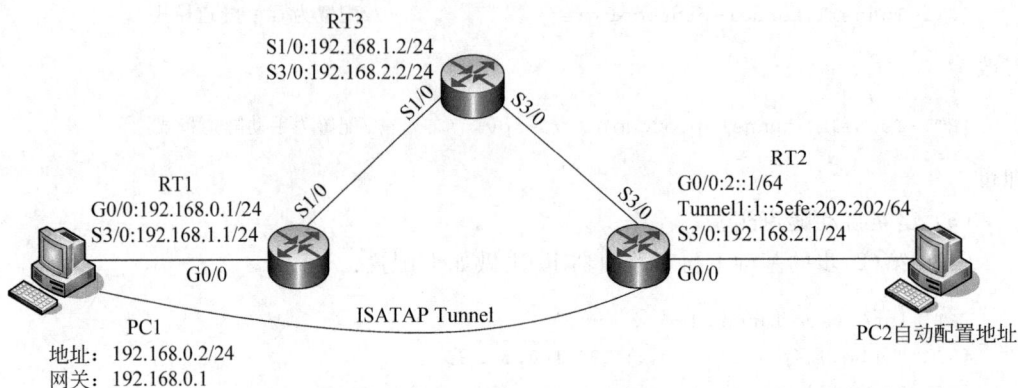

图 6.4　IPv6 ISATAP 隧道技术实验网络拓扑结构图

```
[RT1]ipv6
[RT1]interface GigabitEthernet0/0
[RT1-GigabitEthernet0/0]ipv6 address 1::1 64          //配置 GigabitEthernet 口的地址
[RT1-GigabitEthernet0/0]undo ipv6 nd ra halt          //取消对路由器发布的抑制
```

修改为

```
[RT1]interface GigabitEthernet0/0
[RT1-GigabitEthernet0/0]ip address 192.168.0.1 24
[RT1-GigabitEthernet0/0]rip
[RT1-rip]network 192.168.0.0
[RT1-rip]import-route direct
[RT1-rip]quit
```

③ 配置 ISATAP 隧道,首先在 PC1 上依次运行如下命令:

```
C:\Documents and Settings\Administrator>netsh
netsh>interface
netsh interface>ipv6
netsh interface ipv6>isatap
netsh interface ipv6 isatap>set router 192.168.2.1
```

④ 在 RT2 上做如下配置:

```
<H3C>system-view
[H3C]sysname RT2
[RT2]ipv6
[RT2]interface GigabitEthernet0/0
[RT2-GigabitEthernet0/0]ipv6 address 2::1 64          //配置 GigabitEthernet 口的地址
[RT2-GigabitEthernet0/0]undo ipv6 nd ra halt          //取消对路由器发布的抑制
[RT2-GigabitEthernet0/0]interface Serial3/0
[RT2-Serial3/0]ip address 192.168.2.1 24              //配置 Serial 口的地址
[RT2-Serial3/0]shutdown
```

```
[RT2-Serial3/0]undo shutdown

[RT2-Serial3/0]interface tunnel 1

[RT2-Tunnel1]ipv6 address 1::5EFE:c0a8:201 64

[RT2-Tunnel1]ipv6 nd ra router-lifetime 9000

[RT2-Tunnel1]undo ipv6 nd ra halt

[RT2-Tunnel1]source 192.168.2.1

[RT2-Tunnel1]tunnel-protocol ipv6-ipv4 isatap

[RT2-Tunnel1]rip

[RT2-rip]network 192.168.2.0

[RT2-rip]import-route direct
```

⑤ 检查 PC1 与 RT2 之间的 ND 相关状态,在 PC1 上运行:

```
Netsh interface ipv6>show add

Netsh interface ipv6>show routes
```

(8) NAT-PT 配置实验。

本实验的拓扑结构如图 6.5 所示。

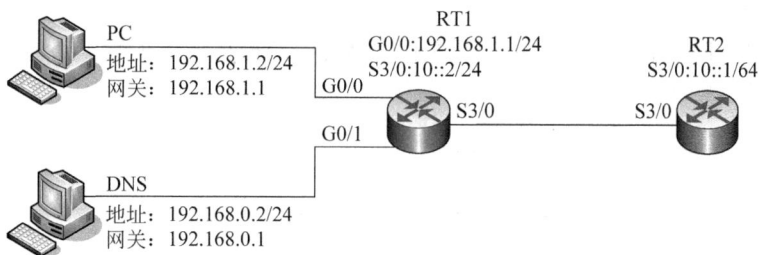

图 6.5　IPv6 NAT-PT 实验网络拓扑结构图

① 对 RT2 做如下配置以建立网络连接:

```
<H3C>system-view

[H3C]sysname RT2

[RT2]ipv6

[RT2]interface Serial3/0

[RT2-Serial3/0]ipv6 address 10::1 64          //配置 Serial 口的地址

[RT2-Serial3/0]shutdown

[RT2-Serial3/0]undo shutdown

[RT2-Serial3/0]quit

[RT2] ipv6 route-static :: 0 10::2
```

② 静态地址映射配置。配置以后 RT2(IPv6 网络内的主机)可以和 PC1(IPv4 网络内的主机)互通。要达到此目的,要完成两个任务:

a. PC1 如何在 IPv6 网络中标识自己,这里使用 11::2。

b. RT2 如何在 IPv4 网络中标识自己,这里使用 192.168.1.3。

对 RT1 做如下配置:

```
<H3C>system-view
[H3C]sysname RT1
[RT1]ipv6
[RT1]interface GigabitEthernet0/0
[RT1-GigabitEthernet0/0]192.168.1.1 24          //配置 GigabitEthernet 口的地址
[RT1-GigabitEthernet0/0]natpt enable            //使能 NATPT
[RT1-GigabitEthernet0/0]interface Serial3/0
[RT1-Serial3/0]ipv6 address 10::2 64            //配置 Serial 口的地址
[RT1-Serial3/0]natpt enable
[RT1-Serial3/0]shutdown
[RT1-Serial3/0]undo shutdown
[RT1-Serial3/0]quit
[RT1]natpt v4bound static 192.168.1.2 11::2     //配置 IPv4 侧报文的静态映射
[RT1]natpt v6bound static 10::1 192.168.1.3     //配置 IPv6 侧报文的静态映射
[RT1]natpt prefix 11:: interface GigabitEthernet0/0      //配置前缀
```

配置完成后在 RT2 上 ping 11::2 或者在 PC1 上运行 ping 192.168.1.3 验证是否配置正确。

③ 动态地址映射配置。只需将静态地址映射中的最后三条配置命令修改为：

```
[RT1]acl number 2000
[RT1-acl-basic-2000]rule 0 permit
[RT1-acl-basic-2000]quit
[RT1]natpt address-group 1 192.168.1.3 192.168.1.100
[RT1] natpt prefix 11::                 //配置前缀
[RT1]natpt v4bound dynamic acl number 2000 prefix 11::
                                                //配置 IPv4 侧报文的动态映射
[RT1]natpt v6bound dynamic prefix 11:: address-group 1
                                                //配置 IPv6 侧报文的动态映射
```

即可。

在 RT1 上查看 nat-pt 表项。

```
[RT1]display natpt session all
```

④ DNS-ALG 配置。

在实际的网络中，一个很自然的需求是利用域名访问网络内的主机，而不是利用 IP 地址。做 DNS Server 的软件比较多，如 SimpleDNS，对于本实验网络配置的域名如图 6.6 所示。

首先，在 PC 上配置 IP 地址、子网掩码、默认网关和 DNS Server。其方法为右击"网上邻居"图标，在弹出的快捷菜单中选择"属性"命令，在打开的"网络连接属性"窗口中右击"本地连接"，从弹出的快捷菜单中选择"属性"命令，在打开的对话框中选择 Internet 协议（TCP/IP）选项，单击中"属性"按钮，如图 6.7 所示。

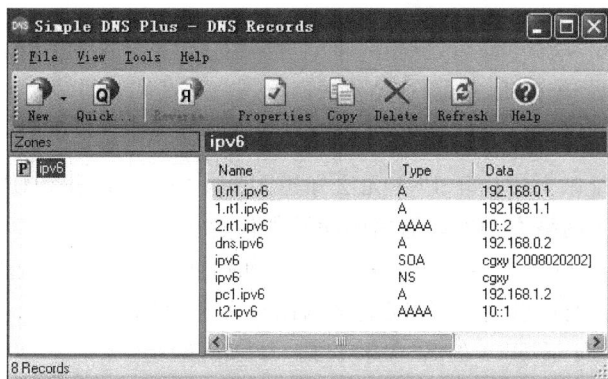

图 6.6　DNS Server 配置示意图

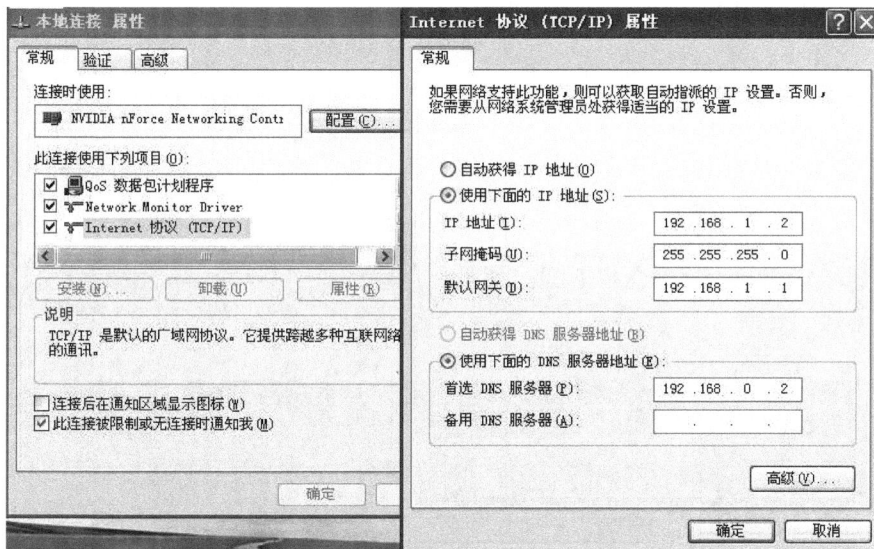

图 6.7　DNS Server 配置示意图

其次,在路由器 RT1 上配置 DNS Server 为 192.168.0.2。

```
[RT1]dns resolve
[RT1]dns server 192.168.0.2
```

第三,为了在 RT2 上也将 192.168.0.2 作为 DNS Server,需要建立 RT2 和 DNS Server 之间的 IPv6-IPv4 通信,这里使用 NAT-PT 建立它们之间的 IP 互通性。要达到此目的只需在动态地址映射配置的基础上做以下配置即可。

```
[RT1]interface GigabitEthernet0/1
[RT1-GigabitEthernet0/1]192.168.0.1 24
[RT1-GigabitEthernet0/1]natpt enable
```

最后,在路由器 RT2 上配置 DNS Server 为 192.168.0.2。

```
[RT2]dns resolve
[RT2]dns server 11::c0a8:2
```

【思考题】

(1) 在动态地址映射中由于 PC1 无法知道 IPv6 主机对应哪个 IPv4 地址，PC1 无法主动发起通信，IPv4 网络主动发起通信的问题如何解决？

(2) 既然无法从 PC1 主动发起通信，PC1 该如何回应从 RT2 发起的 Request 报文？

(3) DNS-ALG 配置以后，真的就能全网以域名通信吗？PC 能 ping 通 rt2. ipv6 吗？RT2 可以用域名 ping 通 RT1 的 S3/0 接口(2. rt1. ipv6)吗？

第 7 章　网络故障排除实验

网络故障是指网络因为某些原因而不能正常、有效地工作，或者网络连接出现中断。导致网络故障可能是硬件的问题、软件的漏洞、病毒的侵入等，这些因素都可以引起网络的故障。本章主要讲述网络常见故障的种类、产生的原因及相应的解决方法。

实验 7.1　物理层及以太网故障排除

【实验背景】

路由器的安装应严格按照安装手册进行，安装前应检查安装场所的温湿度、洁净度、静电、干扰、防雷击等是否满足要求；安装后应检查电源的输入电压幅值、频率、中性点的连接及保护地、接地电阻等是否满足要求；使用过程中的维护，如升级 BOOTROM、更换内存条功能模块接口卡等，要严格按照维护流程操作。

物理层故障排除关注点主要有开箱即无法使用、安装后无法正常使用、使用过程中发生故障。以太网常见问题有过度冲突、严重噪音干扰、异常帧问题和性能问题。以太网实现形式差异产生的问题有帧格式的匹配问题、工作方式匹配问题、工作速率的匹配问题和电缆连接问题。

【实验目的】

(1) 了解物理层常见的故障现象，分析造成故障的原因，掌握故障的排除方法。

(2) 掌握常见以太网故障的排除方法和步骤。

【实验内容】

对以太网中出现的故障分析原因并排除故障。

【实验设备】

路由器一台、服务器一台及相关的线缆。网络拓扑结构如图 7.1 所示。

图 7.1 以太网故障排除实验拓扑结构图

【实验步骤】

(1) 问题描述。如图 7.1 所示,RTA 配置了一个 2FE 模块,其中 G0/0 接口通过交叉网线和服务器相连,在服务器和 RTA 的物理链路时通时断。

(2) display 信息或 debugging 信息显示。

RTA 中 G0/0 的 link 灯亮一会,灭一会,不停反复,而 G0/1 口正常。通过 console 口登到 RTA,反复提示如下:

```
%Line protocol ip on interface GigabitEthernet0/0, changed state to DOWN
%Line protocol ip on interface GigabitEthernet0/0, changed state to UP
%Line protocol ip on interface GigabitEthernet0/0, changed state to DOWN
%Line protocol ip on interface GigabitEthernet0/0, changed state to UP
```

登录到服务器,反复提示如下两句:

```
JUN 9 10:30:30 I2000 UNIX:SUNW,hme0:100Mb/s half-duplex link up
JUN 9 10:30:30 I2000 UNIX:SUNW,hme0:Using Internal Transceiver
```

(3) 原因分析。

由于 RTA 以太口 G0/0 的 link 灯忽亮忽灭,按照分层法原则,检查下列几项:

① 可能是网线有问题,需检查网线的好坏。

② 检查服务器网卡的好坏和 RTA 2FE 模块的好坏。

③ 从告警可以估计到与传输速率有关,需进行配置分析。因为 RTA 以太网口默认情况是自适应的,而服务器的网卡也是自适应的,两者很可能因为速率不匹配造成网络的物理连接时通时断。

(4) 处理过程。

断开服务器与 RTA,从 RTA 的 G0/0 口用同一条网线接到便携机,便携机的网络配置与服务器的网络配置相同,此时 RTA 后 G0/0 的 link 灯常亮,表明网线是正常的。在超级终端上也没有先前的告警,仅提示%Line protocol ip on interface GigabitEthernet0/0, changed state to UP,表明 RTA 与便携之间的物理连接很稳定,因此表明网线和 2FE 模块正常。

便携机和服务器直连,可以 PING 通,排除服务器网卡原因。

对 RTA 的 G0/0 接口指定工作速率:

① 配置 G0/0 工作在 100Mb/s 速率下。

进入 G0/0 配置模式,执行:

```
[RTA-GigabitEthernet0/0) speed 100
```

GigabitEthernet0 running on 100M mode

反复出现告警如下：

%Line protocol ip on interface GigabitEthernet0/0, changed state to DOWN
%Line protocol ip on interface GigabitEthernet0/0, changed state to UP

且 RTA 中 G0/0 的 link 灯忽亮忽灭，问题没有解决。
② 配置 G0/0 工作在 10Mb/s 速率下。
进入 G0/0 配置模式，执行：

[RTA-GigabitEthernet0/0) speed 10
GigabitEthernet0/0 running on 10M mode

仅提示如下：

%Line protocol ip on interface GigabitEthernet0/0, changed state to UP

没有告警，且 RTA 上 G0/0 的 link 灯常亮。
查看 G0/0 的状态如下：

[RTA-GigabitEthernet0/0) display interface G0/0
GigabitEthernet0/0 is up, line protocol is up
  Hardware address is 00-e0-fc-06-2f-ee
  Auto-Negotiation is disabled, Full-duplex, 10Mb/s
  Internet address is 10.204.50.151 255.255.255.192 10.204.50.191
  Description: H3C Router, GigabitEthernet interface
  IP Sending Frames' Format is GigabitEthernet_II
  the Maximum Transmission Unit is 1500
  5 minutes input rate 24.60 bytes/sec, 0.41 packets/sec
  5 minutes output rate 0.00 bytes/sec, 0.00 packets/sec
  Input queue :(size/max/drops)
  0/200/0
  Queueing strategy: FIFO
  Output Queue :(size/max/drops)
  0/50/0
  14105 packets input, 866633 bytes, 0 no buffers
  777 packets output, 53112 bytes, 0 no buffers
  0 input errors, 0 CRC, 0 frame errors
  0 overrunners, 0 aborted sequences, 0 input no buffers

由以上信息可以看出，网络建立了稳定的物理连接。
PING 服务器的 IP 地址，返回信息如下：

[RTA-GigabitEthernet0/0) ping 10.204.50.150
PING 10.204.50.150: 56 data bytes, press CTRL_C to break
Reply from 10.204.50.150: bytes=56 Sequence=0 ttl=255 time=3 ms
Reply from 10.204.50.150: bytes=56 Sequence=1 ttl=255 time=2 ms

...

可以看出,问题已经解决了。正是由于 RTA 的 G0/0 接口和服务器的网卡工作速率不同而导致了双方间的物理链路时通时断。

(5) 说明。

许多网卡自适应功能并不太好,在与我们的路由器或以太网交换机连接时,如果发现网络连接不通,排除网线问题后,很可能就是速率的匹配问题,不妨在某一方指定速率大小,一般都能解决此问题。

【以太网常见故障现象产生的原因及处理方法】

(1) 对于开箱即无法使用的故障,绝大部分是由运输、仓储等环节的环境不满足要求所致;少部分是由插拔模块或电缆不当导致接插件硬性故障引起;极少部分是由版本不配套引起。对于此类问题,可按以下步骤进行处理:

① 可先对接口卡或主板上的器件进行检查,看有无器件脱落或被压变形。对 BOOTROM 或内存条的插座也要重点检查,看有无插针无法弹起。

② 对 PCI 侧的插针、物理接口(包括电缆)的插针进行检查,看是否有弯针。

③ 当没有查到上述硬件故障后,可考虑更换或升级 BOOTROM、内存条或主机版本。

(2) 对于安装后无法正常使用的故障可能是由以下几方面引起:

① 线路连接问题。如线路阻抗不匹配、线序连接错误、中间传输设备故障。

② 与其他设备有兼容性问题。

③ 接口配置问题。

④ 电源或接地不符合要求。

⑤ 在安装过程中也要考虑模块接口电缆所支持的最大传输长度、最大速率等因素。

(3) 对于使用过程中发生的故障排除人为造成的损坏外,可能是由以下几方面引起:

① 电源、接地和防护方面不符合要求,在有电压漂移或雷击时造成器件损坏。

② 传输线受到干扰。

③ 中间传输设备故障。

④ 环境的温湿度、洁净度、静电等指标超出使用范围。

在故障定位的过程中,可把不必要的相连设备先去掉,缩小故障定位的范围,从而有利于快速准确地定位故障。

(4) 对于以太网网络工作不正常时,首先要确定故障是否确实出现在局域网上。一般采用如下方法判别:

① 从位于同一局域网的主机使用 Ping 程序来测试路由器以太网口的可达性,如果无返回报文或返回报文时延很大,或丢包现象严重,则以太网工作不正常。

② 使用 display 命令查看路由器以太网口的统计信息,如果观察到接收的错误帧数目快速增加,也可确定以太网工作不正常。

确定是以太网的故障后,就可以按照 OSI 模型来分层进行故障排除。

① 查看主机和路由器的局域网连接是否正确。

若使用 Hub 或 LAN Switch 连接以太网,请确认 Hub 或 LAN Switch 上的相应连接 (Link)指示灯的亮灭状态。如果均为亮,则表明主机与路由器的以太网接口及网线物理上是正常的,否则请更换网卡、网线、路由器或其相应接口模块等物理设备。

② 考虑速率匹配问题。

在检查 H3C 系列路由器的快速以太网接口连接问题时,以下两条提示信息很有帮助。这两条信息都是在用户执行速率选择命令或连接网线时输出在控制台上的:

```
GigabitEthernet 0/0: Warning--the link partner do not support 100M mode
GigabitEthernet 0/0: Warning--the link partner may not support 10M mode
```

其中第一条提示信息表明 H3C 系列路由器以太网接口检测到所连接的对端不支持 100Mb/s 工作速率,而本端的配置为强制工作在 100Mb/s 速率下。此时用户应确认对端也进行了相应配置,使之能够工作于 100Mb/s 速率下。第二条提示信息表明 H3C 系列路由器以太网接口检测到所连接的对端有可能不支持 10Mb/s 工作速率,而本端的配置为强制工作在 10Mb/s 速率下。此时用户应确认对端能够工作于 10Mb/s 速率下。不过,当 H3C 系列路由器快速以太网接口连接 Hub 的 10/100Mb/s 自适应端口时,此条信息并不意味着设置错误。

③ 查看主机和路由器的以太网接口的 IP 地址是否位于同一子网内,即二者的网络地址必须相同。如果不在同一子网内,请重新设置 IP 地址。

④ 查看链路层协议是否匹配。

⑤ 查看以太网接口的工作方式是否正确。

实验 7.2　数据链路层故障排除

【实验背景】

数据链路层在物理层提供服务的基础上向网络层提供服务,其最基本的服务是将数据可靠地传输到相邻节点的目标主机网络层。串行链路上支持的链路层协议有 PPP、HDLC、Frame Relay、X.25 等。

PPP 配置的常见问题有物理链路的配置不当导致链路不能互通、参数设置不当导致和某些设备互通时协商不通过、MP 绑定参数设置错误、HDLC 的 keepalive 设置不匹配、物理链路故障导致 PPP 链路不能 UP、和某些非标准设备使用 PPP 互通时协商不通过、使用异步口互通时对端设备不支持字符转义、没有接口路由导致 PPP 链路不可用。

帧中继配置的常见问题有电缆和端口等硬件问题、本地管理接口(Local Management Interface,LMI)类型不匹配、没有发送 keepalive 报文、封装类型不匹配、DLCI 没有激活或已被删除、DLCI 被指派给错误的子接口、通过帧中继连接,ping 对端路由器失败、通过帧中继连接,ping 不通远程网络设备。

X.25 配置的常见问题有 X.25 链路协议 down。

【实验目的】

(1) 了解数据链路层常见的故障现象。

(2) 学会分析造成故障的原因。

(3) 掌握故障的排除方法。

【实验内容】

对数据链路层中出现的故障分析原因并排除故障。

【实验设备】

两台路由器及相关的连接电缆。网络拓扑结构如图 7.2 所示。

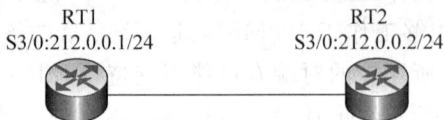

图 7.2   数据链路层故障排除实验拓扑结构图

【实验步骤】

(1) 两台路由器如图 7.2 所示背靠背连接,在串口上封装帧中继,分别出现如下故障现象,请分别分析其原因并加以解决。

① 用 display interfaces 看接口状态,接口物理状态 UP,而协议状态却总是 DOWN。

② 配置了同一网段的 IP 地址,用 display interface 看接口状态,接口物理状态和协议状态都 UP 了,却互相 PING 不通。

③ 两台路由器可通。启动 RIP,过一段时间查看路由表,双方都没有到对端的 RIP 路由。

(2) 对于现象①有如下几种可能原因:

① 两端接口均是 DCE 或 DTE。

② LMI 类型两端不一致。

由以上信息可以看出,此例属于 LMI 类型两端不一致,因为 H3C 路由器封装 Frame Relay 时的默认 LMI 类型是 Q933,所以本例中 DCE 端的 LMI 类型即为 Q933,而 DTE 端配置了 LMI 类型为 ANSI,则两端无法一致。

需注意的一点是,如果此例中 DCE 端配置了 LMI 类型为 ANSI,而 DTE 端不配置,则 DTE 端可由 LMI 协议自动学到对端的 ANSI 类型,从而使自己的 LMI 类型也为 ANSI。这种情况下协议是可以 UP 的。

针对以上原因分析,配置相应的命令即可。

① 一段接口类型设置为 DCE,另一段设置为 DTE(默认)。

② 两端接口 LMI 类型必须一致。

(3) 对于现象②有如下可能原因:

本地没有到对端的 MAP。

配置了 Frame Relay 的接口只要 LMI 类型与对端一致,则协议就会 UP,不管是否配置了 IP 地址,也不管是否有到对端的 MAP。而在 Frame Relay 网络中要想互通,除了接口协议要 UP 外,还要有相应的 MAP,无论是静态还是动态 MAP。

针对以上原因分析,配置相应的 MAP 即可。下面是配置静态 MAP 命令:

① 在 RT1 端配置。

```
[RT1-Serial3/0]fr map ip 212.0.0.2 100
```

② 在 RT2 端配置。

```
[RT2-Serial3/0]fr map ip 212.0.0.1 100
```

(4) 对于现象③有如下几种可能原因:

① Frame Relay 的 MAP 分为两种:静态与动态。其中静态 MAP 是指通过 fr map ip X.X.X.X　number〔broadcast〕命令配置的;而动态 MAP 是指通过 INARP 协议动态学来的,而非配置建立的。

② 动态 MAP 的属性为 broadcast,而静态 MAP 除非配置了 broadcast 关键字,属性才是 broadcast,否则不支持 broadcast。

③ 只有 broadcast 类型的 MAP(无论静态还是动态)才会传送广播或多播报文。

通过以上分析可以得出,因为 RIP 是发广播(或组播)报文来建立路由项的,双发都配置了静态 MAP,但是没有配置 broadcast 关键字,无法发送 RIP 协议的广播报文,导致双发的 RIP 路由信息无法交换。

针对以上原因分析,配置相应的命令即可。

① 在 RT1 端配置带 Broadcast 关键字的静态 MAP。

```
[RT1-Serial3/0]fr map ip 212.0.0.2 100 broadcast
```

② 在 RT2 端配置带 Broadcast 关键字的静态 MAP。

```
[RT2-Serial3/0]fr map ip 212.0.0.1 100 broadcast
```

【数据链路层常见故障现象产生的原因及处理方法】

1. PPP 故障产生的原因及处理方法

PPP 作为数据链路层协议,需要由物理层提供数据收发服务,并为网络层提供数据报文的封装,网络层参数协商等功能。因此,利用 PPP 来解决设备问题时,也应该主要从这两方面入手。

(1) 物理层问题分析。

设备表现为广域网接口无法正常使用时,首先应该从物理层开始检查。使用 display interface 命令查看接口信息,例如执行命令 display interface bri 0/0(BRI 接口 0/0)或 display interface serial 3/0(串口 3/0),根据显示信息中的"硬件设备状态"和"LCP 状态"判断物理层是否正常。

下面是一个 H3C 路由器的例子：

```
<H3C>display interface Serial 3/0
Serial3/0 current state :UP
Line protocol current state :DOWN
Description : Serial3/0 Interface
The Maximum Transmit Unit is 1500, Hold timer is 10(sec)
Internet Address is 212.0.0.2/24
Link layer protocol is PPP
LCP reqsent
Output queue : (Urgent queue : Size/Length/Discards)   0/50/0
Output queue : (Protocol queue : Size/Length/Discards) 0/500/0
Output queue : (FIFO queuing : Size/Length/Discards)   0/75/0
Physical layer is synchronous, Loopback,Baudrate is 64000 b/s
Interface is DCE, Cable type is V35
Last clearing of counters: Never
    Last 300 seconds input rate 11.09 bytes/sec, 88 bits/sec, 0.70 packets/sec
    Last 300 seconds output rate 11.09 bytes/sec, 88 bits/sec, 0.70 packets/sec
    Input: 14123 packets, 262139 bytes
          0 broadcasts, 0 multicasts
          0 errors, 0 runts, 0 giants
          0 CRC, 0 align errors, 0 overruns
          0 dribbles, 0 aborts, 0 no buffers
          0 frame errors
    Output:14118 packets, 257681 bytes
          0 errors, 0 underruns, 0 collisions
          0 deferred
    DCD=UP  DTR=UP  DSR=UP  RTS=UP  CTS=UP
```

Serial3/0 is up 表明物理层状态 UP。此外，Serial3/0 可能为 down、administratively down、standby，其中 down 说明物理层工作异常，应检查物理层配置及设备问题。administratively down 说明物理层被人为关闭，此时可以执行 undo shutdown 命令手工打开此端口。standby 是在使用接口备份功能，备份口的一种状态，也表示接口物理层不可用。

LCP 状态也表明了物理层是否向链路层上报 lowerup 消息，物理层未发送 lowerup，PPP 未发送 open 消息，LCP 应处于 initial 状态；如物理层发送了 lowerup，PPP 已发送 open 消息，发出 CONFREQ 报文，LCP 应处于 req-send 状态；如物理层发送了 lowerup，PPP 已发送 open 消息，发出 CONFREQ 报文和 CONFACK 报文，LCP 应处于 ACKSENT 状态；如物理层发送了 lowerup，PPP 未发送 open 消息，LCP 应处于 starting 状态。如物理层未通，应先查找物理层未通的原因。

（2）LCP 问题分析。

执行命令 display interface bri 0/0（BRI 接口 0/0）或 display interface serial 3/0（串口 3/0），如显示 LCP 协议未进入 OPENED 状态，可考虑为 LCP 的问题。此方面的问题

一般较少出现,如出现应该打开 debugging ppp packet all,首先检查物理接口的报文收发是否正常,如果确认接口的报文收发正常,并且有大量的 CONFNAK、CONFREJ 报文出现,或者出现 TERMACK、CODEREJ、PROTREJ 之类的报文,可以说明是协商的问题,再根据报文协商项内容分析无法协商成功的原因。

（3）验证问题分析。

使用 display interface 命令查看接口信息,如显示 LCP 协议进入 OPENED 状态,而 IPCP 依然为 Initial 状态,或者 LCP 变为 OPENED 状态后又很快重新开始协商,可考虑为验证的问题。由于此状态为临时状态,不易观察,也可通过 debugging ppp all 来观察。如果成功协商了验证,PPP 会打印出 PAP 或 CHAP 验证的报文,如果验证失败,会打印出 PPP authentication failed 信息,可以根据报文的具体内容分析验证失败的原因。有时配置了验证,但是 LCP 协商过程中该协商项被拒掉,LCP 进入 OPENED 状态会立即重新协商,此时若通过 debug ppp all 观察,可以看到对端未通过验证的提示信息,例如 The opposite terminal haven't pass the chap authentication！。

（4）IPCP 问题分析。

使用 display interface 命令查看接口信息,如显示 LCP 协议进入 OPENED 状态,而 IPCP 处于 REQ_SEND 或 ACK_RCVD,并观察 PPP 报文有大量的 IPCP 报文收发,可说明路由器 IPCP 协商有问题。若 IPCP 处于 STOPPED 状态,也可能是收到 IPCP 的 TERMREQ 或 CODEREJ 导致状态迁移。阅读 IPCP 报文,可分析出问题原因。由于 IPCP 必须协商的参数为 IP 地址,其他为可选择参数,一般来说是 IP 地址配置有问题,无法进行 IPCP 协商,此时应给两端接口配置 IP 地址。此外,如果是访问 Internet,可不配置 IP 地址,但应该配置 ip address ppp-negotiate。

（5）其他问题分析。

如 LCP、IPCP 均已经进入 OPENED 状态,但是 Ping 报文无法互通,可考虑路由的原因,可采用直接 ping 此接口对端的 IP 地址,如能够互通,证明 PPP 对 IP 报文的封装情况正常。如依然有问题,但 LCP 和 IPCP 始终处于 OPENED 状态,可考虑是否链路误码率较高,此情况比较少见。

（6）PPP、HDLC 和 SLIP 故障相关的 display、debugging 命令介绍。

- debugging ppp｛ debugging-option ｝［interface type number］
  //用于打开 PPP 调试信息开关
- display ppp mp［interface interface-type interface-num］
  //用于显示 MP 绑定的接口及绑定关系,还可以显示出 MP 链路建立的时间,验证的用户名和协商的终端标示符等信息
- debugging hdlc｛ debugging-option ｝　　//用于打开 HDLC 调试信息开关
- debugging slip｛event｜error｜packet｜all｝　//用于打开帧中继报文调试信息开关

2. 帧中继故障产生的原因及处理步骤

在帧中继链路上的连接失败,通过 display interface 命令输出显示接口和链路协议均 down,或是接口 up 而链路协议 down。这种情况下可能的故障原因有以下几种。

（1）电缆、端口等硬件问题。其排错步骤如下：

① 使用 display interface 命令查看端口和链路协议是否 up。

② 如果接口和链路协议均 down,检查电缆,确定是否为 DTE 串口电缆并确认电缆安全连接。

③ 如果线缆连接正确,尝试着将其连到另一接口。如果该接口工作正常,则说明第一个接口有问题,更换接口卡或路由器。

④ 如果电缆在第二个接口上也不能工作,更换电缆。如果更换后仍不能正常工作,则可能是 DCE 的问题。

(2) LMI(本地管理接口)类型不匹配。其排错步骤如下:

① 使用 display interface 或者 display current-configuration 来观察接口状态。

② 如果输出显示接口 up,但链路协议 down,使用 display interface 命令查看是否在帧中继接口上配置了 LMI 类型。

③ 确认路由器与本端帧中继交换机上的 LMI 类型相同,如果不同,使用 fr lmi type {ansi | nonstandard | q933a}接口命令来配置该路由器的 LMI 类型值。

(3) 没有发送 keepalive 报文。其排错步骤如下:

① 使用 display interface 查看是否配置了发送 keepalive 报文。如果看到一行 keepalives not set,则说明 keepalives 报文没有配置。

② 使用 timer hold seconds 命令配置 keepalives,该命令的默认值为 10s。

(4) 封装类型不匹配。其排错步骤如下:

① 当用 H3C 设备与非 H3C 设备互联时,必须在两端设备上使用 IETF 封装方式。使用 display interface 或者 display current-configuration 来检查 H3C 设备的封装方式。

② 如果 H3C 设备没有使用 IETF 封装,用 link-protocol fr ietf 接口配置命令在 H3C 设备的帧中继接口上配置 IETF 封装方式。

(5) DLCI 没有激活或已被删除。其排错步骤如下:

① 使用 display fr pvc-info 观察接口 PVC 的状态。

② 如果输出显示 PVC 没有激活或已被删除,可能是到对端路由器的路径问题,检查到对端路由器的路径。

(6) DLCI 被指派给错误的子接口。其排错步骤如下:

① 使用 display fr pvc-info 检查分配的 DLCI,确信 DLCI 分配正确。

② 如果 DLCI 分配无误,依次使用 shutdown 和 undo shutdown 命令重置主接口。

(7) 通过帧中继连接,ping 对端路由器失败,可能原因有:封装类型不匹配;DLCI 没有激活或已被删除;DLCI 被指派给错误的子接口;访问控制列表设置不当;缺少 fr map 命令配置;在 fr map 命令中缺少 broadcast 关键字等。如果访问列表配置有误,其排错步骤如下:

① 使用 display acl 命令查看路由器是否配置了访问控制列表。

② 如果存在控制列表,使用 undo packet-filter 命令去掉列表并测试此时的连通性,看是否链路已通。

③ 如果连接恢复,重新加上访问限制,但注意一次仅加上一条限制,再观察加上限制后的连通性。

④ 如果发现某条 ACL 语句所加的限制阻碍了连接,审查该语句有没有拒绝合法的流量,同时要显式地为允许通过的流量加上 permit 说明。

⑤ 继续上述过程,直至所有的访问控制列表均恢复且连接正常。

如果缺少 fr map 命令配置,采用如下排错步骤:

① 使用 display fr map 命令查看路由器是否为 DLCI 配置了地址映射。

② 如果 DLCI 缺少地址映射配置,依次输入 reset fr inarp-info 和 display fr map-info 命令查看是否存在对 DLCI 的地址映射。

③ 如果没有对 DLCI 的映射,使用 fr map 为其添加静态的地址映射。

④ 确认 fr map 命令中 DLCIs 和下一跳地址正确,定义的协议地址应与本地帧中继接口处于同一子网内。

如果在 fr map 命令中缺少 broadcast 关键字,采用如下排错步骤:

① 使用 display current-configuration 命令查看连接两端路由器的配置。检查 fr map 命令中 broadcast 关键字是否定义。

② 如果关键字没有定义,将其添加到所有的 fr map 配置中。

(8) 通过帧中继连接,ping 不通远程网络设备。可能原因有:水平分割问题;在工作站上没有设置默认网关等。如果怀疑是水平分割问题,其排错步骤如下:在帧中继环境中配置子接口来避免水平分割问题。

如果怀疑在工作站上没有设置默认网关,采用以下排错步骤:

① 尝试从本地的设备(工作站或服务器)ping 远端的设备(工作站或服务器)。如果第一次不成功,请多试几次。

② 如果所有的尝试均告失败,检查一下从本地的设备是否能够 ping 通本地路由器的帧中继接口。

③ 如果不能 ping 通本地接口,检查本地设备的默认网关设置。

④ 如果本地没有设置默认网关,则将其配置为本地路由器局域网口的地址。

(9) 帧中继故障相关的 display、debugging 命令介绍。

- display fr lmi-info [interface interface-type interface-num]
  //显示 LMI 协议的配置信息及统计信息。Q.933 信令帧用于维护当前帧中继链路,包括状态询问报文和状态消息报文。根据这些显示信息,可以帮助用户进行故障的诊断

- display fr map-info [interface interface-type interface-num]
  //显示帧中继地址映射表。根据该命令的显示信息可以查看用户配置的静态地址映射是否正确,以及动态地址映射是否工作正常等

- display fr statistics [interface interface-type interface-num]
  //显示帧中继当前收发数据的统计信息。根据该命令的输出信息可以进行帧中继的流量统计和帮助故障诊断等

- display fr pvc-info [interface interface-type interface-num]
  //显示帧中继永久虚电路表。该命令显示帧中继的永久虚电路状态和该虚电路收发数据的统计信息。根据这些显示信息可以帮助用户进行故障诊断

- display fr inarp-info [interface interface-type interface-num]
  //显示帧中继逆向地址解析协议的报文统计信息。帧中继逆向地址解析协议的报文包括地址解析请求报文和地址解析响应报文。根据该命令的输出信息可以诊断逆向地址解析协议是否正常工作
- debugging fr { all | congestion | de | event | fragment | inarp | lmi | mfr control | packet | transmit-rate } [interface interface-type interface-number [dlci dlci-number]]   //用来打开帧中继调试信息开关
- undo debugging fr { all | congestion | de | event | fragment | inarp | lmi | mfr control | packet | transmit-rate } [interface interface-type interface-number [dlci dlci-number]]   //用来关闭帧中继调试信息开关

3. X.25 故障产生的原因及处理方法

X.25 链路上的连接失败,通过 display interface 命令输出显示接口和链路协议均 down,或是接口 up 而链路协议 down。X.25 链路协议 down 的可能原因有:电缆、端口等硬件问题;工作方式问题和 map 或 PVC 配置问题等。

(1) 如果有电缆、端口等硬件问题,查看电缆、接口等硬件设施是否连接正确,一般物理层线路故障的排除可以通过检查硬件得到解决。如果物理层 up 后,X.25 仍然不能连通,采用如下排错步骤:

① 使用 display interface 命令查看端口和链路协议是否 up。

② 如果接口和链路协议均 down,检查电缆,确定是否为 DTE 串口电缆,并确认电缆安全连接。

③ 如果线缆连接正确,尝试着将其连到另一接口。如果该接口工作正常,则说明第一个接口有问题,更换接口卡或路由器。

④ 如果电缆在第二个接口上也不能工作,更换电缆。如果更换后仍不能正常工作,则可能是 DCE 的问题。

(2) 如果工作方式不正确,采用如下排错步骤:

① 使用 display interface 或者 display current-configuration 来观察接口的配置。

② 如果输出显示两端都是封装 DTE 或是 DCE,需要将一端的配置改变,即两端分别是 DTE 和 DCE 方式。

(3) 如果没有配置 map 或没有 PVC,采用如下排错步骤:

① 使用 display x25 vc、display x25 map 来观察接口 VC、map 的状态。

② 如果输出显示没有 VC 或没有 map,可能是没有配置到对端的地址映射;没有配置对端到本端的地址映射;没有配置本地的 X.121 地址;对端没有配置 X.121 地址;或者两端虚电路的范围配置不正确,通过使用 display current-configuration 来检查配置的正确与否。

(4) X.25 故障相关的 display、debugging 命令介绍。

- display x25 map   //用来显示 X.25 地址映射表
- display x25 switch-table svc{dynamic|static}   //用来显示 X.25 交换路由表
- display x25 switch-table pvc   //用来显示 X.25 交换虚电路表

- display x25 vc [lci]　　　　　　　　　//用来显示 X.25 虚电路
- debugging x25{all|error|event|packet}　//用来打开 X.25 的调试开关
- undo debugging x25{all|error|event|packet}　//用来关闭 X.25 的调试开关

x25 debugging 命令使用建议：如果刚配置为 X.25,物理已经报 UP,但协议迟迟没有报 UP,怀疑虚电路范围两端配置不正确可以打开 event DEBUGGING 信息。也可以通过 display 命令查看相应的配置是否正确,map 和 vc 是否建立。

实验 7.3　网络层故障排除

【实验背景】

路由协议是用来确定到达路径的,起到一个地图导航,负责找路的作用。它工作在网络层,网络层常见的路由协议有 RIP、OSPF、BGP 等。RIP 协议常见的故障有 RIP 路由无法加入路由表和 RIP 路由更新无法发送;OSPF 协议常见的故障有 OSPF 无法形成邻居关系、OSPF 邻接关系停滞在异常状态、OSPF 路由无法通告、OSPF 路由无法加入路由表和 SPF 重复计算;BGP 协议常见的故障有 BGP 邻居无法建立、已经建立好的邻居关系又失败了、BGP 路由无法发布、BGP 路由无法接收和路由选择不一致。

【实验目的】

(1) 掌握 RIP 协议的故障诊断和排除。
(2) 掌握 OSPF 协议的故障诊断和排除。
(3) 了解 BGP 协议和策略路由的故障诊断和排除。

【实验内容】

(1) RIP 协议的故障诊断和排除。
(2) OSPF 协议的故障诊断和排除。

【实验设备】

两台路由器及相关的连接电缆。网络拓扑结构如图 7.3 所示。

RT1　　　　　　　　　　　　　RT2
S3/0:212.0.0.1/24　　　　　　　S3/0:212.0.0.2/24

图 7.3　网络层故障排除实验拓扑结构图

【实验步骤】

(1) 两台路由器如图 7.3 所示背靠背连接,在路由器上进行了相关的配置,分别出现如下故障现象,请分别分析其原因并加以解决。

① RT1 和 RT2 都无法学习到对端设备的路由。

② 两台运行 RIP 协议的路由器在物理连接正常的情况下一台可以学习到路由,另一台无法学习到路由。

③ RT1 与 RT2 采用点到多点子接口通过帧中继网络互联,RT1 与 RT2 都无法学习对方路由。

④ 两台路由器之间配置了 OSPF 协议,但 OSPF 邻居关系无法建立。

(2) 对于现象①进行如下排障:

① 在 RT1 上 ping RT2 的 Loopback0 接口地址,发现不通,增加静态路由后可以实现互通。

② 在 RT2 上用命令 debugging rip 查看 RIP 调试信息,发现如下信息:

```
* Dec 5 16:43:33:109 2011 RT2 RM/6/RMDEBUG: RIP 1 : Can not find interface for
source address.
```

原因是 RT2 在收到路由更新后会检查更新报文中的源地址。如果源地址与端口的 IP 地址不在同一个网段,那么会导致源检查失败,相应的路由无法加入路由表。

针对这个现象在 RT1、RT2 上关闭更新源检查即可。

```
[RT1-rip-1]undo validate-source-address
[RT2-rip-1]undo validate-source-address
```

(3) 对于现象②进行如下排障:

① 在路由器上执行 display ip routing-table 命令查看路由表,每个路由器都能学习到对方路由器直连的以太网路由。

② 在 RT2 上用命令 debugging rip 调试开关,发现如下信息:

```
Dec 4 20:03:55:500 2008 RTB RM/3/RMDEBUG: RIP 1 : Ignoring this packet.Version is
not configured.
```

造成这种现象的原因是缺省情况下,启用 RIP 的接口发送 RIP 版本 1 的报文,同时可以识别 RIP 版本 2 的报文。如果显式指定接口使用 RIP 版本 2,则启用 RIP 的接口只能识别 RIP 版本 2 的报文,忽略 RIP 版本 1 的报文。

针对这个现象将其中一个路由器的 RIP 版本进行调整,使其和另外一个路由器的 RIP 版本保持一致,以互相学习到正确的路由。

(4) 对于现象③进行如下排障:

① 打开 RT1 和 RT2 debug rip 调试开关。

RT1 和 RT2 的接口都在定期发送 RIP 更新,但是双方都没有收到对方发过来的 RIP 更新。

② 用 Ping 来检查 RTA 与 RTB 间直连链路的连通性,正常。

③ 检查 RT2 上帧中继的静态 MAP,得到如下信息:

```
<RT2>display fr map-info
Map Statistics for interface Serial3/0 (DCE)
```

```
DLCI=100, IP 212.0.0.2, Serial3/0.1
create time=2012/8/05 12:21:25, status=ACTIVE
encapsulation=ietf, vlink=10
```

因输出中没有参数 broadcast,说明链路不允许发送广播报文或组播报文。

针对这个现象调整 RT1 和 RT2 的配置,增加静态 MAP 的广播属性,允许广播或组播报文在链路上传送。其调整过程如下:

```
[RT1-Serial3/0.1]fr map ip 212.0.0.2 100 broadcast
[RT2-Serial3/0.1]fr map ip 212.0.0.1 100 broadcast
```

(5) 对于现象④进行如下排障:

① 用 display interface GigabitEthernet0/0 分别查看两台路由器的以太网接口,得到如下信息:

```
[RT1-GigabitEthernet0/0] ip address 192.168.0.1 255.255.255.0
[RT2-GigabitEthernet0/0] ip address 192.168.1.1 255.255.0.0
```

② 在 RT1 上 Ping RT2,可达。

③ 在 RT1 上用 debugging ospf packet 查看调试信息,得到如下信息:

```
Dec 20 10:56:17:62 2011 RTA RM/6/RMDEBUG:Hello: netmask mismatch.
```

以上信息表明,RT1 收到了 RT2 发出的 OSPF Hello 报文,但是由于 RT2 的接口掩码与本地接口的掩码不匹配,导致 OSPF 无法完成邻居建立过程。

针对这个现象调整修改 RT2 以太网接口地址的掩码与 RT1 的相同。

【网络层常见故障现象产生的原因及处理方法】

1. RIP 故障产生的原因及排除的一般步骤

(1) RIP 路由无法加入路由表故障排查。

① 接口是否正确启动 RIP 协议。Network 命令包含在接口上使能 RIP 和在 RIP 更新中发布相应的路由两层含义。

② Filter-policy 是否设置正确。Filter-policy 命令设置不当,拒绝了相应路由加入路由表。

③ ACL 配置是否拒绝了路由更新报文。

④ RIP v1 不连续子网问题。RIP v1 是有类路由协议,在不连续子网的情况下会导致子网路由缺失。

⑤ RIP 更新的源合法性检查。更新报文源地址是否与本端同一网段、更新报文源地址是否对端接口地址。

⑥ RIP 版本不兼容。

⑦ RIP 认证配置是否正确。

⑧ 引入或接收的 RIP 路由度量值过大。确保路由在网络中传播时不会由于度量值达到 16 而被丢弃。

（2）RIP 路由更新无法发送故障排查。

① Network 命令配置是否正确。错误的配置或没有配置 network 命令，RIP 就不会在那个接口上运行，路由无法发送。

② Filter-policy、ACL 是否设置正确。

③ 发送接口是否设置为静默端口。输出接口设置为静默端口，任何 RIP 更新都不会从该接口发送出去。

④ 非广播网络是否支持广播流量。NBMA（帧中继）网络，设置 Broadcast 属性。

⑤ 单播情况下 RIP 邻居是否正确。

⑥ 路由更新是否与接口子网掩码相同。

⑦ 水平分割引起的问题。点到多点帧中继网络，开启或关闭水平分割都可能产生问题，可能的情况下最好采用划分多个子接口的方式解决问题。

（3）解决 RIP 故障常用命令介绍。

- display rip　　　　　　　//显示 RIP 当前运行状态及配置信息
- debugging rip packet　　//打开 RIP 报文调试信息开关

2. OSPF 故障产生的原因及排除的一般步骤

（1）OSPF 无法形成邻居关系故障排查。

① 接口是否启动 OSPF。OSPF 的运行是基于设备接口的。如果 OSPF 没有在接口启动，那么邻居关系肯定无法形成。

② 接口是否配置为静默端口。设置为静默端口时不能发送 OSPF Hello 报文。

③ ACL 是否拒绝了 Hello 报文。OSPF 组播地址为 224.0.0.5。

④ 广播网络中两端接口子网掩码是否相同。如果两端接口属于不同的 IP 子网，那么邻居关系无法形成。

⑤ 两端 OSPF 计时器设定值是否匹配。

⑥ OSPF 验证配置是否匹配。

⑦ OSPF 区域配置是否匹配。区域类型或区域 ID 不匹配，则不会形成邻居关系。

⑧ OSPF 邻居是否使用从地址建立。OSPF 邻居关系只能使用接口的主地址进行建立，从地址无法建立邻居关系。

⑨ NBMA 网络是否指定邻居。OSPF 网络类型为 NBMA 时，必须手工指定邻居的 IP 地址，否则端口无法发送 Hello 报文，无法形成邻居关系。

（2）OSPF 邻居关系停滞于异常状态故障排查。

① 邻居关系停滞于 ATEMPT。仅仅在网络类型是 NBMA 的情况下，最常见原因是 NBMA 邻居配置错误，Hello 发出未收到回应。

② 邻居关系停滞于 Exstart 或 Exchange 状态。可能是接口 MTU 设置不匹配（DD 报文中携带了接口的 MTU 信息）、邻居 Router ID 重复（通过 Router ID 的信息确定邻居的主从关系）、路径 MTU 小于接口 MTU（大的 OSPF 报文将在传输路径上被丢弃，导致邻居双方无法完成完整的数据库信息交互）等原因造成。

（3）OSPF 路由无法通告故障排查。

① OSPF 无法通告从地址的路由。主从地址必须属于相同区域。

② ABR 无法通告路由。区域不允许接收汇总路由。

③ OSPF 的区域为完全存根区域或完全 NSSA 区域)、ABR 与骨干区域隔离(ABR 相连的区域必须有一个是骨干区域)、OSPF 骨干区域分割(如果 OSPF 的骨干区域分割, ABR 可能无法生成全部的区域间路由)。

④ 无法通告外部路由。域不允许接收外部路由,NSSA 区域存在设置错误的 ABR (NSSA 区域存在配置错误的 ABR,而且其 Router ID 较大)。

(4) OSPF 路由无法加入路由表故障排查。

① 路由表没有 OSPF 路由。OSPF 网络类型不匹配(如果 OSPF 邻居两边的网络类型设置不匹配,那么数据库中网络类型不匹配,OSPF 不会在路由表中添加路由)、点到点网络单边无编号(有编号和无编号接口的链路数据值不匹配,导致了 OSPF 数据库中的不一致,因此不会在 OSPF 路由表中添加路由)。

② OSPF 外部路由无法加入路由表。转发地址不能通过 OSPF 内部路由达到 (OSPF 外部路由中会携带转发地址信息,如果该转发地址非零,那么 OSPF 必须能够通过区域内或区域间路由到达该转发地址,否则该外部路由不会加入 OSPF 路由表)。

(5) SPF 重复计算故障排查。

① 链路抖动引起 SPF 重复计算。链路抖动导致区域内的路由器重新运行 SPF 算法。

② Router ID 重复引起 SPF 重复计算。Router ID 重复将会导致 OSPF 拓扑数据库处于混乱状态,SPF 频繁计算。

(6) 解决 OSPF 故障常用命令介绍。

* display ospf brief　　　　//显示 OSPF 路由选择进程的概要信息
* display ospf interface　　//显示 OSPF 相关的接口信息
* display ospf peer　　　　·//显示 OSPF 邻居信息
* display ospf error　　　　//显示 OSPF 错误信息

3. BGP 故障产生的原因及排除的一般步骤

(1) BGP 邻居无法建立。

① 查看是否配置了正确的邻居、AS 号。

② 检查邻居能否 Ping 通。由于一台路由器可能有多个接口能够到达对端,应使用扩展 Ping 命令检查,指定 Ping 包的源 IP 地址为建立邻居关系的地址。如果不能 Ping 通,检查 IGP 路由表中是否有邻居的路由。

③ 检查是否配置了禁止 TCP 端口 179 的 ACL,如果有,取消对 179 端口的禁止。

④ 如果使用 loopback 接口建邻居,查看是否配置了 peer connectinterface 命令。

⑤ 如果是 EBGP 邻居,检查和对端建邻居的接口是否 up。

⑥ 如果是 EBGP 邻居,且 EBGP 连接在物理上不是直连的,检查是否配置了 peer ebgp-max-hop。默认情况下,EBGP 邻居的 TTL 被置为 1,如果不是直连,必须配置 peer group-name ebgp-max-hop。

⑦ 通过 debugging bgp open 报文查看是否和对端的能力协商不通过。

（2）已经建立好的邻居关系又失败了。

① MTU 问题。使用扩展的 Ping 命令检查是否存在 MTU 问题，ping – s 可指定 Ping 包的包长。

② QoS 问题。检查是否在接口上设置了流量整形或物理接口限速。

③ MTU 和 QoS 设置不当可能导致大的 Update 报文被丢弃。由于 TCP 的重传机制，当发送多个大的 Update 报文时可能产生大量等待重传的 Update 报文，从而抑制了 keepalive 报文的正常发送，当连续收不到 keepalive 报文时，BGP 认为邻居已经 Down。

④ 网络拥塞问题。网络拥塞可能导致 Keepalive 报文收发失常，邻居状态不断改变。另外，如果到达邻居的路由是通过 IGP（如 OSPF）发现的，网络拥塞可能导致路由丢失，从而使邻居间的连接中断。

（3）BGP 路由无法发布。

① 使用 display bgp peer 命令查看 BGP 邻居是否已经建立。

② 查看路由表中是否存在所需的 IGP 路由。BGP 自己无法生成路由，只能由 IGP 学习路由，然后 BGP 再引入。使用 network 命令引入路由时，在路由表中一定要存在该路由才能够引入。而且 network 发布的路由必须与路由表中的路由精确匹配才能发布，即路由的掩码长度要匹配。

③ 查看 BGP 是否配置了路由引入，将 IGP 路由引入到 BGP 中。

④ 查看 BGP 是否配置了路由策略将路由过滤掉。

⑤ IBGP 对等体没有全连接造成路由无法发布。BGP 规定从 IBGP 对等体收到的路由信息不能向另一个 IBGP 对等体发送。

（4）BGP 路由无法接收。

① 检查路由信息中的 AS_PATH 是否包含本路由器的 AS，如果路由信息中的 AS_PATH 包含本路由器的 AS，则该路由被丢弃。

② 检查路由信息中的 cluster-list 是否包含本路由器的 cluster-id，如果是的话，该路由被丢弃。

③ 检查路由信息中的 originator-id 是否包含本路由器的 originatorid，如果是的话，该路由被丢弃。

④ 查看是否是由于路由迭代的原因造成的。迭代后下一跳不可达的路由不能加入路由表。

⑤ 查看路由表中是否存在其他路由和 BGP 路由相同。在路由的优先级中，BGP 的优先级最低，如果有其他路由存在，BGP 路由不会生效。

⑥ 查看 BGP 的配置，看是否配置了入口路由策略将 BGP 路由信息过滤掉。

（5）路由选择不一致。

① 查看选路策略中是否需要比较 MED。缺省情况下，只比较来自同一 AS 的路由的 MED 值。如果要比较来自不同 AS 的路由的 MED 值，应使用命令 compare-different-as-med。

② 查看是否启动了同步。IGP 路由表中不存在的 IBGP 路由不能作为最佳路由，即使它具有高的本地优先级。也就是说，未经同步的路由不能被选为最佳路由。

（6）解决 BGP 故障常用命令介绍。

- display bgp peer　　　　　　　　　　//显示对等体信息
- display bgp routing-table　　　　　　//查看 bgp 路由表信息
- display bgp routing-table as-pathacl //查看匹配过滤列表的路由信息
- display ip as-path　　　　　　　　　//查看配置的 AS_PATH 列表规则
- display acl　　　　　　　　　　　　//查看配置的访问控制列表规则
- display route-policy　　　　　　　　//查看配置的 Routing policy 规则
- debugging bgp all　　　　　　　　　//打开 BGP 所有报文调试信息开关
- debugging bgp event　　　　　　　　//打开 BGP 事件调试信息开关

实验 7.4　安全 VPN 故障排除

【实验背景】

虚拟专用网络（Virtual Private Network，VPN）指的是在公用网络上建立专用网络的技术。其之所以称为虚拟网，主要是因为整个 VPN 网络的任意两个节点之间的连接并没有传统专网所需的端到端的物理链路，而是架构在公用网络服务商所提供的网络平台之上的逻辑网络，用户数据在逻辑链路中传输。它涵盖了跨共享网络或公共网络的封装、加密和身份验证链接的专用网络的扩展。VPN 主要采用了隧道技术、加解密技术、密钥管理技术和使用者与设备身份认证技术。VPN 故障的种类主要有手工方式下的 IPSec 故障、协商方式下的 IPSec 和 IKE 故障、GRE 故障和 L2TP 故障等。

【实验目的】

（1）了解 GRE 故障产生的原因和解决方法。
（2）了解 L2TP 故障产生的原因和解决方法。
（3）学会分析手工方式下 IPSec 故障产生的原因并掌握其解决方法。
（4）学会分析协商方式下 IPSec 和 IKE 故障产生的原因并掌握其解决方法。

【实验内容】

（1）分析手工方式下 IPSec 故障产生的原因，并排除故障。
（2）分析协商方式下 IPSec 和 IKE 故障产生的原因，并排除故障。

【实验设备】

两个路由器、两个计算机、一个交换机和连接线缆。网络拓扑结构如图 7.4 所示。

【实验步骤】

（1）网络连接如图 7.4 所示，在路由器上进行了相关的配置，分别出现如下故障现象，请分别分析其原因并加以解决。

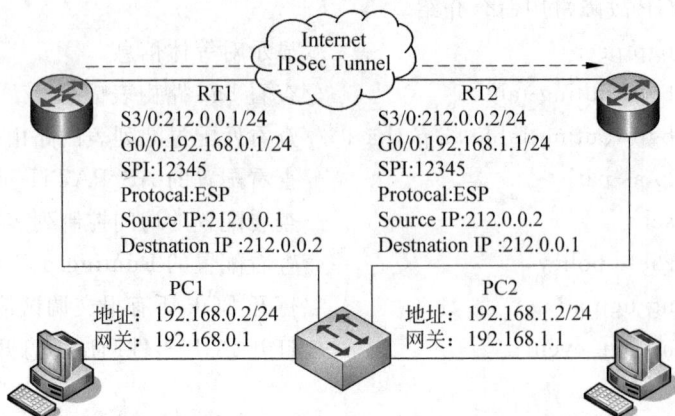

图 7.4　安全 VPN 故障排除实验拓扑结构图

① 在 RT1 和 RT2 之间建立 IPSec 隧道，保护 PC 1 和 PC2 之间的通信。采用 ESP 安全协议，确保数据的完整性、机密性，配置完成后 PC 1 不能 ping 通 PC2。

② 在 RT1 和 RT2 之间建立 IPSec 隧道，保护 PC1 和 PC2 之间的通信。采用 ESP 安全协议，确保数据的完整性、机密性，并采用动态的 IKE 协议进行 IPSec 安全联盟的协商。RT2 的 GigabitEthernet0/0 口连接内网，Serial3/0 连接 Internet。从主机 PC1 上执行 PC2，发现不通。在 RT1 和 RT2 上查看安全联盟的信息，发现阶段 1 协商成功了，而阶段 2 没有协商起来。

(2) 对于现象①进行如下排障：

① 在 RT1 和 RT2 上使用 display current-configuration 命令，显示如下：

```
[RT1]display current-configuration
...
  acl 3000 match-order auto
    rule 0 permit ip source 192.168.0.0 0.0.0.255 destination 192.168.1.0 0.0.
0.255
  #
  ipsec proposal proposal1
  #
  ipsec policy policy1 10 manual
    security acl 3000
    proposal proposal1
    tunnel local 212.0.0.1
    tunnel remote 212.0.0.2
    sa spi inbound esp 34567
    sa string-key inbound esp abcdef
    sa encrytion-hex inbound esp 1234567890123456
    sa authentication-hex inbound esp 123456789012345678901234456789012
    sa spi outbound esp 12345
    sa string-key outbound esp bcdefg
```

```
    sa encrytion-hex outbound esp 1234567890123456
    sa authentication-hex outbound esp 123456789012345678901234567890012
...
  interface Serial3/0
    clock DTECLK1
    link-protocol ppp
    ip address 212.0.0.1 255.255.255.0
    rip version 2 multicast
    ipsec policy policy1
...

[RT2]display current-configuration
...
  acl 3000 match-order auto
    rule 0 permit ip source 192.168.1.0 0.0.0.255 destination 192.168.0.0 0.0.
0.255
  #
  ipsec proposal proposal1
  #
  ipsec policy policy1 10 manual
    security acl 3000
    proposal proposal1
    tunnel local 212.0.0.2
    tunnel remote 212.0.0.1
    sa spi inbound esp 54321
    sa string-key inbound esp bcdefg
    sa encrytion-hex inbound esp 1234567891234567
    sa authentication-hex inbound esp 123456789012345678901234567890012
    sa spi outbound esp 34567
    sa string-key outbound esp abcdef
    sa encrytion-hex outbound esp 1234567890123456
    sa authentication-hex outbound esp 123456789012345678901234567890012
```

② 分析原因及解决方法。

在 RT2 上的调试信息表明已经收到从 RT1 发出的 IPSec 报文,但是找不到 SPI 为 12345 的 SA。查看 RT2 的安全策略的定义,入方向 esp 的 SPI 定义为 54321。另外,双方采用的安全协议、算法和 SPI 都匹配。RTB 的 Inbound 处理过程中解密失败,造成不能通信。检查 RTB 的 Inbound 加密算法使用的密钥为 1234567891234567,而 RTA 的 Outbound 处理中加密算法使用的密钥却是 1234567890123456,由于密钥不同,造成无法解密,通信失败。

解决方法:将 RT2 上的入方向 esp 的 SPI 改为 12345,并修改 RT1 的 Outbound 方向的加密算法密钥。

```
[RT2]ipsec policy policy1 10 manual
```

[RT2-ipsec-policy-policy1-10] sa spi inbound esp 12345

[RT1]ipsec policy policy1 10 manual

[RT1-ipsec-policy-policy1-10] sa encrytion-hex outbound

esp 1234567891234567

（3）对于现象②进行如下排障：

① 在 RT1 和 RT2 上使用 display current-configuration 命令，显示如下：

[RT1]display current-configuration

...

  ike peer peer

  pre-shared-key abcde

  remote-address 212.0.0.2

  #

 ipsec proposal proposal2

 #

 ipsec policy policy2 10 isakmp

  security acl 3000

  ike-peer peer

  proposal proposal2

 #

 ike proposal 2

 #

...

 interface GigabitEthernet0/0

  ip address 192.168.0.1 255.255.255.0

  rip version 2 multicast

 #

 interface Serial3/0

  clock DTECLK1

  link-protocol ppp

  ip address 212.0.0.1 255.255.255.0

  rip version 2 multicast

  ipsec policy policy2

 #

...

 rip

  undo summary

  network all

acl 3000 match-order auto

  rule 0 permit ip source 192.168.0.0 0.0.0.255 destination 192.168.1.0 0.0.

0.255

...

[RT2]display current

```
...
    #
    ike peer peer
    pre-shared-key 12345
    remote-address 212.0.0.1
    ipsec proposal proposal2
    #
    ipsec policy policy2 10 isakmp
        security acl 3000
        ike-peer peer
        proposal proposal2
            #
    ike proposal 2
    #
...
    interface GigabitEthernet0/0
        ip address 192.168.1.1 255.255.255.0
        rip version 2 multicast
        ipsec policy policy2
#
    interface Serial3/0
    clock DTECLK1
    link-protocol ppp
    ip address 212.0.0.2 255.255.255.0
    rip version 2 multicast

    #
...
    rip
        undo summary
        network all
#
acl 3000 match-order auto
        rule 0 permit ip source 192.168.1.0 0.0.0.0 destination 192.168.0.0 0.0.0.0
...
```

② 分析原因及解决方法。

检查安全策略应用的接口。应用的接口是要保护的数据流外出的接口，完全正确。那么很可能是安全策略中的某些定义错误。按照安全策略的三个要素 What、Where、How 进行检查。

首先在 RT1 中要保护的数据流是 192.168.0.0/24～192.168.1.0/24 之间的 IP 数据，是一个子网；而在 RT2 上定义的要保护的数据是 192.168.1.1 和 192.168.0.1 两个主机之间的数据。显然两者之间不能完全匹配。当 RT2 接收到 RT1 的安全策略后，由于其定义的数据流比 RT2 的要大,会造成部分数据流不匹配,因此安全策略不匹配。其次调试信息表明,发现安全联盟没有建立。并且 RT1 有需要保护的数据外出,触发了 IKE 协商安全联盟,但从对端收到了一条 INVALID_PAYLOAD_TYPE 通知消息。在 RT2 上显示收到的载荷中有一个类型非法,检查配置发现共享密钥不同。由于共享密钥不同,造成双方产生的用于通信的加密密钥和验证密钥不同,因此不能解释对方的数据。

解决方法:将 RT2 的数据流改为如下形式并将 RT2 上的共享密钥改为与 RT1 一样便可通信。

```
[RT2]acl 3000 match-order auto
[RT2-acl-3000]rule 0 permit ip source 192.168.1.0 0.0.0.255 destination 192.168.
0.0 0.0.0.255
[RTB] ike peer peer
[RTB-ike-peer-peer] pre-shared-key abcde
```

修改后再次调试发现阶段 1 的安全联盟建立了,而阶段 2 的 SA 没有建立。调试信息显示在 RT2 上没有找到匹配的安全策略。在 RT1 上使用的安全策略是 policy2 。检查配置,在 RTB 上有与之对应的安全策略,为 policy2,而且也应用到了接口上,但是再仔细检查发现从 192.168.1.0/24 到 192.168.0.0/24 的数据流是从 RT2 的 Serial3/0 口上外出到公网的,而此接口没有应用 IPSec,而是应用到了连接内部子网的 GigabitEthernet0/0 口上。

解决方法:在 RT2 上将 GigabitEthernet0/0 口上的 policy 去掉,应用到 Serial3/0 口上就可以解决了。

```
[RT2] interface GigabitEthernet 0/0
[RT2-GigabitEthernet0/0]undo ipsec policy
[RT2-GigabitEthernet0/0]interface serial 0
[RT2-Serial3/0]ipsec policy policy2
```

【安全 VPN 常见故障现象及处理步骤】

1. 手工方式下 IPSec 故障现象及排除的一般步骤

(1) 手工方式下安全联盟不能建立。

当用 display ipsec sa 或 display ipsec sa policy 命令检查安全联盟时发现没有看到相应的安全联盟,检查以下配置:

① 检查相应的安全策略是否应用到了接口上。

② 检查安全策略是否设置了要保护的数据流。检查 security acl 命令是否引用了正确的 ACL 号,该 ACL 号是否已经定义。

③ 检查安全策略是否设置了安全提议。检查 proposal 命令是否引用了安全提议(proposal),而且该 proposal 已经被定义。

④ 检查安全策略是否设置了隧道端点。检查 tunnel local 命令和 tunnel remote 命令是否配置。

⑤ 检查安全联盟的 SPI。检查在安全策略中是否设置了安全联盟的 SPI,是否进入和外出两个方向都设置了,SPI 的值是否唯一。

⑥ 检查安全联盟的密钥是否设置正确。如果在引用的安全提议中采用了加密算法,则应该设置加密密钥;如果在安全提议中采用了验证算法,则应该设置验证密钥。如果采用十六进制方式指定密钥,那么要分别指定加密密钥和验证密钥;如果采用字符串方式指定密钥,那么只需配置一个 string-key 参数。需要注意的是,外出和进入两个方向的密钥都要设置。

⑦ 如果以十六进制指定密钥,还要检查密钥的长度是否与算法要求的相同。

在接口应用 IPSec 安全策略或改变安全策略参数时会给出一定的提示信息,用户可以根据这些信息来定位问题。

(2) 手工方式下建立了安全联盟,但不能通信。

如果用 display ipsec sa 或 display ipsec sa policy 命令检查安全联盟时看到相应的安全联盟已经建立,但不能通信,则检查以下配置:

① 安全联盟两端配置的 ACL 是否互为镜像。

② 选用的安全协议是否一样。

③ 选用的算法是否一致。

④ SPI 是否匹配。

⑤ 密钥是否匹配。

⑥ 定义的隧道端点是否相同。

由于通信是双方面的,一方虽然建立了安全联盟,但其双方的参数无法匹配起来,同样不能通信。

(3) 手工方式下建立了安全联盟,有些数据流能通信,但有些不通。

出现这种情况时,可检查两端的安全策略所定义的数据流是否互为镜像。

2. 协商方式下 IPSec 和 IKE 故障排除的一般步骤

协商方式的 IPSec 安全联盟是由 IKE 协商生成的。要诊断此类故障,首先要清楚安全联盟的建立过程。当一个报文从某接口外出时,如果此接口应用了 IPSec,会进行安全策略的匹配。如果找到匹配的安全策略,会查找相应的安全联盟。如果安全联盟还没有建立,则触发 IKE 进行协商。IKE 首先建立阶段 1 的安全联盟,或称为 IKE SA。

在阶段 1 安全联盟的保护下协商阶段 2 的安全联盟,也就是 IPSec SA。

(1) 阶段 1 的 SA 没有建立。

出现该现象应该对实施 IPSec 通信的双方都进行如下检查:

① 接口是否应用了安全策略。

② 是否有匹配的数据流触发。

③ 是否为对方配置了共享密钥,以及共享密钥是否一致(采用 pre-share 验证方式时)。

(2) 阶段 2 的 SA 没有建立。

出现该现象应该进行如下检查:

① ACL 是否匹配,按照前面所叙述的匹配原则进行检查。

② 安全提议是否一致。

③ 设置的隧道对端地址是否匹配。

④ 应用的接口是否正确。

(3) 两个阶段的 SA 都建立起来了,但不能通信。

在这种情况下,一般是由于 ACL 的配置不当引起的。应该检查 ACL 的配置是否符合要求。

3. IPSec 和 IKE 故障相关的 dispaly、debugging 命令介绍

- display acl [all | aclt-number]　　//显示配置的访问控制列表的规则
- display ike proposal　　　　　　　　//显示每个 IKE 提议配置的参数
- display ike sa　　　　　　　　　　　//显示由 IKE 建立的安全隧道
- display ipsec policy { brief | name policy-name [sequence-number] }
　　//显示安全策略的信息
- display ipsec proposal [proposal-name]
　　//显示提议的配置信息。如果没有指定提议的名字,则显示所有的提议信息
- display ipsec sa { brief | remote ip-address | policy policy-name [seq-number] | duration}　　　　　　　　　　//显示安全联盟的相关信息
- display ipsec statistics　　　　　　//显示 IPSec 处理报文的统计信息
- debugging ipsec { all | sa | misc | packet [policy policy-name [seq-number] | parameters ip-address protocol spi-number] }
　　//打开 IPSec 调试开关。缺省情况下关闭 IPSec 调试开关
- debugging ike { all | error | exchange | message | misc| transport}
　　//打开 IKE 调试开关。缺省情况下 IKE 调试开关关闭

4. GRE 故障排除的一般步骤

(1) 路由器之间的 GRE 隧道不能互通。

对于两台 H3C 系列路由器,如果之间的 GRE 隧道不能互通,首先确认物理连接是否存在问题,如果没有问题,则一般是由如下原因造成的:

① Tunnel 两端的网络地址没有配置在同一网段。该地址主要用于路由目的,如果两端地址不配置在同一网段,那么必须配置静态路由来使两端隧道地址能够互相 ping 通。为了简化路由配置,建议配置在同一网段。

② Tunnel 两端配置的识别关键字 Key 不一致。通过在 Tunnel 两端使用 display running-configuration 命令查询 Key 值,确保 Tunnel 两端的 Key 值相同。

使用 GRE 协议实现网络隧道连接过程中,当 GRE 隧道出现故障时,可以按照如下步骤排除 GRE 故障:

① 检查 Tunnel 两端设备是否连通。

在 Tunnel 一端使用 ping 命令测试与 Tunnel 对端的连通性,如果超时仍没有收到响应,请检查两端的物理连接是否正确或链路层协议是否配对,直到两端能够互相 ping 通。

② 检查 Tunnel 两端的配置参数和接口信息。

在 Tunnel 两端查看系统配置信息,并查看 Tunnel 接口的状态(display interfaces

tunnel［tunnel-number］命令）。

③ 检查 Tunnel 两端系统路由表。

在 Tunnel 两端查询系统路由表（display ip routing-table 命令），确保存在到达 Tunnel 对端的路由。如果没有路由，请添加静态路由。

（2）与 GRE 故障相关的 display、debugging 命令介绍。

diplay interfaces［tunnel tunnel-number］　//显示工作 Tunnel 接口的状态

5. L2TP 故障排除的一般步骤

由于 L2TP 协议的实现与其他许多模块相关，而且 LAC 和 LNS 两端的配置不尽相同，在实际配置时，与其他模块的配合比较容易出现故障。常见问题描述如下：

（1）路由器之间无法正确建立隧道。

在路由器之间不能正确建立隧道（Tunnel），可能是以下几种原因造成的：

① LAC 与 LNS 之间相连的接口在网络层无法互通（即接口处于 Down 状态）。这种情况是经常出现的，在配置 VPN 参数前建议首先在 LAC 端使用 ping 命令测试是否能 ping 通对端 LNS，确保网络可达。

② LAC 或 LNS 上没有启动 L2TP 服务（即未配置 l2tp enable 命令）。

VPDN 用户未通过 LAC 端的认证，造成这种情况出现的可能原因如下：

① LAC 与 VPDN 用户的接口上未配置 PPP 认证。

② 从 VPDN 用户接收来的认证方式信息与 LAC 对应接口上配置的认证信息不一致。

③ LAC 上没有配置相应的 VPDN 用户，或从 VPDN 用户接收来的密码与配置的密码不一致。

VPDN 组中的相关参数配置错误。

① 在 LAC 侧。

首先查看 start l2tp { ip ip-address［ip ip-address …］} { domain domain-name | dnis dialed-number | fullusername user-name }命令中的 LNS 地址是否配置正确。如果采用 fullusername 方式接入，应确保 user-name 与用户端输入的全用户名一致；如果采用 domain 方式接入，应明确已经配置了 l2tp domain { prefix-separator | suffix-separator } delimiters，并确保 delimiters 与用户端输入的分隔符一致。

② 在 LNS 端。

查看 allow l2tp virtual-template virtual-template-number［remote remote-name］命令中的 remote- name 与 LAC 端 tunnel name name 命令中的 name 是否一致。

③ 对于 LAC 和 LNS 配合参数。

查看两端是否同时都配置了隧道认证，或同时都未配置认证，应避免一端配置而另一端没有配置。如果两端都配置了认证，应确保两端的隧道密码一致（命令 tunnel password { simple | cipher } password）。为了安全性考虑，建议两端同时配置认证。

VPDN 用户没有通过 LNS 端的验证，可能有以下几种原因：

① 在 LNS 端的 Virtual Template 上配置了认证，但没有配置相关的用户身份信息（如本地用户或 RADIUS 用户）。

② LAC 端采用 PAP 认证,而在 LNS 端的 Virtual Template 上配置的是 CHAP 认证。LNS 端的 VPDN 组配置视图下启动了 LCP 重协商(mandatory-lcp 命令),而 VPDN 用户端却没有发送 CHAP 认证信息。

③ LAC 端采用 PAP 认证,LNS 端启动了强制 CHAP 验证(mandatory-chap 命令),而 VPDN 用户端却没有发送 CHAP 认证信息。

VPDN 用户为 PC 时,如果用户端采用 IP 地址重协商,但 LNS 端的 Virtual Template 上却没有指定给对方分配 IP 地址所用的地址池(remote address { ip-address | pool [pool-number] }命令)。

VPDN 用户为 PC 时,在 LNS 端的 Virtual Template 上配置了给对方分配 IP 地址所用的地址池,但指定地址池中没有足够 IP 地址用来分配给用户端。

VPDN 用户为路由器时,用户端既没有被指定 IP 地址,也没有配置为采用 IP 地址重协商。

LNS 端同时作为 LAC,即 LNS 的 VPDN 组中配置了 start l2tp { ip ip-address [ip ip-address …] } { domain domain-name | dnis dialed-number | fullusername user-name}命令,并且 user-name 或 domain-name 与 LAC 端配置的用户信息相同,相当于目前充当 LNS 的路由器又作为新 LAC 使用。这样进行配置,新 LAC(旧 LNS)会向新 LNS(旧 LAC)发起 L2TP 隧道连接,但连接不通,即不允许 LNS 与 LAC 之间存在呼叫环路。这种现象配置时较为常见,请多多注意。

(2) L2TP 性能问题。

当 L2TP 会话(Session)数无法达到 l2tp session-limit session-number 命令配置的最大会话数时,可能原因如下:

① 地址池中的 IP 地址数目少于 VPN 用户数,即没有足够的地址分给用户。通过增加地址池中的 IP 地址数量解决该问题。

② L2TP 中所有会话结构占用的内存容量超过了路由器实际内存容量,即没有空闲内存资源供新建会话使用。由于配置的最大会话数都比较大,因此可能达不到最大数,其原因在于内存不够。通过增加物理内存的方式可以解决该问题。

(3) VPDN 用户不能访问企业网内部。

当 VPDN 用户与 LNS 之间建立了会话(相当于 VPDN 用户与 LNS 之间在网络层直连)后,VPDN 用户端和 LNS 端都会新增一条路由。如果 VPDN 用户不能正常访问企业网内部服务器,可能的原因如下:

① 如果 LNS 端分给用户的地址与企业网内部网段不属于同一个子网段,那么在 VPDN 用户端将缺少到企业网内部网段的路由。

② LNS 端没有增加相应的路由信息。

(4) L2TP 故障排除的一般步骤。

构建 VPDN 应用过程中,当 L2TP 连接出现故障时,可以按照如下步骤排除 L2TP 故障:

① 检查 LAC 与 LNS 是否连通。

从 LAC 端使用 ping 命令测试与 LNS 端的连通性,如果超时都没有收到响应,请检查 LAC 和 LNS 两端的物理连接是否正确或链路层协议是否配对,直到两端能够互相 ping 通。

② 检查 VPDN 用户是否通过 LAC 端的验证。

在 LAC 端打开 AAA 的 Debugging 开关(命令 debugging radius packet),通过调试信息查看是否认证成功。如果认证不成功,那么参见上文有关认证失败的原因分析。

③ 检查 LAC 端是否发起 L2TP 隧道连接。

在 LAC 端打开 L2TP 的 Debugging 开关(命令 debugging l2tp { all | control | dump | error | event | hidden | payload | time-stamp }),通过调试信息查看 LAC 端是否发起 L2TP 隧道连接。如果没有隧道连接信息,那么仔细检查 LAC 端关于 L2TP 的配置,原因分析参考上文的常见故障分析。

④ 检查 LNS 端是否接收 L2TP 隧道连接。

在 LNS 端打开 L2TP 的 Debugging 开关(命令 debugging l2tp { all | control | dump | error | event | hidden | payload | time-stamp }),通过调试信息查看 LNS 端是否接收到 L2TP 隧道连接。如果没有接收到隧道连接的相关信息,那么仔细检查 LNS 端关于 L2TP 的配置,原因分析参考上文的常见故障分析。

⑤ 检查 LNS 端的用户路由信息。

在 LNS 端使用命令 display ip routing-table 查询是否存在 VPDN 用户的路由信息。如果没有路由,那么请添加,从而保证 VPDN 用户能访问企业内部网。

(5) 与 L2TP 故障相关的 display、debugging 命令介绍。

- display l2tp session　　　　　//显示当前的 L2TP 会话的信息。
- display l2tp tunnel　　　　　　//显示当前的 L2TP 隧道的信息。
- debugging l2tp { all | control | dump | error | event | hidden | payload | time-stamp }　　　　　　//打开 L2TP 调试信息开关
- undo debugging l2tp { all | control | error | event | hidden | payload | time-stamp }　　　　　　//关闭 L2TP 调试信息开关

实验 7.5　无线网络故障排除

【实验背景】

随着 4G 时代无线应用的日渐丰富,以及无线终端设备的层出不穷,对于无线网络,尤其是基于 802.11 技术标准的 Wi-Fi 无线网络,在 802.11n 产品技术应用逐渐成为市场主流应用的当下,基于 Wi-Fi 技术的无线网络不但在带宽、覆盖范围等技术上均取得了极大提升,同时在应用上,基于 Wi-Fi 无线应用也已从当初"随时、随地、随心所欲的接入"服务转变成车载无线、无线语音、无线视频、无线校园、无线医疗、无线城市、无线定位等诸多丰富的无线应用。

【实验目的】

(1) 掌握 FIT AP 注册过程中问题的排查思路。

（2）了解用户无线使用常见类问题。

（3）了解无线产品的几个常见问题。

（4）掌握无线用户 ping 丢包定位思路及优化措施。

（5）掌握 WDS 问题定位思路及方法。

【实验内容】

FIT AP 注册问题排查。

（1）无线用户使用常见问题及原因判定。

（2）无线产品部分常见问题处理。

（3）用户 ping 丢包问题排查。

（4）无线 WDS 桥接问题定位。

（5）无线部分特性设置。

【实验设备】

无线访问控制器、无线接入点、无线终端等。

【实验步骤】

1. FIT AP 注册问题排查

1）FIT AP 注册失败

造成注册失败的可能原因分析如下：

（1）网络建设问题。AP 没有上电和 AP 连接的网线存在问题。

（2）设备配套问题。AP 设备提供的信息不匹配和 AP 设备与 AC 设备的版本不匹配。

（3）设备异常带来的问题：

① Fit AP 设备出现个体异常，设备无法正常启动。

② Fit AP 设备出现个体异常，上行接口工作异常。

Fit AP 设备的 CAPWAP 任务挂起。

（4）网络配置问题：

① AP 上联的交换机如果启动 STP 时，一定要将 AP 连接接口设置为边缘端口，否则可能带来 AP 注册不成功问题。二层网络没有注册成功和三层网络没有注册成功快速排查流程如图 7.5 和图 7.6 所示。

② AP 所在的网络中没有 DHCP 服务器。

③ AP 接入的 VLAN 网络不正确。

④ AP 和 AC 三层组网，但是 AP 和 AC 之间网络不通。

⑤ AP 和 AC 三层组网，但是没有使用 DHCP option43 功能，或者 DNS 功能为 AP 指定 AC 列表。

⑥ AC 上没有为 AP 配置对应的模板。

```
┌──────────────────────────┐   否   ┌──────────────────────────┐
│ 1. 确定AP接入的VLAN网络是否正确 │ ────→ │ 修改AC和中间交换机的配置       │
└──────────────────────────┘        └──────────────────────────┘
            │是                               │
            ↓ ←──────────────────────────────┘
┌──────────────────────────┐   否   ┌──────────────────────────┐
│ 2. 确定该VLAN网络中存在唯一的DHCP服务器 │ ──→ │ 配置或者修改DHCP服务器        │
└──────────────────────────┘        └──────────────────────────┘
            │是                               │
            ↓ ←──────────────────────────────┘
┌──────────────────────────┐        ╭──────────────────────╮
│ 3. 确定AC上已经根据AP序列号和型号配置AP │  │ 如果有条件可以重       │
└──────────────────────────┘        │ 新启动AP设备          │
            │                        ╰──────────────────────╯
            ↓
┌──────────────────────────┐   是   ┌──────────────────────────┐
│ 4. 等待大约10分钟以后检查AP是否链接成功 │ ──→ │ 定位完成                  │
└──────────────────────────┘        └──────────────────────────┘
            │否
            ↓
┌──────────────────────────┐   是   ┌──────────────────────────┐
│ 5. 使用LWAPP的调试信息查看是否有来自AP的 │ ──→ │ 5.1. 查看地址是否正确，如果不  │
│    Discovery报文           │        │    正确则再次进入2          │
└──────────────────────────┘        └──────────────────────────┘
            │否                               │
            ↓                                 ↓
┌──────────────────────────┐        ┌──────────────────────────┐
│ 6. 登录到AP连接的POE交换机查看信息  │        │ 5.2. 对比AP型号的序列号，如果 │
└──────────────────────────┘        │    不正确则再次进入3        │
                                     └──────────────────────────┘
```

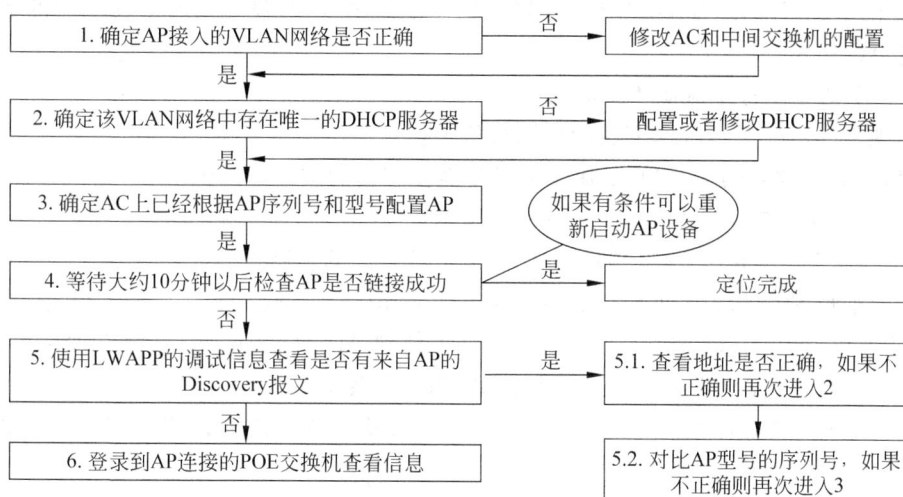

图 7.5　二层网络没有注册成功 AP 快速排查示意图

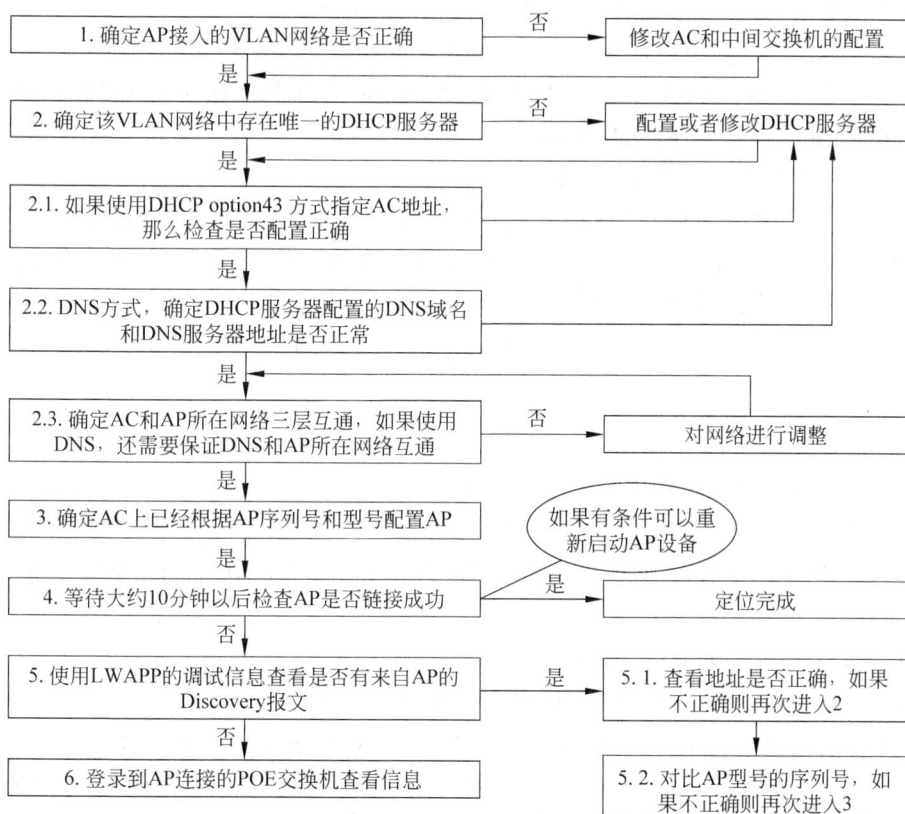

```
┌──────────────────────────┐   否   ┌──────────────────────────┐
│ 1. 确定AP接入的VLAN网络是否正确 │ ────→ │ 修改AC和中间交换机的配置       │
└──────────────────────────┘        └──────────────────────────┘
            │是                               │
            ↓ ←──────────────────────────────┘
┌──────────────────────────┐   否   ┌──────────────────────────┐
│ 2. 确定该VLAN网络中存在唯一的DHCP服务器 │ ──→ │ 配置或者修改DHCP服务器        │
└──────────────────────────┘        └──────────────────────────┘
            │是                               │
            ↓                                 │
┌──────────────────────────┐                 │
│ 2.1. 如果使用DHCP option43 方式指定AC地址， │         │
│     那么检查是否配置正确     │                 │
└──────────────────────────┘                 │
            │                                 │
            ↓                                 │
┌──────────────────────────┐                 │
│ 2.2. DNS方式，确定DHCP服务器配置的DNS域名 │        │
│     和DNS服务器地址是否正常   │                 │
└──────────────────────────┘                 │
            │是                               │
            ↓                                 │
┌──────────────────────────┐   否   ┌──────────────────────────┐
│ 2.3. 确定AC和AP所在网络三层互通，如果使用 │ ─→ │ 对网络进行调整             │
│     DNS，还需要保证DNS和AP所在网络互通 │      └──────────────────────────┘
└──────────────────────────┘
            │是
            ↓
┌──────────────────────────┐        ╭──────────────────────╮
│ 3. 确定AC上已经根据AP序列号和型号配置AP │  │ 如果有条件可以重       │
└──────────────────────────┘        │ 新启动AP设备          │
            │                        ╰──────────────────────╯
            ↓
┌──────────────────────────┐   是   ┌──────────────────────────┐
│ 4. 等待大约10分钟以后检查AP是否链接成功 │ ──→ │ 定位完成                  │
└──────────────────────────┘        └──────────────────────────┘
            │否
            ↓
┌──────────────────────────┐   是   ┌──────────────────────────┐
│ 5. 使用LWAPP的调试信息查看是否有来自AP的 │ ──→ │ 5.1. 查看地址是否正确，如果  │
│    Discovery报文           │        │    不正确则再次进入2        │
└──────────────────────────┘        └──────────────────────────┘
            │否                               │
            ↓                                 ↓
┌──────────────────────────┐        ┌──────────────────────────┐
│ 6. 登录到AP连接的POE交换机查看信息  │        │ 5.2. 对比AP型号的序列号，如 │
└──────────────────────────┘        │    果不正确则再次进入3      │
                                     └──────────────────────────┘
```

图 7.6　三层网络没有注册成功 AP 快速排查示意图

⑦ 网络配置变化(如 DHCP 服务器配置发生变化),AP 没有及时更新相应的地址信息或者 AC 列表。

2) AP 处于不停下载版本的状态

出现上面不断进行版本下载的原因可能为:

(1) AC 上放置的 Fit AP 的版本和 AC 需要配套的版本不匹配。

(2) AC 上没有 Fit AP 的型号对应的版本。

(3) Fit AP 设备上没有足够的空间存放下载下来的新版本。

对于前两种情形,可以通过命令 display wlan ap－model name wa2100 获知当前 FIT AP 应该使用的软件版本号,设法获得并上传到 AC 的 flash。对于第三种情况,可以设法登录到 AP 上,通过 dir 查看 flash 情况,删除多余文件。

(1) 早期 AP 存在 FAT 和 Fit 两个版本,如果没有彻底删除 FAT 版本,可能出现此问题。

(2) 当前 AP 从 FAT 切换至 FIT 模式时必须删除 FAT 版本。如果 FAT 版本意外保留下来,也可能出现 FIT 版本下载不成功的情况。

(3) 如果设备中只有 Fat 版本,而此时设备工作在 Fit 模式下,AP 会在 Bootrom 下从 AC 上下载版本。如果出现此种异常情况(Bootrom 下载版本写入 Flash 失败,AP 设备不停地在 Bootrom 中运行),那么直接通过 Console 接口进入 Bootrom 操作菜单,通过 File Control 删除设备上存在的无用文件。

3) AP 链接后出现链路断开分析

AP 和 AC 使用现有的有线网络进行连接,所以现有网络中的各种冲击对于 AP 和 AC 设备同样存在。当一些关键的报文在网络冲击过程中丢失,会造成 AP 设备和 AC 失去联系,最终导致链路断开(Tunnel Down)。

(1) 通过 Logbuffer 信息分析 AP 的运行情况,trap 信息中记录了 AP 上下线的原因码。

例如:

```
%Jul 10 14:35:52:713 2008 5002 LWPS/6/LOG :
Connection with AP [wa2100] goes down by reason of No.1(这个 1 就是原因代码)
```

0:处理出现内部错误引起 TUNNEL DOWN 时或是 TUNNEL DOWN 不好归类的原因。

1:定时器超时引起 TUNNEL DOWN 时。

3:在 AC 上 reset wlan ap 时引起的 TUNNEL DOWN。

(2) 通过命令 display wlan ap name XXXX verbose 查看 AP 的详细信息,如果 Latest Join IP Address 和 Tunnel Down Reason 内容不为-NA-,那么说明该 AP 原来和 AC 成功建立过连接,但是之前出现过链接断开。

```
Latest Join IP Address    : 10.28.16.38        //上一次连接使用地址
Tunnel Down Reason        : AP Config Change    //连接断开的原因
```

4）AP 短暂掉线

在网络建设开始，AP 可以正常的和 AC 建立链接并提供服务，但是经过一段时间的运行之后，AP 突然变成 Idle 状态。但是经过了一段时间（通常"小于 5 分钟"）后，该 AP 再次和 AC 建立链接，此种情况的 AP 可以称为"AP 短暂掉线"。

（1）收集该 AP 的上下线信息（Trap 信息或者 Log 信息），如果一台 AP 设备上下线比较频繁（例如一天内上下线超过 5 次），说明该 AP 和 AC 之间的有线链接可能存在问题，需要优先分析有线链路问题。

（2）通过 display wlan ap reboot-log name ap-name 命令获取指定的 AP 设备上的异常信息。

① 设备断电判断。通过查看 AP 运行时间或者 POE 交换机运行状况进行核实。

② AP 断线原因分析。主要通过 Tunnel Down Reason、Last Reboot Reason 和 Last Failure Reason 判断 AP 设备上次出现断线的原因。

5）AP 永久性掉线定位

在网络建设开始，AP 可以正常的和 AC 建立链接并提供服务，但是经过一段时间的运行之后，发现 AP 变成 Idle 状态，而且等待"至少超过 15 分钟"之后该 AP 还是无法和 AC 建立链接，此种情况的 AP 可以称为"AP 永久性掉线"。

（1）尽量想法通过远程确定该 AP 当前的情况，收集相关的信息。

① 确定当前 WLAN 中的确存在 AP 没有成功接入到 AC 的时候，判断是否由于 AP 无法成功和 AC 建立链接而最终导致假象的"AP 永久性掉线"。

② 如果确定 AC 没有收到 AP 的任何信息，根据 AC 记录的 AP 的 Latest Join IP Address 信息，使用 ping 测试当前的设备网络状态是否正常，是则直接到第④步。

③ 如果有条件获得 AP 的 MAC 地址，而且可以访问 DHCP 服务器，可以在 DHCP 服务器上查询是否为 AP 的 MAC 地址分配了 IP 地址，是则直接到第④步。

④ 通过 telnet 方式登录到 AP 上进行定位，首先确定该 AP 是否和 AC 连通、观察 AP 的上行接口工作是否正常、通过 LWAPP 的 Debugging 调试 AP 是否工作正常。

（2）AP 可能出现了特别严重异常，导致 Fit AP 无法自动恢复，一般情况下 AP 都可自动恢复正常。有条件的情况下，通过 console 接口进行调试，收集相关信息反馈研发定位。

6）AC 上显示 AP 不停地进入或者停滞在 JoinACK 状态

以 Console 或者 Telnet 方式登录，通过 display boot-loader 命令检查版本文件名是否正确。不同的产品有不同的文件名，例如 WA2100 文件名为 wa2100.bin；WA2200 系列 AP 的文件名为 wa2200_fit.bin。

```
<WA2100>dis boot-loader
The current boot app is: flash:/wa2100.bin
The app that will boot upon reboot is: flash:/wa2100.bin
```

如果上面的文件名为 NULL 或者不匹配，那么可以断定该问题。由于 AP 设备将版本文件名丢失，造成 LWAPP client 无法正常进入 Image download 状态。

处理方法：可以通过尝试手动进行 AP 的版本升级进行恢复，如果不能恢复则需要返厂修理。

（1）如果能够通过 Console 接口升级，可以直接手动进行版本升级。

（2）如果只能远程操作，则可以先 telnet 到 AP 设备上，关闭 LWAPP client 任务（保证后面的下载质量，防止下载过程中 LWAPP 将设备进行重新启动），使用 tftp 或者 ftp 直接下载版本。

2. 无线用户使用常见问题及原因判定

（1）用户无线网卡无法搜索到无线信号。

问题描述：用户无线网卡无法搜索到无线信号。

客户端可能原因及解决方法：

① 确认当地环境存在无线网络覆盖。

② 用户网卡已经被禁用。打开"网络连接"，选中无线网卡将其启用。

③ 用户笔记本电脑无线网卡的硬件开关没有打开。当前很多主流笔记本电脑都有无线网卡的硬件启用开关，或者键上有热键开启无线网卡。

④ 用户开启了无线网卡软件配置客户端。

局端可能原因：

① AP 掉电。在网管上查看设备时候可达，根据设备警告信息判断。

② AP 数据配置问题，请核对标准数据脚本。V5 的配置方式中主要注意：

```
service-template enable                        //使能无线模板
service-template 1 interface WLAN-BSS 1        //无线模板和 BSS 接口的对应
```

③ AP 发出信号非常弱，导致用户无法搜到无线信号。

• AP 天馈线或天线接触问题或线路硬件故障。

• 使用室分系统的局点合路器故障或合路器输入输出馈线接反。

④ AP 自身硬件问题。现场工程师可用 AP 自带天线替换测试，正常情况替换后附近无遮挡处一般信号强度在－20dbm 至－40dbm

（2）用户无法获得 IP 地址。

问题描述：用户无法获得 IP 地址。

客户端可能原因：

① 运行 cmd→ipconfig/renew 命令尝试查看 ipconfig 是否解决。

② 客户端网卡故障，禁用后启用网卡或者重启 PC 尝试解决。

局端可能原因：

① 业务 vlan 不通。需要各二层设备透传业务 vlan 数据维护部门确认。

② DHCP server 的 IP 地址池中地址用完。

③ AP 自身硬件问题导致不转发报文。

LAN 接入方式现场工程师可以在交换机上配置端口 port access vlan XX 并接入有线网卡的客户端来判断或排除无线网络问题。

（3）用户无法打开 Portal 认证页面。

问题描述：用户可以获取 IP 地址，可以打开 Portal 认证页面，但无法认证成功。

客户端可能原因：卡号密码输入错误，尝试重新输入解决。

局端可能原因：portal 认证服务器故障。

（4）上网速度变慢。

问题描述：上网过程中出现网络速度变慢的问题。

客户端可能原因：

① 用户上网位置环境发生较大变化，环境信号强度和质量降低。

② 用户无线网络环境突然存在干扰，无线网卡附近存在微波炉，开启了其他 AP 设备或其他无线客户端设备（客户端存在 AD HOC 的干扰情况）。

局端可能原因：

① 一台 AP 上接入用户数量超过 25 个用户，此现象可以在 IMC 网管上设置条件形成告警提示。

② 有线网络带宽问题，上层设备是否有带宽限制。

③ 有线网络存在丢包，可以尝试 ping AP 或交换机管理地址来判断。

④ 确认 AP 的配置是否存在带宽限制的配置。与标准配置比较，AP 默认不会设置带宽限制。

⑤ 用户上网位置环境发生较小的变化，但环境信号强度降低。

⑥ portal 认证服务器故障。

（5）网络中断问题。

问题描述：用户上网过程中出现网络中断问题。

客户端可能原因：

① 用户上网位置环境发生较大变化，环境信号强度和质量降低。

② 用户无线网络环境突然存在干扰，无线网卡附近存在微波炉，开启了其他 AP 设备或其他无线客户端设备（客户端存在 AD HOC 的干扰情况）。

③ 网卡是否还连接在无线网络上，是不是已经切换到其他 ssid。

局端可能原因：

① 提示"系统检测连接已断开"，重新认证是否能恢复，如果能恢复需要在 portal 认证服务器上查找相关账号异常或失败记录。

② 在 AP 上查看用户是否正常连接。在 AP 上通过命令 display wlan client（V5）display mac-station（V3）查看在线用户情况，此处可能需要在得到用户登录账号后，通过认证服务器关联查找到用户的 MAC 地址来确认其连接情况。

③ 是否跨越不同 vlan 之间漫游造成。FAT AP 只能二层漫游。

3. 无线产品部分常见问题处理指导

（1）无线控制器"OAP 链接不成功"问题。

问题描述：登录到无线控制器上以后，试图通过 OAP 方式登录到交换板上进行查询或者配置，却发现无法登录成功，提示 The OAP connection is busy, please try again later!。

问题原因：一个交换板仅能支持一个 OAP 链接，也就是如果 Console(或者 telnet 用户)接口用户再使用 OAP，那么其他用户就无法使用，如果试图链接就会出现上面的信息。

处理方法：在用户视图下面执行 free user-interface 命令踢掉怀疑使用 OAP 链接的用户，其中参数 VTY 和 0 分别为 display users 中的 UI 信息。

一个踢出 Console 接口用户的命令例子：

```
<h3c-wlan-wx6103-A>free user-interface con 0
```

如果踢掉用户成功，再次进行 OAP 应该可以连接成功，否则可以踢掉所有的用户进行测试。如果踢掉所有的用户也没有效果，只有重新启动设备或者联系研发确认。

应用预防和规避：

① 在交换板上避免配置下面的命令：

```
user-interface aux 0
idle-timeout 0 0
```

② 使用 OAP 的时候尽量养成及时退出的习惯。

(2) AP 无法获取地址，但是 PC 能够获取地址问题。

问题描述：

① AP 无法成功注册到 AC 上。AC 收不到任何该 AP 的报文，该 AP 无法动态获取地址。

② 使用 PC 替换 AP 设备后，PC 可以成功获取地址和工作。

③ 通过抓包和调试可以发现 AP 已经正常发送了 DHCP discover 报文申请 IP 地址，然而却没有收到 DHCP offer 报文，而通过 DHCP server 信息发现已经收到了 Discover 报文并且回应 offer 报文。

问题原因：从 DHCP server 到 AP 位置的有线网络的广播报文不通(可通过 ARP 验证)。

分析和说明：

① PC 发出的 discover 报文中的 bootp flags 为 unicast 类型，这样 DHCP server 回复给其的 DHCP offer 报文就以单播 unicast 方式发送。

② AP 发送的 DHCP discover 报文中要求 DHCP offer 以广播报文发送，此时 DHCP 服务器的回应报文为广播报文。

综述：DHCP 协议本身就支持这两种方式的协商，但是由于中间网络的问题，造成了广播 offer 报文无法到达 AP，导致了 AP 无法获取地址，最终无法成功注册到 AC 设备。

(3) 同一台 PoE 交换机下的部分 AP 工作不正常。

问题描述：部分 AP 会自动重新启动(和 AC 的连接断开)。

问题原因：任何的 PoE 交换机对于供电都有各自的供电规格及预留空间，所以当对外供电总量超过可以供电量时，交换机会自动断开低优先级的接口而造成 AP 重启。

可以通过交换机上的 Log 信息确认：

Apr　6 11:26:44:368 2000 YXY - WLAN - 04 DRV _DEM/5/POE WARNING: - 1 - Power budget exceeded

#Apr　6 11:26:44:418 2000 YXY-WLAN- 04 DRV_DEM/5/POE WARNING:-1 -Poe function of Ethernet1/0/6 is disabled.

第一个表示总的功率超过预算,无法再给新的端口供电;第二个表示开始进行 Action 了,断掉了一个接口。

处理方法:只有增加 PoE 交换机,或者部分的 AP 使用 PoE 模块进行单独供电。

(4) 无线接入和 MAC 认证。

问题描述:采用 MAC 认证,IMC 配置用户账号时,如果"在线数量限制"设置为 1,可能会带来漫游不成功问题,甚至严重导致无线连接断开及切换到别的 SSID 无线服务的可能。

下面介绍一下 H3C 的无线接入用户的漫游过程:

① 大部分的网卡在漫游的时候是不会和原来已经连接的 AP 断开(也就是不会向 AP 发送 de-authentication 报文或者 dis-association 报文,而 AP 通常也不会感知用户离开)。

② 无线客户端直接选择一个新的 AP 开始建立链接。

③ 考虑到网络接入的安全性,只有当用户完全和新的 AP 链接成功之后,旧的 AP 才会主动断开原来的连接。

④ 在整个漫游过程中,无线控制器将维持两个无线客户端的信息,其中旧的 AP 上是一个"链接成功状态"的客户端,而新的 AP 上则是一个"正在链接状态"的客户端。

⑤ 最终,整个无线控制器上只能有一个"链接成功状态"的客户端。

处理方法:一定要配置每一个"MAC 认证用户"的"在线数量限制"至少为大于或者等于 2。

(5) 本地转发时 AP 注册成功后一会断开链接。

问题描述:

① AP 启用本地转发。

② 通过 AC 可以看出,AP 可以进入 Run 状态,但是大约 30s 后又切换为 Idle 状态。

③ 通过 debugging wlan lwapp event 可以看到 LWPS/7/Event:[APID:3 State: Run] Neighbor-Dead timer expired 调试信息。

问题原因:

① 目前的 Fit AP 使用 VLAN 1 获取地址并和 AC 进行注册,所以必须保证 AP 上使用 VLAN1 能够成功从网络中获取地址,也就是上行口必须支持 VLAN1。

② 下发的 AP 的本地配置文件将上行接口 Ethernet 的 PVID 修改了,不再是原来的 VLAN1,最终导致 AP 和 AC 不通,AC 的状态机因超时断开链接。

处理方法:修改本地转发文件,一定保证上行接口 PVID 为 1。

4. 用户 ping 丢包问题排查综合指导

(1) ping 丢包依序分析定位思路。

ping 丢包依序分析定位思路流程如图 7.7 所示。

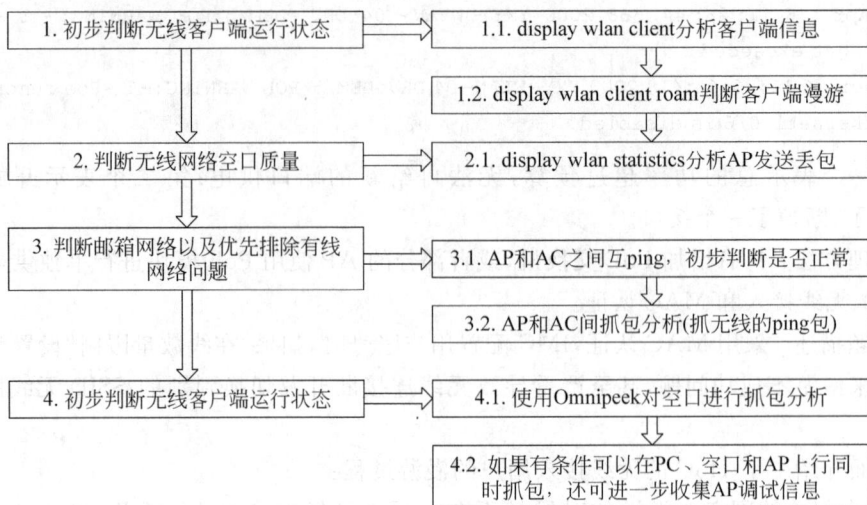

图 7.7 ping 丢包依序分析定位流程示意图

（2）初步判断无线客户端运行状态。

① 通过命令 display wlan client mac-address 0019-d20b-6f4d 获取到的该无线用户的详细信息。

② 通过命令 display wlan client roam-track mac-address 获取到的该无线用户的漫游信息。

（3）判断无线空口质量。

登录到 AP 设备上，进入隐藏命令收集 display ar5drv [1|2] statistics 信息进行分析，主要判断丢包率，如果丢包率低于 1‰ 说明空口质量还可以。

实际使用中涉及其他 AP 干扰问题、AP 自身问题、非 WLAN 信号干扰问题等。一个信道的转发能力是固定的，当多台 AP 使用相同信道并且互相可见的情况下，他们总的空口能力也最多 22M 左右。因此，当空口的转发能力已经饱和时，必然有的 AP 就会出现丢包。

另外，不合理的网络规划会带来隐藏节点问题，AP、Station 之间的无谓冲突会降低空口的性能，增加错包几率，从而导致丢包；如果进入 AP 的报文持续大于空口的发送能力，必然会导致发送队列溢出，从而丢包；或者 AP Radio 芯片出现问题，导致报文发送不出去；或者对空口忙闲的判断出现错误，导致不发送报文。

可以使用 Netstumbler 和 Airmagnet 对空口周围的环境进行相应的分析：特别是 Airmagnet 对空口进行扫描，可以看到信道的占用率和吞吐量，查看信道中 AP 和 Station 的数量，查看空口报文的速率组成及占用比例。

（4）判断有线网络问题。

首先用 AC ping AP 上行网络中的其他设备，看是否丢包严重。

① 排查是否 AP 上行链路中报文流量饱和（包括中间设备），从而淹没 ping 报文。

② AC 下行有线口上是否存在明显的错误统计。

③ AP 上行有线口上是否存在明显的错误统计。

其次,可以从以下几方面排查,如果还不能定位丢包原因,寻求其他帮助。

① 用 AC ping 上行网络中的其他设备,看是否丢包严重。

② 排查是否 AC 上行链路中报文流量饱和(包括中间设备),从而淹没 ping 报文。

③ AC 上行有线口上是否存在明显的错误统计。

(5) 丢包信息采集命令分析。

空口信息采集:

① 执行 reset counters interface,清除所有统计信息。

② 隐藏模式下执行 display ar5drv 2 statistics,连续执行多次。

③ 隐藏模式下执行 display ar5drv 2 queue all,连续执行多次。

④ 隐藏模式下执行 display ar5drv 2 station all,观察 AP 当前的 Station 数量,并且找到出现问题的 Station 对应 AID。再执行 display ar5drv 2 station [AID],连续执行多次。

⑤ 如果有其他 Station,同样执行 display ar5drv 2 station [其他 stationAID],连续执行多次,把每个 Station 都查看一下。

设备信息采集:

执行 display interface Ethernet,连续执行多次,大概的估计出有线口报文的流入速率,即每秒钟有多少报文进入 AP(说明:AP 以太口的流量每 5 分钟更新一次)。

5. 无线 WDS 桥接问题定位指导

无线 WDS 桥接问题定位思路流程如图 7.8 所示。

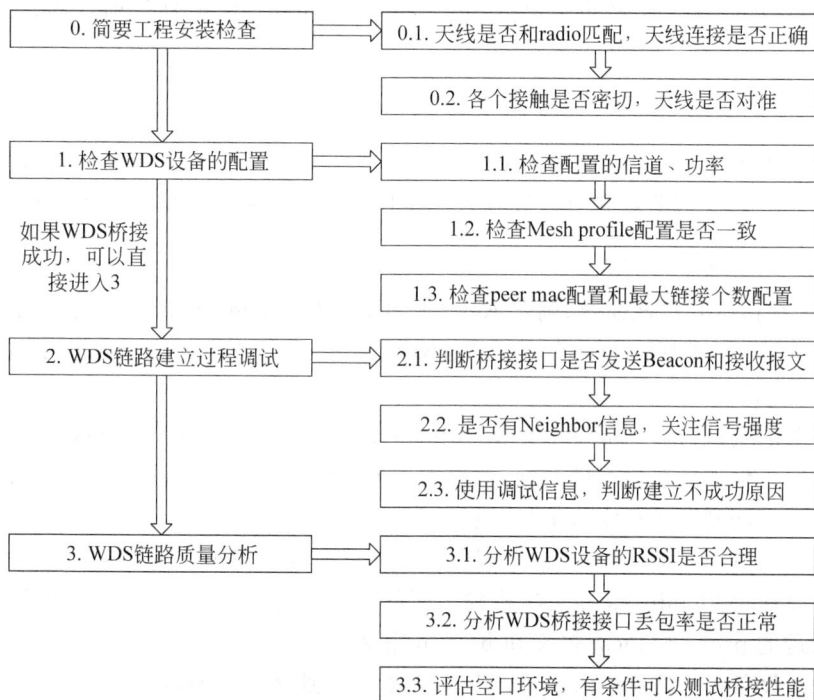

图 7.8　无线 WDS 桥接问题定位流程示意图

(1) 工程安装检查。

主要关注如下方面：

① 当前采用的天线是否和 radio 匹配。

② 天线连接是否正确。

③ 各个链接部件之间是否链接密切。

④ 天线的极化方式是否一致，可以通过 V 判断。

⑤ WDS 两端天线是否对准(特别是用定向天线时)。

(2) WDS 相关配置检查。

为了减少不必要的问题，对于出现桥接不上的问题定位时，可以先花费一点时间仔细检查一下配置，保证不要出现低级错误。

① 确定进行桥接的两个 Radio 接口配置为相同的模式(例如 11a)，设置为相同的信道，同时发射功率设置恰当(通常使用最大发射功率)。

② 检查 Radio 接口下面的 peer-mac 是否已经正确指定了对端的 MAC 地址。

③ 检查 Radio 接口上面绑定 mesh-profile，要保证 mesh-profile 已经使能、配置的 Mesh ID 相同。

④ 检查 mesh-profile 对应的接口下面认证算法相同及密钥相同。

⑤ 对于需要建立多条链路的设备，需要确认最大支持链接数是否设置正确，默认情况最大支持两条(link-maximum-number)。

(3) WDS 链路建立过程调试。

① 通过设备隐藏命令 display wlan mesh neighbor all 查看当前设备所有的邻居信息。

```
[WDS2-hidecmd]dis wlan mesh neighbors all
```

② 确保作为 WDS 的设备作为桥接的空口接口可以成功发送 Beacon 报文，并且能够成功接收到报文，必须通过相应的检查和调整保证桥接设备能够获取到邻居信息。

```
[WDS1-hidecmd]display ar5drv 1 statistics
```

可以连续执行几次该命令，确定 RxFrameCnt 和 BeaconIntCnt 是否在不停地增加。

③ 当 Mesh 的邻居已经存在而无法建立链接时，可以使用 wlan mesh 相关的调试开关进行定位分析：

- 相关的调试命令 debugging wlan mesh all/error/event/frame/fsm/timer。
- 当有其他链路在运行的时候，可以考虑开启除了 frame 之外的其他调试开关。

④ 特殊方法判断设备空口信号是否正常。

- 可以通过 AirMagnet 扫描到 WDS 信号，此时信号将被认为是 AD-Hoc 设备。
- 可以通过 Omnipeek 在无法找到邻居的设备段进行抓包，确定是否能够抓到对端发送的 probe request 报文和 beacon 报文。
- 如果设备 1 无法在 mesh 邻居中找到设备 2，那么可以将设备 2 的 radio 接口配置一个普通的无线接入服务，然后在 1 的位置使用笔记本确定是否能够接收到设备 2 的无线信号(可以直接使用网卡扫描，可以使用 Netstumbler 或 Airmagnet

扫描）。

（4）WDS 链路质量分析。

信号强度 Mean RSSI 可以直接体现出链路的质量，但实际上 RSSI＝SNR－底噪。底噪和环境、干扰相关，会时时变化；而 SNR 相对稳定（对于一个固定的环境和发射功率），可以认为和发射功率、设备使用的天线、设备距离、空间衰减等相关。但是当设备安装完成以后，SNR 往往相对比较固定。

设备 11a 默认底噪为－105；设备 11g 默认底噪为－95。在固定的网络中，如果底噪增高，那么 RSSI 会降低；否则底噪降低，则 RSSI 会提高。

① 链路的信号强度（Mean RSSI）。通过邻居信息中查看对应链路的 RSSI，需要保证 RSSI 超过 30，而且接近目标信号强度；或者通过 Web 查看 WDS 的信号质量，应该保证显示为三格或者三格以上。

② 空口的丢包率。通过 display int wlan-radio 或者隐藏命令 display ar5drv 1 statistics 获取接口的统计信息，分析丢包率（discard 报文/unicast 报文）应该小于 3%。

6. 无线部分特性设置及功能说明

（1）Intel 系列无线网卡电源管理设置问题。

当便携机使用电池供电时，网卡默认开启节电模式。如果此时网络中端到端的传输延迟较大（大于 34ms）会导致网卡接入无线网络失败，解决方法如图 7.9 所示。

图 7.9　无线网卡电源管理设置

（2）无线网络设备如何查询无线客户端 IP 地址。

H3C 无线网络设备为各种 WLAN 无线客户端提供 WLAN 接入服务，本质上为无线客户端提供一个链路层的接入服务。依靠无线控制器设备对经过无线用户的 Arp 报文进行监听，可以创建无线客户端的物理地址和 IP 地址的对应关系。

```
[H3C]arp-snooping enable
```

① 如果使用网管进行无线客户端地址管理,需要开启 WLAN 的告警信息。

② 对于进行本地转发的无线客户端,无线控制器无法正确获取该客户端的 IP 地址。

③ ARP Snooping 表项的老化时间为 25 分钟,有效时间为 15 分钟。如果一个 ARP Snooping 表项自最后一次更新后 15 分钟内没有收到 ARP 更新报文,则此表项开始进入失效状态,不再对外提供服务,其他特性查找此表项将会失败。

(3) WX3000 系列交换板 CPU 口镜像配置说明。

WX3000 系列交换板与主控板间通过虚拟 GE 口相连,WX3024 为 G1/0/29；WX3010 为 G1/0/11；WX3008 为 G1/0/9(一般称为 CPU 口)。

由于 CPU 口的特殊性,端口镜像无法通过通用镜像命令行配置,且 CPU 口只支持出方向镜像(即 AP→AC 方向)。因此,在 WX3000 系列交换板的隐藏视图下为 CPU 口设置了专用的镜像配置命令,供维护及调试使用。配置 CPU 口镜像(CPU 口为被监控端口):

```
[WLC3024-LSW-hidecmd]_set drv cpu-mirroring outbound monitor-port ?
INTEGER<1-26>User panel port
[WLC3024-LSW-hidecmd]_set drv cpu-mirroring outbound monitor-port 1
Set cpu-mirroring configuration success !
[WLC3024-LSW-hidecmd]undo _set drv cpu-mirroring
Undo all cpu-mirroring configuration success !
```

WX3000 系列交换板只允许配置一个监控端口,因此只能有一个镜像组处于 active 状态。

(4) 空口信道利用率检测说明。

本特性主要利用 AP 的空口,直接检测空口所在的物理环境中信道的使用情况。如果空口检测信道繁忙,表示周围有其他的信号源在工作,会对当前 AP 产生影响,例如性能降低,ping 出现抖动或者丢包等。

```
[WA2220E-AG-hidecmd]display ar5drv 1 channelbusy
```

功能描述: 查看 AP 射频端口当前配置信道的忙闲状况。

① 默认 9s 检测一次信道利用率。

② 记录最近 20 次的统计值,查看时先显示最新记录值。

③ 信道切换或者带宽切换时清空记录值。

第 **8** 章 CHAPTER

计算机网络课程设计

8.1 课程设计纲要

【课程设计目的】

本课程设计是学生学习完《计算机网络》及相关课程后,通过计算机网络课程设计使学生以解决实际问题为主线,进行相关的实际网络工程设计、网络系统的安装与配置、网络安全与系统防范策略设置等计算机网络技术的综合应用,巩固在计算机网络课程中学到的知识,深入掌握计算机网络工程的设计与施工、网络系统的安装与配置技术,了解网络系统所采取的安全措施、网络系统漏洞等相关技术,进一步提高学生的实践动手能力,要求学生根据自己的兴趣在老师的集中指导下完成具有一定规模的具体应用项目的开发、网络规划与设计、网络管理设置等。使学生掌握文献查阅及报告撰写等基本技能,加深网络技术的基本概念、基本原理和基本技术等知识的理解,培养学生实践动手能力、独立分析问题并解决问题的能力和分工协作的团队精神。

【仪器设备】

(1) 计算机一台。
(2) 交换机 4 台。
(3) 路由器 4 台。
(4) 无线路由器。
(5) 无线网卡。
(6) 防火墙。

【课程设计安排】

(1) 教师下达设计任务书

任务书内容包括题目、主要技术指标和要求、给定条件及原始数据、所用仪器设备和参考资料及文献等。教师讲授必要的设计思路和设计方法。

（2）学生完成预设计

本阶段学生应明确任务,查阅资料及文献(主要自学),掌握工程设计基本方法,确定设计方案,进行设计分析,完成预设计。

（3）实验阶段

经教师审查通过预设计方案后即可进行调试。课程设计由学生独立完成,教师定时指导。

（4）设计总结阶段

本阶段学生要认真完成课程设计报告书,整理技术资料,如有需要还应写出课程设计的心得体会和改进意见。课程设计报告书包括设计任务及主要技术指标、设计方案及论证结果、系统的原理框图、设计程序、实验结果、实验中的主要问题及故障现象的分析和设计结论等。附实验数据、系统软硬件环境、使用说明及参考资料。

【课程设计任务】

本课程设计提供多组题目供学生选择,让学生各自独立完成。

（1）课程设计之前教师首先下达任务书,学生要根据所接受的任务书保质保量地完成设计任务。对有抄袭他人程序、找人代做或从网上下载等行为者,课程设计成绩按不及格处理。

（2）要求按照课程设计的规范开展工作,根据题目要求分为计划、需求分析、设计、编码、测试及总结等阶段,在各个阶段结束后均要求作相应总结。

（3）要求提供项目开发过程中的技术文档。

（4）每位学生要遵守学习纪律,保证出勤,不得迟到、早退,因事、因病不能上课需请假。

【课程设计要求】

本课程设计要求学生初步掌握计算机网络分析和设计的基本方法。通过分析具体设计任务,确定方案,画出具体的网络拓扑结构图、业务流程图、数据流程图等相关图表,并写出具体配置步骤情况,提交正式课程设计总结报告打印及电子稿一份。

本课程设计报告内容的具体要求为:

（1）具体设计任务。

（2）课程设计方案报告。

（3）基本思路及所涉及的相关理论。

（4）课程设计成果。

（5）方案设计(主要仪器设备、图表)。

（6）网络具体配置步骤或程序开发步骤。

（7）调试过程中出现的问题及相应解决办法。

（8）个人体会及建议。

（9）参考资料。

【考核办法】

可以通过进度检查、报告评审的形式了解学生的设计水平,根据学生任务完成的情况,设计报告的质量,平时的学习态度、工作作风、思想表现全面准确评定成绩、答辩情况及课程设计考勤登记表。成绩按优秀、良好、中等、及格、不及格 5 级记分。

8.2　课程设计参考题目

计算机网络课程设计是一门涉及内容非常广泛的实践课程,不可能一个题目包括所有知识。因此,这里将计算机网络课程设计按内容分为网络管理与维护、网络规划与设计、网络工具开发、应用程序开发、安全算法实现等几类,每位同学可根据教师的要求从所给题目中选一个或多个,也可自拟题目,并经教师同意,且必须独立完成课程设计,不能相互抄袭。

【网络管理与维护】

题目1　建立一个企业内部的 Intranet

设计内容及要求如下:

(1) 建立由多个 TCP/IP 网段构成的计算机网络,通过路由器相互连接。

(2) 建立企业内部的 DNS 服务。

(3) 建立企业内部的邮件服务。

(4) 建立企业内部的 WWW 服务器。

(5) 每个同学拥有自己的邮件地址,可以相互通信。

(6) 每个同学在 WWW 服务器上均可发布自己的主页,提供同学自己维护各自主页的机制。

题目2　应用服务器配置与管理

(1) 设计要求

为校园网络中心设计和建立服务器群,在 Windows 环境下安装和部署 DNS、DHCP、Web、FTP 服务。要求如下:

① 服务器使用静态 IP 地址,网络中的普通用户使用动态 IP 地址。

② 在 Web 服务器上设置两个不同的站点,用户可用不同的名字访问不同的站点。

③ 用户能够利用 FTP 服务器进行文件上传、下载。

④ FTP、Web 服务器能够通过域名访问。

(2) 课程设计报告内容

① 解释每个服务器的相关工作原理。

② 给出各个服务器的功能说明。

③ 列出每个服务器的 IP 地址及域名规划。

④ 每个服务器给出配置的结果测试。

⑤ 给出每个服务器的综合验证结果。

题目3 使用抓包工具分析三次握手协议的工作过程

（1）设计要求

Windows 系统或者 Linux 系统下，理解 TCP 协议组成中的每一部分意义，掌握三次握手协议的工作过程，对 TCP 协议的组成结构有较好的理解，有较强的动手能力。

（2）课程设计内容要求

① 查找资料，找到能够完成本设计的抓包工具。

② 构建抓包环境。

③ 实施通信过程中的抓包。

④ 分析抓取的数据包。详细分析一次通信过程中，TCP 数据包的每个组成部分在三次握手中的变化。

⑤ 总结三次握手的工作原理。

题目4 网络的管理与维护

1）使用嗅探器分析各种数据包格式

熟悉并掌握 Wireshark 的基本操作，了解网络协议实体间的交互及报文交换；掌握以太网帧的构成，了解各个字段的含义；掌握 IP 协议的作用和格式；理解 IP 数据包首部各字段的含义；掌握 IP 数据包首部校验和的计算方法；掌握 TCP 协议的作用和格式；分析数据报各字段的含义及作用；理解三次握手的过程；学会计算 TCP 校验和的方法；了解 TCP 的标志字段的作用等。

2）三次握手协议的工作过程分析

为了建立可靠的 TCP 连接，使用三次握手协议。要求分析三次握手工作过程，具体如下：

（1）查找资料，找到能够完成本设计的抓包工具。

（2）在 Windows 系统或者 Linux 系统下，使用抓包工具抓取 IP 数据包，取出 TCP 报文。

（3）理解 TCP 协议组成中的每一部分意义，分析每次握手之后的 TCP 数据包的改变情况。

在撰写报告时，要求给出抓包环境的构建；描述通信过程中的抓包；详细分析一次通信过程中，TCP 数据包的每个组成部分在三次握手中的变化；总结三次握手的工作原理。

3）常用网络命令的使用

练习一下各个命令，熟悉命令的格式，了解命令的功能。具体命令如下：

① ipconfig ② nslookup

③ arp ④ route

⑤ netstat ⑥ ping

⑦ tracert ⑧ telnet

（1）查看本机网络接口卡的信息，并写出其内容。

（2）查询网址 www.cqut.edu.cn 的服务器 IP 地址，写出其结果，并说明含义。

（3）查询路由表，并写出路由表中的三条信息。

（4）查看本机活动的 TCP 连接，列出三条非本地活动的 TCP 连接。

（5）查看到达 www.163.com 所经过的路径及跳数，并把它们列出来，写出最终到达 www.163.com 的 IP 地址。

（6）对于在线的计算机、关闭的计算机和不存在的计算机，比较 ping 程序的输出结果有何不同。

（7）用 telnet 登录本机或其他同学机器上的 Telnet Server。

4）Wireshark 软件的安装与使用

（1）实验目的

学会安装和熟悉 Wireshark 软件，用 Wireshark 来观察网络。了解 Wireshark 工具的使用方法，为进一步实验做准备。

（2）实验内容

① 安装 Wireshark 及 WinPcap_4_0_beta3 软件。

② 熟悉 Wireshark，进行典型包捕获，写出三条捕获数据帧的重要信息。

5）考察 802.3 协议的操作和以太网帧格式

（1）实验步骤

① 启动 Ethereal，开始分组俘获。

② 在浏览器的地址栏中输入 http://gaia.cs.umass.edu/ethereal-labs/HTTP-ethereal-lab-file3.html，浏览器将显示冗长的美国权力法案。

③ 停止分组俘获。

（2）实验内容

① 你主机的 48 位以太网地址是多少？

② 是 gaia.cs.umass.edu 服务器的地址吗？如果不是，该地址是什么设备的以太网地址？

③ 给出两种帧类型字段的十六进制值。标志字段的值是 1 的含义是什么？

④ 在包含 get 以太网帧中，从该帧的起始处开始一共有多少个 ASCII 字符 G？

⑤ 在该以太网帧中 CRC 字段的十六进制值是多少？

⑥ 以太网源地址是多少？该地址是你主机的地址吗？是 gaia.cs.umass.edu 服务器的地址吗？如果不是，该地址是什么设备的以太网地址？

⑦ 以太网帧的 48 位目的地址是多少？该地址是你主机的地址吗？

⑧ 给出两种帧类型字段的十六进制值。标志字段的值是 1 的含义是什么？

⑨ 在包含 OK 的以太网帧中，从该帧的起始处开始一共有多少个 ASCII 字符 O？

⑩ 在该以太网帧中 CRC 字段的十六进制值是多少？

⑪ 写下你主机 ARP 缓存中的内容。其中每一列的含义是什么？

⑫ 包含 ARP 请求报文的以太网帧的源地址和目的地址的十六进制值各是多少？

⑬ 给出两种帧类型字段的十六进制值。标志字段的值是 1 的含义是什么？

⑭ 从 ftp://ftp.rfc-editor.org/innotes/std/std37.txt 处下载 ARP 规范说明。在 http://www.erg.abdn.ac.uk/users/gorry/course/inet-pages/arp.html 处也有一个可读的关于 ARP 的讨论网页。根据操作回答：

ⅰ.形成 ARP 响应报文的以太网帧中 ARP-payload 部分 opcode 字段的值是多少？

ⅱ. 在 ARP 报文中是否包含发送方的 IP 地址?

⑮ 包含 ARP 回答报文的以太网帧中源地址和目的地址的十六进制值各是多少?

6) 利用分组嗅探器(Ethereal)分析协议 HTTP 和 DNS

(1) 实验步骤

① 启动 Web Browser。

② 启动 Wireshark 分组嗅探器。在窗口的显示过滤说明处输入 http,分组列表子窗口中将只显示所俘获到的 HTTP 报文。

③ 一分钟以后开始 Ethereal 分组俘获。

④ 在打开的 Web browser 窗口中输入以下地址(浏览器中将显示一个只有一行文字的非常简单的 HTML 文件):

http://gaia.cs.umass.edu/ethereal-labs/HTTP-ethereal-file1.html

⑤ 停止分组俘获。

(2) 实验内容

① 你的浏览器运行的是 HTTP1.0 还是 HTTP1.1? 你所访问的服务器所运行的 HTTP 版本号是多少?

② 你的浏览器向服务器指出它能接收何种语言版本的对象?

③ 你的计算机的 IP 地址是多少? 服务器 gaia.cs.umass.edu 的 IP 地址是多少?

④ 从服务器向你的浏览器返回的状态代码是多少?

⑤ 你从服务器上所获取的 HTML 文件的最后修改时间是多少?

⑥ 返回到你的浏览器的内容一共多少字节?

⑦ 分析你的浏览器向服务器发出的第一个 HTTP GET 请求的内容,在该请求报文中是否有一行是 IF-MODIFIED-SINCE?

⑧ 分析服务器响应报文的内容,服务器是否明确返回了文件的内容? 如何获知?

⑨ 分析你的浏览器向服务器发出的第二个 HTTP GET 请求,在该请求报文中是否有一行是 IF-MODIFIED-SINCE? 如果有,在后面跟着的信息是什么?

⑩ 服务器对第二个 HTTP GET 请求的响应中的 HTTP 状态代码是多少? 服务器是否明确返回了文件的内容? 请解释。

⑪ 你的浏览器一共发出了多少个 HTTP GET 请求?

⑫ 承载一个 HTTP 响应报文一共需要多少个 data-containing TCP 报文段?

⑬ 与 HTTP GET 请求相对应的响应报文的状态代码和状态短语是什么?

⑭ 在被传送的数据中一共有多少个 HTTP 状态行与 TCP-induced"continuation"有关?

⑮ 你的浏览器一共发出了多少个 HTTP GET 请求? 这些请求被发送到的目的地的 IP 地址是多少?

⑯ 通过浏览同时下载该页面的多个图片,分析是串行下载还是并行下载? 请解释。

⑰ 对于浏览器发出的最初的 HTTP GET 请求,服务器的响应是什么(状态代码和状态短语)?

⑱ 当浏览器发出第二个 HTTP GET 请求时,在 HTTP GET 报文中包含了哪些新的字段?

⑲ 定位到 DNS 查询报文和查询响应报文,这两种报文的发送是基于 UDP 还是基于 TCP 的?

⑳ DNS 查询报文的目的端口号是多少? DNS 查询响应报文的源端口号是多少?

㉑ DNS 查询报文发送的目的地的 IP 地址是多少? 利用 ipconfig 命令(ipconfig/all)决定你主机的本地 DNS 服务器的 IP 地址。这两个地址相同吗?

㉒ 检查 DNS 查询报文,它是哪一类型的 DNS 查询? 该查询报文中包含 answers 吗?

㉓ 检查 DNS 查询响应报文,其中提供了多少个 answers? 每个 answers 包含哪些内容?

㉔ 考虑一下你的主机发送的 subsequent(并发)TCP SYN 分组,SYN 分组的目的 IP 地址是否与在 DNS 查询响应报文中提供的某个 IP 地址相对应?

㉕ 打开的 Web 页中包含图片,在获取每一个图片之前,你的主机发出新的 DNS 查询了吗?

㉖ DNS 查询报文的目的端口号是多少? DNS 查询响应报文的源端口号是多少?

㉗ DNS 查询报文发送的目的地的 IP 地址是多少? 这个地址是你的默认本地 DNS 服务器的地址吗?

㉘ 检查 DNS 查询报文,它是哪一类型的 DNS 查询? 该查询报文中包含 answers 吗?

㉙ 检查 DNS 查询响应报文,其中提供了多少个 answers? 每个 answers 包含哪些内容?

㉚ DNS 查询报文发送的目的地的 IP 地址是多少? 这个地址是你的默认本地 DNS 服务器的地址吗?

㉛ 检查 DNS 查询报文,它是哪一类型的 DNS 查询? 该查询报文中包含 answers 吗?

㉜ 检查 DNS 查询响应报文,其中响应报文提供了哪些域名服务器? 响应报文提供这些域名服务器的 IP 地址了吗?

㉝ DNS 查询报文发送的目的地的 IP 地址是多少? 这个地址是你的默认本地 DNS 服务器的地址吗? 如果不是,这个 IP 地址相当于什么?

7) 探究 TCP

(1) 实验步骤

① 启动 Wireshark 分组嗅探器。

② 启动浏览器,以非 SSL 方式登录 mail.163.com。

③ 停止 Wireshark 分组嗅探器,进行分析。

④ 在 Wireshark 已俘获分组列表子窗口中选择一个 TCP 报文段。选择 Statistics→TCP Stream Graph→Time-Sequence-Graph(Stevens)命令,可以看到 TCP 拥塞控制的图形显示。

（2）实验内容

① 向 gaia.cs.umass.edu 服务器传送文件的客户端主机的 IP 地址和 TCP 端口号是多少？

② Gaia.cs.umass.edu 服务器的 IP 地址是多少？对这一连接,它用来发送和接收 TCP 报文段的端口号是多少？

③ 客户服务器之间用于初始化 TCP 连接的 TCP SYN 报文段的序号（sequence number)是多少？在该报文段中是用什么来标示该报文段是 SYN 报文段的？

④ 服务器向客户端发送的 SYNACK 报文段序号是多少？该报文段中 ACKnowledgement 字段的值是多少？Gaia.cs.umass.edu 服务器是如何决定此值的？在该报文段中是用什么来标示该报文段是 SYNACK 报文段的？

⑤ 包含 HTTP POST 命令的 TCP 报文段的序号是多少？

⑥ 如果将包含 HTTP POST 命令的 TCP 报文段看作是 TCP 连接上的第一个报文段,那么该 TCP 连接上的第 6 个报文段的序号是多少？是何时发送的？该报文段所对应的 ACK 是何时接收的？

⑦ 前 6 个 TCP 报文段的长度各是多少？

⑧ 在整个跟踪过程中,接收端公示的最小的可用缓存空间是多少？限制发送端的传输以后,接收端的缓存是否仍然不够用？

⑨ 在跟踪文件中是否有重传的报文段？进行判断的依据是什么？

⑩ TCP 连接的 throughput（bytes transferred per unit time)是多少？请写出你的计算过程。

⑪ 利用 Time-Sequence-Graph(Stevens) plotting 工具浏览由客户端向服务器发送的报文段序号和时间对应关系图。你能否辨别出 TCP 慢启动阶段的起止,以及在何处转入避免拥塞阶段？

⑫ 阐述所测量到的数据与 TCP 理想化的行为有何不同？

【网络工具开发】

题目5　利用 Socket 实现双机通信

利用 WinSock 实现双机通信,理解 TCP 状态机图。要求使用 WinSock 编程,采用其中的 TCP 面向连接方式,实现文本数据的交换。

题目6　实现简单的即时通信软件

利用 WinSock 进行点对点通信,工作机制模仿即时通信软件的基本功能,登录、上线、传递信息等。分为客户部分和服务器部分两块,客户部分类似一般通信软件,例如 QQ;服务器部分主要提供客户端用户基本数据配置。

题目7　发送和接收 TCP 数据包

TCP 是一种面向连接的、可靠的传输层协议,工作在网络层 IP 协议的基础上。本课程设计的目的是设计一个发送和接收 TCP 数据包的程序,其功能是填充一个 TCP 数据包,发送给目的主机,并在目的主机接收此 TCP 数据包,将数据字段显示在标准输出上。

题目 8 模拟 Ethernet 帧的发送过程

目前,Ethernet 是应用最广泛的局域网。因此,学习 Ethernet 技术对深入掌握局域网知识是非常重要的。本课程设计的目的是模拟 Ethernet 帧的发送过程,使读者熟悉 Ethernet 帧的数据发送流程,即 CSMA/CD 工作流程。编写程序模拟 Ethernet 节点的数据发送流程。

题目 9 解析 ARP 数据包

本课程设计的目的是对网络上的 ARP 数据包进行分析,从而熟悉 ARP 数据包的结构,对 ARP 协议有更好的理解和认识。要求编写一程序,获取网络中的 ARP 数据包,解析数据包的内容,将结果显示在标准输出上,并同时写入日志文件。

题目 10 UDP 服务器的设计

UDP 是 TCP/IP 协议族为传输层设计的两个协议之一,是一种无连接的、不可靠的协议。由于 UDP 采取了无连接的方式,因此协议简单,在一些特定的应用中协议运行效率高。UDP 适合一些实时的应用,如 IP 电话、视频会议,它们要求源主机以恒定的速率发送数据,并且在网络出现拥塞时可以丢失一些数据,但是延迟不能太大。基于这些特点,流式多媒体通信、多播等应用在传输层采用的就是 UDP 协议。编写一 UDP 服务器程序,流畅地完成视频文件的传输,要能对多个客户端进行管理。需要通过 UDP 模拟多个客户端连接验证的情况。

题目 11 PING 程序的设计与实现

PING 程序是使用比较多的用于测试网络连通性的程序。PING 程序基于 ICMP,使用 ICMP 的回送请求和回送应答来工作。由计算机网络课程知道,ICMP 是基于 IP 的一个协议,ICMP 包通过 IP 的封装之后传递。课程设计中选取 PING 程序的设计,其目的是希望同学们通过 PING 程序的设计,能初步掌握 TCP/IP 网络协议的基本实现方法,对网络的实现机制有进一步的认识。

(1) 实验内容

RAW 模式的 SOCKET 编程。PING 程序是面向用户的应用程序,该程序使用 ICMP 的封装机制,通过 IP 协议来工作。为了实现直接对 IP 和 ICMP 包进行操作,实验中使用 RAW 模式的 SOCKET 编程。

(2) 具体内容

① 定义数据结构。需要定义好 IP 数据报、ICMP 包等相关的数据结构。

② 程序实现。在 Windows 环境下实现 PING 程序。

③ 程序要求。在命令提示符下输入 PING ×××.×××.×××.×××。

其中×××为目的主机的 IP 地址,要求返回 4 次响应,并且用户可以在参数中输入目的主机 IP 地址、持续 ping、发送多少字节的 ping 包等参数,输出这个主机返回的回送响应,要求使用 ICMP 协议进行回送请求和响应过程。

返回信息的格式:

REPLY FROM ×××.×××.×××.×××

或

```
REQUEST TimeOut   (无法 Ping 通的情况)
```

（3）实验步骤

① 熟悉 IP 及 ICMP 协议的工作机制。

② 熟悉 RAW 模式的 SOCKET 编程。

③ 编写 Ping 的实现程序。

④ 编译环境中需要包括 SOCKET 库 WS2_32.lib。

⑤ 在模拟实现环境下调试并运行自己编写的 PING 程序。

⑥ 保留你实现的程序在你的用户目录下，以备辅导教师检查。

⑦ 提交源程序，撰写实验报告。

题目 12 文件传输协议的简单设计与实现

文件传输是应用层中的一个主要协议，负责将主机中的文件从一台机器传送到另一台机器。文件传输协议（FTP）采用客户端/服务器的工作模式，由客户端产生操作要求，服务器接收到该请求后返回响应。该实验的目的是使同学们掌握应用层协议的实现方法，加深对客户端/服务器的工作模式的认识。文件传送是各种计算机网络都实现的基本功能。文件传送协议是一种最基本的应用层协议，按照客户端/服务器的模式进行工作，提供交互式的访问，是 Internet 使用最广泛的协议。

（1）实验内容

我们的计算机网络实验环境建立在 TCP/IP 网络体系结构之上。各计算机除了安装 TCP/IP 软件外，还安装了 TCP/IP 开发系统。实验室各计算机具备 Windows 环境中套接字（Socket）的编程接口功能，可为用户提供全网范围的进程通信功能。本实验要求学生利用这些功能，设计和实现一个简单的文件传送协议。

（2）具体要求

用 socket 编程接口编写两个程序，分别为客户程序（client.c）和服务器程序（server.c），该程序应能实现下述命令功能：

- get：取远方的一个文件。
- put：传给远方一个文件。
- pwd：显示远方当前目录。
- dir：列出远方当前目录。
- cd：改变远方当前目录。
- ?：显示你提供的命令。
- quit：退出返回。

这些命令的具体工作方式（指给出结果的形式）可以参照 FTP 的相应命令，有余力的同学可以多实现几个命令。

（3）注意事项

① 关于端口号（假设用 SERV_PORT 来表示）的设定，原则上 2000～5000 都可用，为避免冲突，建议取你学号后三位数加上 2000，比如学号为 971234，则可定义：

```
#define SERV_PORT 2234
```

② 客户和服务程序中要有相应的 include 文件(参考所给例子程序)。

③ 有些同学的 server 程序支持多连接,为了不占用更多的系统资源,并发连接数限制在三个以内。

④ 最后提交源程序,撰写实验报告,在实验报告中说明设计的思路。

题目 13　局域网截包程序设计

局域网采用广播方式完成包的发送。因此,任何机器发送的包均可被局域网上的其他机器截获,只要将以太网卡设置为"混杂模式"即可。该实验的主要目的是对《计算机网络》课程的局域网及 IP 等相关知识巩固和复习。

(1) 实验内容

在一个局域网环境中,用 C 语言实现下面的基本功能:

① 确定截包的方法:包括 RAW 模式 SOCKET、PACKET32 及直接作为驱动程序挂在 NDIS 上。

② 要求截获以下包的类型并分析:以太网帧格式、IP 包、ICMP 包、TCP 报文段、UDP 报文等。

(2) 实验步骤和注意事项

① 熟悉 RAW 模式的 SOCKET 编程。

② 熟悉 PACKET32 的工作机制。

③ 熟悉 Windows 7 环境下 NDIS 驱动程序的编写方法。

④ 编写基于上述某一机制的局域网截包的实现程序。

⑤ 在模拟实现环境下调试并运行自己编写的协议实现程序。

⑥ 如出现异常情况,在实验报告中记录并分析可能的原因。

题目 14　网络数据包的捕获与分析

(1) 设计要求

Jpcap 是使用 Java 语言编写的一个开源库,使用该库的函数可以方便地捕获网络上传输的数据包。要求使用该库函数实现捕获经过一个网卡的所有流量,并能显示出来(或存入数据库),并按照要求撰写课程设计报告。

(2) 课程设计报告内容

① 用 Java 的 Jpcap 开源库捕获数据包。

② 通过编程实现抓取通过一个网卡的所有数据包,并把这些数据包存入数据库。

③ 运用所学的网络知识对数据包进行分析,并把分析所得的结果用友好的界面呈现。

④ 给出相关的原理和设计思路、程序的流程图、程序源码及运行测试结果。

题目 15　IP 数据包截获与解析

(1) 设计要求

① 分析 IP 数据包的格式,要求输出每个数据包的相关字段值(包括版本、总长度、标志位、片偏移、协议、源地址和目的地址)。

② 编程模拟主机和目的地址之间 IP 数据包的发送和接收,有良好的编程规范与注释信息。

（2）课程设计报告内容

① 详细描述 IP 数据包的格式。

② 给出数据包发送的设计思路和流程。

③ 给出数据包发送和分析的可视化界面和测试结果。

④ 列出程序代码，要求能够截获网络中的 IP 数据包，解析数据包的内容，将结果显示在标准输出上，并同时写入日志文件。

题目 16　监控 IP 包流量

本课程设计的目的是熟悉 IP 包格式和加深对 IP 协议的理解。要求编制程序，监控网络，捕获一段时间内网络上的 IP 数据包，按 IP 数据包的源地址统计出该源地址在该时间段内发出的 IP 包的个数，将其写入日志文件中或用图形表示出来（建议用图形表示出统计结果）。

题目 17　数据链路层协议的设计与实现

计算机网络的数据链路层协议保证通信双方在有差错的通信线路上进行无差错的数据传输，是计算机网络各层协议中通信控制功能最典型的一种协议，用于保证数据的可靠传输、进行流量控制等基本功能。本题目实现一个数据链路层协议的数据传送部分，目的在于使学生更好地理解数据链路层协议中"滑动窗口"技术的基本工作原理，掌握计算机网络协议的基本实现技术。

（1）实验内容

在一个数据链路层的模拟实现环境中，用 C 语言实现下面两个数据链路层协议。

① "退回到 N 重发"的滑动窗口协议。

② "选择重发"的滑动窗口协议。

（2）模拟实现环境

数据链路层协议位于物理层之上，网络层之下。它使用物理层提供的服务，并且向网络层的分组数据传输提供可靠的服务。

由于构造实际的工作环境需要系统提供支持，难度较大，因此实现一个数据链路层协议必须要有一个模拟实现环境。在本实验中，仍然采用基于 SOCKET 的模拟通信环境。

这个模拟系统由以下几部分组成：

① 两个代码文件 sim.c 和 worker.c。

② 一个通用的头文件 common.h，包含类型预定义、常量定义等。

③ 协议文件使用的头文件 protocol.h，包含支撑函数的函数声明等。

模拟系统使用三个进程：

① main：控制整个模拟系统。

② M0：协议 2 和协议 的发送方（machine 0）。

③ M1：协议 2 和协议 3 的接收方（machine 1）。

文件 sim.c 中包含着主程序，它首先分析命令行并将参数保存起来，接着创建 6 个管道使得三个进程之间能够进行通信，所创建的文件描述字以如下方式命名：

① M0 和 M1 的通信

w1、r1：M0 到 M1 的帧传递。

w2、r2：M1 到 M0 的帧传递。

② Main 和 M0 的通信

W3、r3：main 通知 M0 go-ahead。

w4、r4：M0 通知 main，M0 已准备好。

③ Main 和 M1 的通信

w5、r5：main 通知 M1-go-ahead。

w6、r6：M1 通知 main，M1 已准备好。

模拟实现环境的源程序放置在相应的目录下，请同学们首先把这些文件复制到自己的用户目录下。

（3）实验步骤和注意事项

① 熟悉已给出的数据链路层协议模拟实现环境的功能。

② 编写两个数据链路层协议的实现程序。

③ 在模拟实现环境下调试并运行自己编写的协议实现程序。

④ 了解协议的工作轨迹，如出现异常情况，在实验报告中写出原因分析。

⑤ 保留你实现的数据链路层协议在你的用户目录下，以备辅导教师检查。

题目 18　滑动窗口协议仿真

（1）设计要求

① 设计一个滑动窗口协议仿真程序，以模拟流量控制过程。

② 程序按照滑动窗口协议实现端对端的数据传送。包括协议的各种策略，如包丢失、停等应答、超时等都应有所仿真实现。

③ 显示数据传送过程中的各项具体数据，如双方帧的个数变化、帧序号、发送和接收速度、暂停或重传提示等。

④ 设计美观易用的图形界面。

（2）课程设计报告内容

① 给出设计需求说明，包括概要设计、详细设计。

② 列出仿真程序代码。

③ 给出程序测试结果（抓图）。

题目 19　路由器查表过程模拟

（1）设计要求

编程模拟路由器查找路由表的过程，用（目的地址 掩码 下一跳）IP 路由表及目的地址作为输入，为目的地址查找路由表，找出正确的下一跳并输出结果。

（2）课程设计报告内容

① 给出路由表的相关知识和原理。

② 详细描述设计过程。

③ 给出设计思路。

④ 列出程序代码。

⑤ 给出查找过程的测试结果。

题目 20　端口扫描工具的设计与实现

（1）设计要求

① 实现一个功能比较简单的、具有图形界面的端口扫描工具，主线程响应用户界面操作，工作线程完成端口扫描等工作。

② 能够扫描指定 IP 地址的主机/服务器开放了哪些端口。

③ 能够扫描指定 IP 地址范围内的哪些主机/服务器开放了特定端口，如常见的 TCP 端口 FTP(21)、SMTP(25)，UDP 端口 DNS(53)、SNMP(161)。

④ 扫描动作要具有一定的隐蔽性和效率。

（2）思考题

① 怎样让端口扫描更隐蔽？

② 通过什么方式或手段能够发现你自己的计算机被端口扫描？

题目 21　利用 TCP 进行主机端口扫描

（1）设计要求

① 要求用户可以在参数中输入需要扫描的目的主机的 IP 地址与端口，输出端口的状态信息。

② 要求使用 TCP 协议进行端口的扫描过程。

③ 有良好的编程规范与注释信息。

（2）设计内容

编写一个简单的主机端口扫描程序，要求能够探测目的主机的端口状态。

题目 22　利用 UDP 进行主机端口扫描

（1）设计要求

① 要求用户可以在参数中输入需要扫描的目的主机的 IP 地址与端口，输出端口的状态信息。

② 要求使用 UDP 协议进行端口的扫描过程。

③ 有良好的编程规范与注释信息。

（2）设计内容

编写一个简单的主机端口扫描程序，要求能够探测目的主机的端口状态。

题目 23　发现网络中的活动主机

利用 ICMP 数据包，通过使用 ICMP 的回送和回送响应消息来确定当前网络中处于活动状态的主机，即 ping 消息的请求和应答，将发送的 ICMP 的数据包类型设置为回送请求（类型号为 8），并显示在标准输出上。用命令行形式运行 scanhost Start_IP End_IP，其中 scanhost 为程序名；Start_IP 为被搜索网段的开始 IP 地址；End_IP 为被搜索网段的结束 IP 地址。

题目 24　网络主机扫描程序

目标：

（1）设计要求

① 要求用户可以在参数中输入需要扫描的目的主机的 IP 地址，可只输入一个，或输入一个开始与结束的 IP 地址范围，输出这些主机的状态。

② 要求使用 ICMP 协议进行端口的扫描过程。

③ 有良好的编程规范与注释信息。

（2）设计内容

编写一个简单的网络主机扫描程序，要求能够向目的主机发送 ICMP 回送请求，并接收主机返回的 ICMP 回送响应，以此判断主机在线状态。

题目 25 　 使用多线程扫描主机及端口

（1）设计要求

掌握 IPAdress、IPHostEntry、IPEndPoint 和 Dns 类的使用；理解多线程和委托的使用情况；掌握 Thread 类和 delegate 委托的使用；掌握线程的建立、启动、挂起的方法。

（2）课程设计内容要求

① 编写 Windows 应用程序，使用多线程技术实现局域网主机及端口扫描程序，满足以下功能：

a. 指定 IP 地址范围和端口号范围，列出各个主机的名称、开放的 TCP 端口号及 UDP 端口号。

b. 显示各端口号类型。

c. 统计扫描时间。要求：分别使用单线程、多线程技术完成，在程序界面上有相应按钮供用户选择。

② 使用线程池技术完成上题功能。

题目 26 　 基于多线程的端口扫描程序

（1）设计要求

使用 Socket 实现简单的端口扫描功能。分别针对 TCP 和 UDP，采用多线程技术实现端口扫描，给出扫描结果。

实现本程序需要了解网络基础知识、网络安全基础知识，掌握 C/S 结构的工作特点，掌握高级语言及网络编程知识，可以选择 Visual C++ 、C 或 Java 等语言实现。

（2）课程设计报告内容

① 给出程序的流程图。

② 给出程序源码。

③ 给出程序的部分运行测试结果。

题目 27 　 循环冗余校验（CRC）算法的实现

（1）设计要求

① 利用结构体或数组模拟网络数据包结构。

② 编码实现 CRC 算法，并将得到的校验位附加到网络数据包相应的位置。

③ 根据数据包的长度，随机生成一个数据包产生突变的位置，并对该位置的位模拟突变的产生。

④ 重新利用 CRC 算法校验该数据包，并指出产生的结果。

⑤ CRC 能够检出所有的错误吗？ 如果不能，能构造出无法检错的实例吗？

（2）课程设计报告内容

① 给出程序的流程图。

② 给出程序源码。

③ 给出程序的测试结果。

题目 28　子网划分工具的设计与实现

（1）设计要求

① 编程实现一个子网划分的简单工具。

② 能够根据用户输入的网络地址和子网掩码判断出用户输入的合法性及网络的类别（A、B、C 地址）。

③ 能够计算出下列参数：子网数及有效子网、每个子网的主机数、每个子网 IP 范围及广播地址。

④ 应有相应的帮助提示及良好的结果输出组织，易于用户使用和查看结果。

（2）课程设计报告内容

① 给出程序的流程图。

② 给出程序源码。

③ 给出程序的部分运行测试结果。

题目 29　电路交换和分组交换的软件仿真比较

（1）设计要求

软件编程（语言不限）实现将数据报文划分成若干个大小有限的短数据块，在每个数据块前面加上一些控制信息（即首部），包括诸如数据收发的目的地址、源地址，数据块的序号等，形成一个个分组，然后各分组在交换网内采用"存储转发"机制将数据从源端发送到目的端（节点交换机数目和连接方式可以根据需要自行设定）。然后将同样的报文用电路交换的方式从源端发送到目的端。

（2）课程设计报告内容

① 给出将报文划分成若干大小有限的短数据块和目的端接收到数据后将数据报文还原成原始报文的算法。

② 模拟报文在路由器之间存储转发的过程。

③ 比较两种传输方式的效率。

题目 30　RIP 路由协议原型系统的实现

（1）设计要求

在了解 RIP 路由协议工作原理的基础上实现其原型系统。路由节点能够利用广播发布本地节点的路由信息，其他节点接收信息并选择最优路径。

（2）课程设计报告内容

① 描述并分析 RIP 路由协议的工作原理。

② 撰写设计文档。

③ 实现 RIP 路由协议原型系统，该系统具备的功能包括广播本地路由，接收其他节点路由信息，根据路由信息选择最佳路径，支持最大不超过 15 跳的特性。

④ 测试原型系统功能，撰写报告。

题目 31　TCP 头部校验和计算方法的实现

（1）设计要求

在网络数据传输过程中，网络上的数据都要通过差错控制来保证其数据的正确性。进行差错检测和控制的主要方法是在需要发送的数据后面增加一定的冗余信息，这些冗余信息通常是通过对发送的数据进行某种算法计算而得到的。接收方对数据进行同样的计算，然后比较冗余信息以检测数据是否正确。

（2）课程设计报告内容

① 描述 TCP 头部中校验和计算方法。

② 画出计算校验和算法的流程图。

③ 计算编写程序完成校验和的过程。

④ 给出一个数据，计算其校验和并验证，写出结果。

题目 32　基于 C/S 的时间同步服务器的实现

（1）设计要求

时间服务器是在局域网中作为发布统一时间的服务器，它利用计算机网络把时间信息传递给用户。要求参照现有时间服务器的原理及效果实现一个时间服务器的服务端和客户端。服务器端开放指定的端口发布时间到网络中，其他客户端从网络中获取该时间并将本地时间与之同步。

（2）课程设计报告内容

① 给出相关的原理、设计思想和设计过程。

② 画出时间同步服务器端与客户端的算法流程图。

③ 实现服务器端和客户端并给出使用说明。

④ 测试服务器端与客户端，写出测试结果。

题目 33　基于 C/S 的数据包发送和接收程序的实现

（1）设计要求

TCP 是一种面向连接的、可靠的传输层协议，工作在网络层 IP 的基础上。本课程设计的目的是设计一个发送和接收 TCP 数据包的程序，其功能是填充一个 TCP 数据包，发送给目的主机，并在目的主机接收此 TCP 数据包，将数据字段显示在标准输出上。

（2）课程设计报告内容

① 给出 TCP 传输的原理和过程。

② 分别给出服务器端和客户端设计的思路。

③ 服务器端和客户端的程序代码。

④ 给出测试结果截图并撰写课程设计报告。

题目 34　一个单工的停-等协议及支持重传确定协议的实现

（1）设计要求

对一个单工的停-等协议及支持重传确定协议进行解释说明，并分别给出一个单工的停-等协议及支持肯定协议的例子，对函数进行解释说明。

（2）课程设计报告内容

① 给出设计的需求分析，包括概要设计、详细设计。

② 列出程序代码。

③ 给出程序实现结果(抓图)。

题目 35　tracert 的实现

(1) 设计要求

① 要求用户可以在参数中输入目的主机 IP 地址,输出到这个主机路径中经过的所有路由器的 IP 地址。

② 要求使用 ICMP 协议进行。

③ 有良好的编程规范与注释信息。

(2) 设计内容

编写一个简单的 tracert 程序,要求返回到目的主机的路径中的路由器地址。

题目 36　netstat 命令的实现

(1) 设计要求

① 要求用户可以输入相应的参数,输出这个主机中的 TCP 链接和主机的监听端口。

② 有良好的编程规范与注释信息。

(2) 设计内容

编写一个简单的 netstat 程序,要求显示本主机的链接和监听端口等信息。

题目 37　IP 地址分析程序

(1) 设计要求

① 要求用户输入需要分析的 IP 地址,程序判断此 IP 地址的合法性,并输出 IP 地址的类型。

② 有良好的编程规范与注释信息。

(2) 设计内容

编写一个简单的 IP 地址分析程序,要求能够分析 IP 地址的合法性与类型。

题目 38　以太网帧封装程序

(1) 设计要求

① 用户可以输入以太网帧的数据字段,程序输出封装好的以太网帧(包括前导码、帧前定界符、目的网卡地址、源网卡地址、帧长度、数据和帧校验和)。

② 有良好的编程规范与注释信息。

(2) 设计内容

编写一个简单的以太网帧封装程序,要求能模拟以太网帧的封装过程,并能接收 SNMP 代理返回的 SNMP 响应。

题目 39　ARP 攻击程序

(1) 设计要求

① 用户可以攻击目标的 IP 地址、错误的 IP 地址和网卡地址绑定信息。

② 有良好的编程规范与注释信息。

（2）设计内容

编写一个简单的 ARP 攻击程序,要求能向指定主机发送攻击的 ARP 报文,使目标主机的 ARP 缓存表绑定错误地址。

题目 40　对指定 IP 流量分析

（1）设计要求

① 用户可以输入源或目的 IP 地址、服务器端口号等信息,程序根据用户输入的参数对截获到的数据进行流量分析。

② 有良好的编程规范与注释信息。

（2）设计内容

编写一个流量分析程序,要求对截获到的数据包进行流量分析。

题目 41　SNMP 实现

（1）设计要求

① 要求遵循 SNMPv1 规定,可以从标准的 SNMP 代理中获取管理对象,只要求实现 GETResquest 与 SetRequest 命令。

② 有良好的编程规范与注释信息。

（2）设计内容

编写一个简单的 SNMP 管理器程序,要求能向 SNMP 代理发送普通的 SNMP 命令,并能接收 SNMP 代理返回的 SNMP 响应。

题目 42　WWW 客户机程序

（1）设计要求

① 用户可以输入需要访问的 WWW 服务器的 URL 地址,输出交互过程中的 HTTP 命令与响应信息,以及从 WWW 服务器中获得的 HTML 文档。

② 要求使用 HTTP 协议进行,只要求实现 GET 命令,不需要解析 HTML 文档内容。

③ 有良好的编程规范与注释信息。

（2）设计内容

编写一个简单的 WWW 客户端程序,要求能向 WWW 服务器发送命令,并能接收 WWW 服务器返回的响应与数据。

题目 43　HTTP 程序开发

（1）设计要求

了解 HTTP 协议的原理及 HTTP 请求/响应模型后,使用 Uri 类、WebRequest 类和 HttpWebRequest 类及.NET 中的 WebBrowser 控件进行编程。

（2）设计内容

使用 WebBrowser 控件编写一个简单的 Web 浏览器,要求实现以下功能:

① 网页显示与导航。包括主页设置,网页的打开、后退、前进、停止和刷新。

② 保存网页。

③ 本地浏览。

④ 浏览和保存网页 HTML 源文件。

⑤ 记录历史 URL。

题目 44　电子邮件客户端开发

（1）设计要求

按照 SMTP 和 POP3 协议的原理和规范，使用 StmpClient、MailMessage、Attachment 类进行编程。

（2）设计内容

编写 Windows 应用程序，使用 StmpClient、MailMessage 及 Attachment 类实现发送电子邮件，要求能够实现以下功能：

① 发送邮件附件。

② 实现邮件群发。

③ 实现添加及删除联系人邮箱。

题目 45　POP 客户端程序

（1）设计要求

① 用户可以输入需要访问的 POP 服务器名、用户名和密码，输出交互过程中的 POP 命令与响应信息，以及从 POP 服务器中的指定邮箱中获得的邮件信息。

② 要求使用 POP 协议登录到一个标准的 POP3 服务器，只要求实现 USER、PASS、STAT、RETR 和 QUIT 命令。

③ 有良好的编程规范与注释信息。

（2）设计内容

编写一个简单的 POP 客户端程序，要求能向 POP 服务器发送命令，并能接收 POP 服务器返回的响应与数据。

题目 46　RIP 路由协议原型系统的实现

设计和实现一个 RIP 路由协议的原型系统。要求路由节点能够利用广播发布本地节点的路由信息，其他节点接收信息并选择最优路径。

在撰写报告时，要求描述并分析 RIP 路由协议的工作原理；实现 RIP 路由协议原型系统，该系统具备的功能包括广播本地路由，接收其他节点路由信息，根据路由信息选择最佳路径，支持最大不超过 15 跳的特性；给出原型系统的功能测试结果。

题目 47　基于 UDP 协议的数据包收发程序

编写程序，实现基于 UDP 协议的数据包收发，要求如下：

（1）按照 UDP 协议数据包发送方式实现用户端之间的通信。

（2）统计包的发送和接收数，计算数据包的丢失数。

（3）设计美观易用的图形界面。

题目 48　嗅探器的设计与实现

（1）设计要求

① 不限平台，可以使用 Libpcap、WinPcap 或 Linux 的原始套接字。

② 实现一个功能比较简单的、具有图形界面的 Sniffer，主线程响应用户界面操作，工作线程完成抓包等工作。

③ 能够解析出 IP 层和传输层的协议头，能够过滤 TCP、UDP 等数据包。

④ 能够输出文本方式传送的数据包的内容。

⑤ 能够进行简单的流量统计。

（2）思考题

① 嗅探器使用的网卡工作于什么模式？

② 你觉得应如何反嗅探？

③ 怎样利用嗅探器帮助我们进行网络安全管理？如发现异常的网络通信。

【网络应用程序开发】

题目 49　基于 C/S 模式的局域网聊天程序开发（一）

（1）设计要求

① 使用 Socket 实现网上聊天功能。用户可以通过客户端连接到服务器端并进行网上聊天。聊天时可以启动多个客户端。

② 服务器端启动后，接收客户端发来的用户名和密码验证信息。验证通过则以当前的聊天客户列表信息进行响应；此后接收客户端发来的聊天信息，转发给客户端指定的聊天客户（即私聊）或所有其他客户端；在客户断开连接后公告其退出聊天系统的信息。

③ 客户端启动后在 GUI 界面接收用户输入的服务器端信息、账号和密码等验证客户的身份。验证通过则显示当前系统在线客户列表。客户可以与指定对象进行私聊，也可以向系统中所有在线客户发送信息。

④ 实现本程序需要了解网络基础知识，掌握 C/S 结构的工作特点，掌握数据结构、高级语言及网络编程知识，可以选择 Visual C++ 、C 或 Java 等语言实现。

（2）课程设计报告内容

① 给出系统的结构。

② 给出程序的流程图。

③ 分别给出服务器端和客户端的程序源码。

④ 给出程序的部分运行测试结果。

题目 50　基于 C/S 模式的局域网聊天程序开发（二）

（1）设计要求

使用 Socket、TcpListener 和 TcpClient 类按照 TCP 应用编程的一般步骤和流程，使用 TCP 协议传送文件。

（2）设计内容

使用多线程技术，编写 C/S 方式的聊天程序，实现客户端与服务器之间的通信。

① 服务器向连接成功的客户端发送欢迎消息。

② 服务器界面上显示连接到它的客户端 IP 地址。

③ 服务器选择某个客户端进行聊天。

④ 客户端可以看到其他客户端在线或者离线的状态。

⑤ 客户端可以选择在线的其他客户端聊天，聊天信息通过服务器转发。

⑥ 使用 TCP 协议编程实现文件传输。

题目 51   局域网 UDP 聊天程序开发

(1) 设计要求

① 使用 UDP 协议进行信息及文件收发。

② 使用 UDP 协议进行信息组播。

(2) 设计内容

使用多线程技术,编写 C/S 方式的聊天程序,实现客户端与服务器之间的通信。

① 服务器向连接成功的客户端发送欢迎消息。

② 服务器界面上显示连接到它的客户端 IP 地址。

③ 服务器选择某个客户端进行聊天。

④ 客户端可以看到其他客户端在线或者离线的状态。

⑤ 客户端可以选择在线的其他客户端聊天,聊天信息通过服务器转发。

⑥ 用 UDP 协议的组播功能实现公聊区。

题目 52   P2P 程序开发

(1) 设计要求

利用 PNRP 编程。

(2) 设计内容

① 利用 PNRP 发现参与 P2P 五子棋的玩家。

② 双方协商同意后开始对弈,使用 TCP 传输信息。

③ 程序判断输赢并给出结果。

题目 53   基于 C/S 模式的通讯录查询程序

(1) 设计要求

采用 C/S 模式编写程序,实现通过客户端查询服务器端通讯录的功能。

① 服务器端

接收客户端的查询请求,验证客户身份,如通过身份验证,则将客户要查询的通讯录记录返回客户端。客户身份数据及通讯录数据均为虚拟数据,可自行编制,客户身份至少应有客户 ID、客户密码(登录密码)。通讯录记录包括人员编号 ID、姓名、单位地址、手机号码、单位电话、宅电等(所有字段的数据类型可自行设计)。

② 客户端

以 GUI 方式接收用户输入的查询请求,向服务器发出查询并接收和显示查询结果。

③ 其他说明

客户端需包括如下按钮:

- 连接。连接到查询服务器。回应:连接成功/失败。
- 登录。用户登录(由服务器验证用户的身份)。回应:若用户不存在,提示"无此用户";若用户存在,提示"密码:",用户输入密码后,若正确提示"登录成功",若不正确提示"密码错"。
- 查询。根据用户 ID 或姓名查询用户信息。回应:若用户号(或姓名)不存在,提示"错误的用户号(或姓名)";若用户号(或姓名)存在,给出该记录的详细信息。
- 退出。退出查询系统,断开与服务器的连接。

服务器端的通讯录保存在数据库中,数据库类型不限。

实现本程序需要了解网络基础知识,掌握 C/S 结构的工作特点,掌握数据结构、高级语言及网络编程知识,可以选择 Visual C++ 、C 或 Java 等语言实现。

(2)课程设计报告内容

① 给出系统的结构。

② 给出程序的流程图。

③ 给出服务器端的数据表结构。

④ 分别给出客户端和服务器端的程序源码。

⑤ 给出程序的部分运行测试结果。

题目 54　网上图书馆的设计与实现

(1)设计要求

① 通过以下过程:需求分析、E-R 模型、关系模型分析,在数据库中构建数据库、表或视图,熟悉数据库开发流程。

② 根据图书馆系统功能,条理清晰地设计前台各脚本页面。

③ 在时间允许的情况下,适当考虑页面的美观。

④ 熟悉脚本页面与数据库的多种连接方法。

(2)思考题

① 试比较你所采用的脚本的多种连接数据库方式?

② 如何提高脚本的执行效率,特别是数据库操作效率? 并将你的方法体现到上述设计过程中。

③ 试问你所设计的网上图书馆与重庆理工大学采用的网上图书馆管理系统有何异同点? 你是怎么看待这个问题的?

题目 55　网上书店的设计与实现

(1)设计要求

① 通过以下过程:需求分析、E-R 模型、关系模型分析,在数据库中构建数据库、表或视图,熟悉数据库开发流程。

② 根据网上书店系统功能,条理清晰地设计前台各脚本页面。

③ 在时间允许的情况下,适当考虑页面的美观。

④ 熟悉脚本页面与数据库的多种连接方法。

(2)思考题

① 如何提高脚本的执行效率,特别是数据库操作效率? 并将你的方法体现到上述设计过程中。

② 如果想使你的网上书店能够在 Internet 上成功运营,你还应做哪些工作?

③ 如何保证你的网上书店的网络安全性? 特别是你的网上书店的销售款是如何收取的? 效率如何? 现实可行吗? 请详细分析,并提出解决方案。

题目 56　网上报名和查分系统的设计与实现

(1)设计要求

① 通过以下过程:需求分析、E-R 模型、关系模型分析,在数据库中构建数据库、表或

视图,熟悉数据库开发流程。

② 根据网上报名系统功能,条理清晰地设计前台各脚本页面。

③ 同时要求实现网上报名费的收取(注意安全性)、统计功能。

④ 在时间允许的情况下,适当考虑页面的美观。

(2) 思考题

① 如何提高脚本的执行效率,特别是数据库操作效率? 并将你的方法体现到上述设计过程中。

② 现在有很多网上报名系统(如安徽省自考的网上报名系统),极大地方便了广大用户,试比较你设计的报名系统与其有何异同点?

③ 如何保证你的网上报名系统的安全性?

④ 用户丢失用户名、密码,你使用什么方法返回用户名、密码? 涉及什么技术? 可能会引发什么问题?

题目 57　基于 Web 的新闻发布系统

(1) 设计要求

① 分析已有的基于 Web 的新闻发布系统,进行需求分析和功能设计。

② 在数据库中构建数据库、表或视图,熟悉数据库开发流程。

③ 根据新闻发布系统的功能,条理清晰地设计各页面和脚本,掌握动态网页的制作技术。

④ 在时间允许的情况下,适当考虑页面的美观。

(2) 设计内容

① 前台:用户浏览新闻部分的设计。

② 后台:管理员发布新闻部分的设计。

(3) 思考题

基于 Web 的新闻发布系统是企事业单位网站的重要组成部分,现在有很多新闻发布系统(如重庆理工大学的新闻中心 http://news.cqut.edu.cn/),让单位员工和其他网络用户可以方便及时地了解该单位的动态,试比较你设计的新闻发布系统与其有何异同点?

题目 58　网上留言簿的设计与实现

(1) 设计要求

① 进行网上留言簿的需求分析和功能设计。

② 在数据库中构建数据库、表或视图,熟悉数据库开发流程。

③ 根据网上留言簿的功能设计各页面和脚本,掌握动态网页的制作技术。

(2) 设计内容

① 前台:用户浏览、发布及搜索留言部分的设计。

② 后台:管理员管理、回复留言部分的设计。

题目 59　传统的数据库应用系统(管理系统)开发

功能及要求:根据前期所学 C♯开发技术和数据库技术编写一个具有相对完善功能的管理系统,并按照要求完成文档。

题目 60　基于互联网的网络数据库应用开发

功能及要求：使用网站开发技术和数据库技术开发一个具有相对完善功能的网络应用系统，并按照要求完成文档。

题目 61　基于移动平台的应用系统开发

功能及要求：根据所学的移动开发技术和网站开发技术编写一个具有相对完善功能的移动应用系统，并按照要求完成文档。

题目 62　基于大数据处理的应用系统开发

功能及要求：根据所学的大数据处理技术和数据库技术编写一个具有相对完善功能的数据处理系统，并按照要求完成文档。

【网络规划与设计】

题目 63　基于 OSPF 路由协议的网络互连

（1）设计要求

利用 OSPF 路由选择协议互连 5 个独立的局域网，具体包括：

① 每个局域网含有的计算机数量分别为 10 台、7 台、25 台、31 台、62 台，整个网络可用私有地址段为 192.168.0.0/24，利用 VLSM 技术划分子网。

② 每个子网分别连接一个路由器，5 个路由器依次连接成环状，路由器间使用 OSPF 路由协议选择路径，利用网段剩下未分配的地址作为路由器间互连子网的 IP 地址，CIDR 值为/30。

（2）课程设计报告内容

① 画出网络拓扑图。

② 给出详细的 IP 地址分配方案。

③ 详细写出每台路由器接口 IP 地址配置及 OSPF 路由协议的配置。

④ 利用路由显示命令，如 display ip route 查看路由，并利用动态路由选择协议的冗余性测试链路发生故障后重新计算路由的过程。

⑤ 基于 PacketTracer 实现网络功能。

题目 64　交换式和虚拟局域网配置与实现

（1）设计要求

实现交换式以太网组网；以太网络交换机配置；VLAN 的划分与配置。

（2）课程设计报告内容

① 画出交换式以太网组网拓扑结构图。

② 以太网交换机的配置信息。

③ VLAN 划分与配置信息及测试结果。

④ 相关的配置文档。

题目 65　网络的规划与设计

设计内容及要求如下：

① 局域网规划与综合设计。掌握交换机的管理特性、交换机常用的配置命令。掌握创建 VLAN 相关命令，理解 Port Vlan 的配置，理解 Vlan 如何跨交换机实现。

② 广域网规划与综合设计。学会路由器的几种配置方法,掌握配置路由器的基本命令。掌握 RIP、OSPF 路由协议的应用与配置,通过 RIP、OSPF 协议相关命令实现动态路由,掌握路由故障的调试方法。

③ 常见服务器的搭建。掌握 Windows Server 系统的安装配置方法;掌握 Web、FTP、E-mail、DNS、DHCP 等常用服务器的配置方法。

④ 无线局域网综合设计。加深对 WLAN 技术的理解;掌握 WLAN 配置过程及其在配置过程中所要设置的参数;学会组建 WLAN。

题目 66 简单企业网的设计与实现

(1) 设计要求

某企业有办公室、财务部、销售部、设计部、生产部 5 个部门,每个部门配置 8 台计算机,现在需要设计并实现一个网络,要求如下:

① 为每台计算机分配一个私有 IP 地址,地址范围为 192.168.0.0/24。为保证部门间的访问隔离,每个部门单独划分一个子网,子网间通过路由器互连。

② 企业已从电信申请 4 个公网 IP 地址 210.88.55.11~210.88.55.14,为了能够使所有主机访问 Internet,需要在路由器中使用 PAT 技术。

③ 内、外网用户均需要访问企业内部的一台 Web 服务器,可以在路由器中使用 Static NAT 技术来解决这一问题。

(2) 课程设计报告内容

① 设计企业网拓扑方案,需要体现出各子网互连,内外网访问服务器的内容。

② 给出各部门子网的 IP 地址分配方案。

③ 写出两种不同的 NAT 转换方案,描述具体工作过程,并体会 PAT 的基本安全性。

④ 写出完整的路由器配置文档,包括接口 IP 地址配置、PAT 及 Static NAT 配置。

⑤ 测试企业网功能。

题目 67 中小企业网络规划与设计

(1) 用户需求

① 公司有 1000 台 PC。

② 公司共有 7 个部门,不同部门的相互访问要求有限制。公司有三个跨省的分公司。

③ 公司有自己的内部网页与外部网站,能够提供匿名的 FTP、邮件、WWW 服务,但 FTP 只对内部员工开放。

④ 公司有自己的 OA 系统。

⑤ 公司的每台计算机能上互联网,每个部门的办公室联合构成一个 VLAN。

⑥ 核心技术采用 VPN。

(2) 设计要求

① 写出简要的可行性分析报告。

② 设计网络结构,并给出解释。

③ 除 PC 已购置外,其余全部设备和通信线路需要重新购买、安装。试具体给出主要

设备的配置、型号或技术指标及其测算依据。

④ 给出工程预算（包括设备、线路等，不含施工费）及其计算依据。

题目68 广告公司网络的设计

（1）基本背景描述：

某广告公司现有分公司1(50台PC)和分公司2(40台PC)，分公司1和分公司2都拥有各自独立的部门。分公司1和分公司2包括策划部、市场部和设计部。为提高办公效率，该广告公司决定建立一个内部网络。

该广告公司内部使用私有IP地址192.168.160.0/23，要求该广告公司的分公司1和分公司2之间使用路由器进行连接（不使用VPN技术），使用动态的路由协议（RIP）。分公司1和分公司2内部通过划分vlan技术，使不同的部门在不同的局域网内。

（2）方案设计：

写题为"广告公司的网络解决方案"的网络方案设计书，包括：

① 完整的广告公司网络拓扑图（网络拓扑图要求使用visio工具进行设计绘制）。

② 结合网络拓扑图进行IP地址的规划。

③ 分公司1 VLAN的设计与规划。

④ 分公司2 VLAN的设计与规划。

⑤ 分公司1和分公司2的网络互连互通。

（3）设计内容及工作量：

① 写题为"广告公司的网络解决方案"的网络方案设计书，要求画出完整的企业网络拓扑图（网络拓扑图要求使用visio工具设计绘制）。

② 结合网络拓扑图进行IP地址的规划，要求通过表格的形式体现。

③ 按照任务书的具体要求书写相应的设计书及实现的过程记录。

题目69 大型企业网络规划与设计

（1）课程设计内容：

根据企业的实际需求，利用我们所学的网络基础知识、网络设备、网络应用及网络安全方面的知识搭建一个企业的办公网络，实现企业内部办公、数据共享、资源共享及接入Internet的需求。

（2）课程设计要求：

① 到企业调查实际需求，根据需求写出需求分析，提出我们所设计网络应该提供哪些服务，从而能够满足企业的实际需求。

② 根据需求分析画出拓扑结构图。Microsoft Office Visio 是一款专门用于设计各种网络图表、数据库模型、软件图表等图形的软件，利用软件自带的各种图形库可以简单地绘制出网络拓扑图，所以为学生们讲授 Microsoft Office Visio 软件的用法，然后让学生根据需求画出自己的网络拓扑结构。

③ 根据拓扑结构选择设备，说明选择设备的理由。网络设备在很大程度上决定了网络的性能，因此选择网络设备至关重要。在课程设计中要根据企业的规模、连接节点的数量选择设备，同时要列出所选设备的主要参数，如背板带宽、端口数量、端口类型、能够提供的服务等。

④ 根据拓扑图中的设备写出网络服务。至少要写两项功能,如 FTP、Mail Server、DNS、DHCP 等。网络组建完成后一项重要工作就是利用 Windows Server 或一些工具软件来实现网络的一些服务功能,如 FTP、DHCP 等,要求写出具体的配置步骤。

⑤ 进行网络配置。要求写出路由器的详细设置,包括两边网络的 IP 地址分配,利用静态路由实现总部和分厂之间互相访问。

⑥ 网络安全设置。利用 Firewall、IDS 等设备保证网络安全。网络安全问题已经成为网络发展过程中一个非常重要的问题,如何构建一个固若金汤的企业网,防止病毒的侵扰,防止垃圾邮件的滥发,组织外来的攻击以保证企业内部的数据不被窃取是一项非常重要的工作。介绍你的网络所关注的重点是什么? 采用什么样的设备来保障网络安全? 以及所选设备的主要特点是什么?

(3) 课程设计报告:

把之前所搜集的材料组织起来写成一份不少于 2000 字的课程设计报告。该报告要能够体现出你对网络的设计思想,充分反映出网络课程的重要内容。

题目 70　高校校园网的规划与设计(一)

(1) 用户需求:

① 用户规模为 500 台计算机。

② 用户大致平均分散在 4 栋楼房内,4 栋楼房排成前后两排,楼房之间各相距 200m,楼房高 4 层。每栋楼的 4 楼用户构成两个 VLAN。

③ 中心机房设在其中一栋楼房的 1 楼,靠近另一栋楼房的一端。

④ 安装对外 WWW、业务 WWW、邮件、FTP、BBS、DNS、数据库 7 个服务器。提供匿名服务,但 FTP 仅对内部开放。

⑤ 提供 LAN、WLAN 接入。

⑥ 在业务 WWW 服务器上配备基于 Web 的业务应用系统,所有用户使用业务系统实现网上办公。

⑦ 要求出口带宽为 1Gb/s。

(2) 设计要求:

① 写出简要的可行性分析报告。

② 设计网络结构,并给出解释。

③ 除用户计算机已购置外,其余全部设备和通信线路需要重新购买、安装。试具体给出主要设备的配置、型号或技术指标及其测算依据。

④ 给出工程预算(包括设备、线路等,不含施工费)及其计算依据。

题目 71　高校校园网的规划与设计(二)

某学院有 1900 台个人计算机,50 台服务器,其中办公用计算机 60 台,教学用计算机 60 台,科研用计算机 120 台,研究生计算机 200 台,其余为学生实验计算机。

分配的 IP 地址为:

服务器:172.16.1.1—172.16.1.61/26

网关:172.16.1.62/26

个人计算机:192.168.0.0—192.168.7.255

学院现在有三层交换机 6 台,每台三层交换机可设置 100 个 VLAN(虚拟局域网)。24 口二层交换机若干台。

(1) 请为学院的全部计算机分配 IP 地址,并使用上述设备为学院设计网络。

(2) 要求:

① 画出网络拓扑图。

② 给出每个网段的 IP 范围、子网掩码、默认网关。

③ 为三层交换机规划 VLAN。给每个 VLAN 接口分配 IP 地址。

④ 做好三层交换机之间的路由设计(可使用静态路由和 RIP)。

⑤ 设计学院网站,写出功能版块及初步描述。

题目 72　高校校园网的规划与设计(三)

某高校本部分为办公区、教学区和生活区三部分。现假设:办公区中各楼宇名及需要的信息点为:教务处(15),党政办公楼(30),图书馆(60);教学区中,除计算机系大楼需要 240 个信息点外,其余各系部大楼及教学楼各需设置信息点的个数为 100;生活区中每个建筑物里每个门洞设置一个信息点。假设使用预留的 Internet 地址,试根据本部校园网的应用需求和管理需求、各建筑物的地理分布、信息点分布设计出本部的校园网方案。

方案中应明确学院网管中心的位置,确定拓扑方案,完成设备选型,注明各种设备、设施和软件的生产商、名称、型号、配置与价格,基本确定方案的预算。

(1) 设计要求:

① 根据要求对指定园区建网进行需求分析,提交需求分析报告。

在需求分析的基础上进行系统设计、技术选型,规划、设计网络的逻辑拓扑方案、布线设计等,划分子网,设计子网地址、掩码和网关,为每个子网中的计算机指定 IP 地址。

② 根据条件进行设备选型,决定各类硬件和软件的配置和经费预算方案。

③ 构建工作型局域网,在指定计算机内安装网络接口卡,动手制作双绞线网线,把计算机与集线器(交换机)相连。在工作组中指定的计算机上分别安装操作系统、TCP/IP 协议,配置 IP 地址、掩码和网关等参数,创建一个简单的 Web 服务器,并制作一些网页,放入 Web 服务器内及一个 FTP 服务器,实现文件的上传、下载。

④ 创建局域网内的 DNS 服务器,配置相关文件,可以对局域网内的主机作域名解析。

(2) 需要帮忙做:

① 设计说明书。

② 需求分析设计。

③ 网络系统的方案设计。

④ 各楼的 IP 地址分配。

⑤ LAN 设计与服务器配置。

⑥ 主要设备的选用。

⑦ 经费预算。

题目 73   简单的校园网设计与实现

(1) 设计要求:

为所在学校设计一个简单的基于三层交换技术的校园网络。具体要求:

① 每个部门一个单独的子网,自定义子网需要的 IP 地址数,至少有 4 种不同的地址规模。

② 使用私有地址满足校内计算机的接入需求,统计需要多少个 C 类的 IP 地址段,并从 192.168.0.0/16 中选择连续的地址来使用。

③ 计算每个部门的网络地址、掩码,并指定网关地址。

④ 每个子网一个单独的 VLAN,并使用三层交换机互连各 VLAN。

(2) 课程设计报告内容:

① 计算各 VLAN 信息。

② 绘制网络拓扑图,要求包含三层交换机、二层交换机等节点,并标注各 VLAN 信息。

③ 完成交换机配置,具体包括:

• 三层交换机中创建 VLAN,为 VLAN 分配 IP,配置与二层交换机互连的 Trunk 链路。

• 二层交换机中创建 VLAN,配置与三层交换机互连的 Trunk 链路。

④ 基于 PacketTracer 实现校园网原型,并测试网络的可用性。

题目 74   校园无线网络组网方案设计

题目内容和要求:

(1) 了解 FIT AP 和 FAT AP 的几种典型的组网方式,掌握无线网络的两种体系结构,掌握网络系统设计方法。

(2) 理解无线网络设备的工作原理,掌握无线网络控制器(AC)、无线网络接入点(AP)、无线网桥、交换机、路由器、服务器、防火墙、入侵检测、行为审计及流量控制等设备的选型方法。

(3) 了解传统校园网服务的工作原理,掌握服务如 DNS、Web、FTP 等的配置方法。

(4) 理解校园无线网络的室内外覆盖原则,掌握信道规划原理。

(5) 设计校园网络拓扑结构,并给出相应的校园无线网络的室内外覆盖方案和信道规划方案。

(6) 完成设备配置及测试。

(7) 按照要求撰写学年设计报告并准备答辩。

题目 75   某学院计算机大楼的综合布线系统方案设计

题目内容与要求:

(1) 掌握综合布线系统的构成,熟悉各子系统相对应的设计原则。

(2) 能够对综合布线系统中用到的各种材料,如支架、PVC 管材、线缆、配线架、机柜等进行选型。

(3) 能够熟练使用综合布线系统中用到的相关安装工具和测试工具。

(4) 绘制出综合布线系统结构图、布线路由图、信息点分布图等。

（5）按照要求撰写学年设计报告并准备答辩。

大楼的基本情况：大楼为 6 层结构，建筑面积 6000 多平方米，有普通教室、多媒体教室、实训室、办公室、学生科技活动中心、图书阅览室等功能用房。一楼是办公区，二楼、三楼为教室，四楼、五楼为实训室。

大楼除了通常用的信息网络和语音电话外，在出入口、楼梯口、走廊和实训室安装了网络监控点，每层楼安装两个网络考勤点。该大楼信息点的种类和数量如下表所示。

序号	楼层	数据			语音
		信息网络	网络监控	考勤	电话
1	一楼	96	6	2	24
2	二楼	104	4	2	3
3	三楼	106	4	2	3
4	四楼	390	16	2	6
5	五楼	396	16	2	6
合　计		1092	46	10	42

题目 76　学生公寓组网方案设计

（1）设计要求。

给出本课程设计的可行性分析、用户需求分析、网络规划、设备选型清单、系统配置、网络安全及管理措施，基于需求分析进行网络规划。

（2）课程设计报告内容。

① 完成需求分析。

② 企业网络拓扑方案设计。

③ 列出所需网络设备、服务器、PC 的设备清单。

④ 给出部门 PC 的 IP 地址分配方案。

⑤ 给出第三层 VLAN 设计方案。

⑥ 给出路由器配置方案。

题目 77　校园网络总体规划设计方案

内容如下：

（1）网络的发展现状。

（2）校园网总体设计方案。

① 方案图。包括拓扑结构图、结构分析、布局、主要设备、综合布线、分区块。

② 结构规划。包括 6 个子系统，以图的形式表示。

（3）校园网应用要求。包括一卡通、多媒体教学、成绩管理等，文字说明应用要求。

（4）网络管理、网络安全（系统管理、系统维护、系统防御）。

（5）网络设备（计算并罗列出各种设备的名称及数量）。

（6）网络施工。

（7）网络验收。

【网络安全算法实现】

题目 78　DES 算法的实现

功能及要求：编写程序实现 DES 算法的加密解密过程。

题目 79　RC4 算法的实现

功能及要求：编写程序实现 RC4 算法的加密解密过程。

题目 80　RSA 算法及数字签名算法的实现

功能及要求：编写程序实现 RSA 算法的加密解密过程，并实现用 RSA 算法进行数字签名的签名和验证过程。

题目 81　ELGamal 算法及数字签名算法的实现

功能及要求：编写程序实现 ELGamal 算法的加密解密过程，并实现用 ELGamal 算法进行数字签名的签名和验证过程。

题目 82　MAC 算法的实现

功能及要求：编写程序实现用 MAC 对消息进行鉴别的过程。

题目 83　SHA1 算法的实现

功能及要求：编写程序实现用散列函数 SHA1 算法进行消息鉴别的过程。

题目 84　MD5 算法的实现

功能及要求：编写程序实现用散列函数 MD5 算法进行消息鉴别的过程。

题目 85　PHP 检测图片木马

功能及要求：编写程序实现 PHP 图片中木马程序的检测。可在文件上传到服务器后再打开文件进行内容检查。

题目 86　ASP 下检测图片木马

功能及要求：编写程序实现检测 ASP 图片木马的功能。可在文件上传到服务器后再打开文件进行内容检查。

题目 87　实施一个信息攻防案例

功能及要求：根据所学的信息攻防课程相关内容或其他方面的课程内容对软件工程课程进行实践，编写完整的文档。

第 **9** 章　计算机网络习题

9.1　综合测试题一

一、选择题（每题 **2** 分，共 **40** 分）

1. 提高信道带宽可以减少数据的（　　）。

　　A. 传播时延　　　B. 排队时延　　　C. 等待时延　　　D. 发送时延

2. 调制解调器由调制器和解调器两部分组成，其中解调器实现的功能是（　　）。

　　A. 把模拟信号转变为数字信号

　　B. 把数字信号转变为模拟信号

　　C. 把模拟信号转变为音频信号

　　D. 把音频信号转变为模拟信号

3. 动态分配时间片的复用技术是（　　）。

　　A. 频分多路复用　　　　　　　　B. 时分多路复用

　　C. 统计时分复用　　　　　　　　D. 波分多路复用

4. 网桥实现的寻址是（　　）

　　A. 网络地址寻址　　　　　　　　B. MAC 地址寻址

　　C. 主机地址寻址　　　　　　　　D. 端口地址寻址

5. 100base-T 局域网中所能连接的最大网段长度为（　　）m。

　　A. 100　　　　B. 185　　　　C. 500　　　　D. 2000

6. 采用 HUB 组网的网络，其结构为（　　）。

　　A. 物理星型，逻辑总线型　　　　B. 物理总线型，逻辑星型

　　C. 物理、逻辑均为星型　　　　　D. 物理、逻辑均为总线型

7. IEEE 802.5 的媒体访问方法是（　　）。

　　A. 令牌环　　　B. CSMA/CD　　　C. 令牌总线　　　D. FDDI

8. 路由信息协议（RIP）经过的最长距离的站点个数是（　　）个。

　　A. 1　　　　B. 5　　　　C. 10　　　　D. 15

9. 下列不属于电子邮件协议的是(　　　)。

    A. SMTP　　　　　　B. POP　　　　　　C. SLIP　　　　　　D. MIME

10. UDP 提供的分用和复用功能是基于(　　)的。

    A. 端口　　　　　　B. 地址　　　　　　C. 连接　　　　　　D. 无连接

11. 在不同自治系统之间交换信息采用(　　　)。

    A. IGP　　　　　　B. OSPF　　　　　　C. RIP　　　　　　D. EGP

12. WWW 服务使用的默认端口号为(　　　)。

    A. 21　　　　　　B. 80　　　　　　C. 34　　　　　　D. 1028

13. 对于基带 CSMA/CD 而言,为了确保发送站点在传输时能检测到可能存在的冲突,数据帧的传输时延至少要等于信号传播时延的(　　　)倍。

    A. 1　　　　　　B. 2　　　　　　C. 4　　　　　　D. 2.5

14. 以下网络信息安全性威胁中,属于被动攻击的是(　　　)。

    A. 中断　　　　　　B. 篡改　　　　　　C. 截获　　　　　　D. 伪造

15. 在封装过程中,加入的地址信息是指(　　　)。

    A. 物理地址　　　　　　　　　　　　B. IP 地址

    C. 网络服务访问点　　　　　　　　D. 根据具体协议而定

16. 以下 IP 地址中属于 B 类地址的是(　　　)。

    A. 10.20.30.40　　　　　　　　　　B. 172.16.26.36

    C. 192.168.200.10　　　　　　　　D. 202.101.244.101

17. 把网络 202.112.78.0 划分为多个子网(子网掩码为 255.255.255.192),则所有子网中可用的主机地址总数和是(　　　)。

    A. 254　　　　　　B. 180　　　　　　C. 128　　　　　　D. 124

18. 下面不会产生 ICMP 差错报文的是(　　　)。

    A. 路由器不能正确选择路由

    B. 路由器不能传送数据报

    C. 路由器检测到一个异常条件影响它转发数据报

    D. 已经产生了这个包的 ICMP 差错报告报文

19. 下列应用层应用中,在传输层使用 TCP 的是(　　　)。

    A. SNMP　　　　　　B. HTTP　　　　　　C. DNS　　　　　　D. RIP

20. 当发送窗口为(　　)时,连续 ARQ 等同于停止等待协议。

    A. 1　　　　　　B. 2　　　　　　C. 3　　　　　　D. 4

二、名词解释(1、3题 3分,2题 4分,共 10 分)

1. 带宽　　2. 网络协议　　3. 防火墙

三、计算题(每题 10 分,共 30 分)

1. 设发送端要传送的报文码位序列为 1100111,生成多项式 $G(x) = x^4 + x + 1$,求 CRC 校验码位序列(要写出计算过程)。

2. 共有 4 个站进行 CDMA 通信。4 个站的码片序列为:

A:(-1　-1　$+1$　-1　$+1$　$+1$　$+1$　-1)

B：(−1　−1　−1　+1　+1　−1　+1　+1)

C：(−1　+1　−1　+1　+1　+1　−1　−1)

D：(−1　+1　−1　−1　−1　−1　+1　−1)

现收到这样的码片序列：(−1　+1　−3　+1　−1　−3　+1　+1)。问哪个站点发送了数据? 发送数据的站点是 1 还是 0(要写出计算过程)?

3. 设某路由器建立了如下的路由表(这三列分别是目的网络、子网掩码和下一跳路由器,若直接交付则最后一列表示应当从哪一个接口转发出去):

126.95.36.0　　　　255.255.255.192　　　接口 0

126.95.36.64　　　255.255.255.192　　　接口 1

126.95.65.0　　　　255.255.255.224　　　R2

126.95.65.160　　　255.255.255.224　　　R3

*(默认)　　　　　　　—　　　　　　　　R4

现共收到 5 个分组,其目的 IP 地址分别是:

(1) 126.95.65.192

(2) 126.95.36.66

(3) 126.95.36.7

(4) 126.95.65.16

(5) 126.95.65.177

试分别计算其下一跳。

四、简答题(每题 10 分,共 20 分)

1. 对比电路交换、报文交换和分组交换的特点。

2. 论述 CSMA/CD 的思想

【参考答案】

一、选择题(每题 2 分,共 40 分)

1. D　2. A　3. C　4. B　5. A　6. A　7. A　8. D　9. C　10. A

11. D　12. B　13. B　14. C　15. D　16. B　17. D　18. D　19. B　20. A

二、名词解释(1、3 题 3 分,2 题 4 分,共 10 分)

1. 带宽:模拟信号中指某个信号具有的频带宽度(2分),计算机网络中表示网络的通信线路所能传送数据的能力(1分)。

2. 网络协议:为进行网络中的数据交换而建立的规则、标准或约定(3分)。

3. 防火墙:安装在一个网点和网络之间的一组硬件或软件,其按照访问控制策略对经过它的数据进行阻止或放行(4分)。

三、计算题(每题 10 分,共 40 分)

1. 由 $G(x)=x^4+x+1$ 可推出除数为 10011,具体过程如图 9.1 所示。

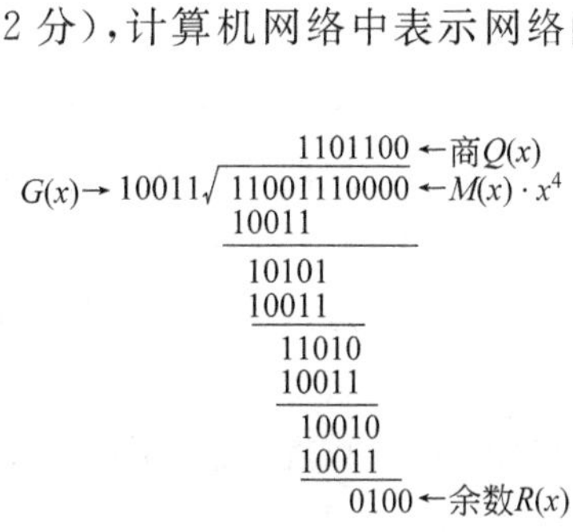

$$G(x) \rightarrow 10011\overline{)\begin{array}{l}1101100 \leftarrow 商Q(x)\\11001110000 \leftarrow M(x)\cdot x^4\\10011\\\overline{10101}\\10011\\\overline{11010}\\10011\\\overline{10010}\\10011\\\overline{0100} \leftarrow 余数R(x)\end{array}}$$

图 9.1　CRC 校验码位序列计算示意图

CRC 校验码位序列为 0100,最后发送的代码为 11001110100。

（评分标准:由多项式写出除数得 2 分,正确补位得 2 分,计算过程 2 分,计算正确得 2 分,最后结论 2 分）

2. 答:分别将各站点码片与接收到的码片求内积,结果为 1 说明发送了 1;结果为 −1,说明发送了 0。

A:$[(-1)*(-1)+(-1)*1+1*(-3)+(-1)*1+1*(-1)+1*(-3)+1*1+(-1)*1]/8=1/8*(-8)=-1$

B:$[(-1)*(-1)+(-1)*1+(-1)*(-3)+1*1+1*(-1)+(-1)*(-3)+1*1+1*1]/8=1/8*8=1$

C:$[(-1)*(-1)+1*1+(-1)*(-3)+1*1+1*(-1)+1*(-3)+(-1)*1+(-1)*1]/8=1/8*0=0$

D:$[(-1)*(-1)+1*1+(-1)*(-3)+(-1)*1+(-1)*(-1)+(-1)*(-3)+1*1+(-1)*1]/8=1/8*8=1$

结果为 0 说明没有发送。B、D 发送了 1;A 发送了 0;C 未发送。

（评分标准:每小题 2 分,最后结论 2 分）

3. (1) R4 (2) 接口 1 (3) 接口 0 (4) R2 (5) R3

（评分标准:每小题 2 分）

四、简答题（每题 10 分,共 20 分）

1. 答:电路交换需要有链路的建立和释放阶段(1 分)。通信双方通信过程独占链路(1 分),线路利用率低,但是一旦建立了连接,通信时延小(1 分)。

报文交换采用存储转发方式一次交换整篇报文(1 分),没有建立连接和释放连接过程(1 分)。

分组交换采用存储转发方式(1 分),将发送内容分片处理(1 分),独立路由(1 分)。优点是高效、灵活、可靠与迅速(1 分)。但存储转发在中间节点会产生一定的时延(1 分)。

2. 答:总线上只要有一台计算机在发送数据,总线的传输资源就被占用。在同一时刻只能允许一台计算机发送信息。以太网采用的协调方法是使用一种特殊的协议,即 CSMA/CD(Carrier Sense Multiple Access with Collision Detection,载波监听多点接入/碰撞检测)(4 分)。

下面是 CSMA/CD 的步骤要点:

(1) 若适配器检测到信道空闲,就发送数据。若检测到信道忙,则继续检测并等待信道转为空闲,然后就发送数据(2 分)。

(2) 在发送过程中继续检测信道,若检测到碰撞,则终止数据发送,并发送干扰信号(2 分)。

(3) 在终止发送后,适配器就执行指数退避算法,等待完退避时间后返回到第(1)步(2 分)。

9.2　综合测试题二

一、选择题（每题 2 分，共 40 分）

1. 以下（　　）技术是面向连接的。
   A. 电路交换　　　B. 分组交换　　　C. 报文交换　　　D. 以上三种都是

2. 网络协议主要要素为（　　）。
   A. 数据格式、编码、信号电平　　　　　B. 数据格式、控制信息、速度匹配
   C. 语法、语义、同步　　　　　　　　　D. 编码、控制信息、同步

3. 在数据链路层传输的协议数据单元是（　　）。
   A. 比特流　　　　B. 数据包　　　　C. 报文段　　　　D. 帧

4. 某个物理层协议用传输媒体上 3V 的电平表示位 1，这是协议的什么方面决定的（　　）。
   A. 机械特性　　　B. 电气特性　　　C. 功能特性　　　D. 规程特性

5. 一座大楼内的一个计算机网络系统属于（　　）。
   A. PAN　　　　　B. LAN　　　　　C. MAN　　　　　D. WAN

6. 实现 Ping 命令的功能应采用的协议是（　　）。
   A. IP　　　　　　B. UDP　　　　　C. TCP　　　　　D. ICMP

7. Internet 上实现将域名转换为 IP 地址的协议为（　　）。
   A. ARP　　　　　B. RARP　　　　　C. DNS　　　　　D. SNMP

8. 100base-T 局域网中采用的传输介质为（　　）。
   A. 多模光纤　　　B. 单模光纤　　　C. 同轴电缆　　　D. 双绞线

9. 中继器把比特流从一个物理网段传输到另一个物理网段，主要起到信号再生与驱动、延长网络距离的作用，它工作于 OSI 七层参考模型的（　　）。
   A. 物理层　　　　B. 数据链路层　　C. 网络层　　　　D. 传输层

10. 采用全双工通信方式，数据传输的方向性结构为（　　）。
    A. 可以在两个方向上同时传输
    B. 只能在一个方向上传输
    C. 可以在两个方向上传输，但不能同时进行
    D. 以上均不对

11. IPv6 中的 IP 地址为（　　）位。
    A. 32　　　　　　B. 64　　　　　　C. 128　　　　　D. 256

12. 网络管理的协议为（　　）。
    A. HTTP　　　　　B. DNS　　　　　C. SNMP　　　　　D. ICMP

13. 在不同自治系统之间交换信息采用（　　）。
    A. IGP　　　　　　B. OSPF　　　　　C. RIP　　　　　D. EGP

14. 动态分配时间片的复用技术是（　　）。
    A. 频分多路复用　　　　　　　　　　　B. 时分多路复用

　　C. 统计时分复用　　　　　　　　　　D. 波分多路复用

15. FTP 服务使用的默认端口号为(　　　)。

　　A. 21　　　　　　　B. 80　　　　　　　C. 34　　　　　　　D. 1028

16. 下面不会产生 ICMP 差错报文的是(　　　)。

　　A. 路由器不能正确选择路由

　　B. 路由器不能传送数据报

　　C. 路由器检测到一个异常条件影响它转发数据报

　　D. 已经产生了数据包的 ICMP 差错报告报文

17. 以下网络信息安全性威胁中,属于被动攻击的是(　　　)。

　　A. 中断　　　　　　B. 篡改　　　　　　C. 截获　　　　　　D. 伪造

18. C 类 IP 地址的网络号占(　　　)位。

　　A. 32　　　　　　　B. 24　　　　　　　C. 16　　　　　　　D. 8

19. 下列应用层应用中,在传输层使用 UDP 的是(　　　)。

　　A. HTTP　　　　　　B. FTP　　　　　　C. SMTP　　　　　　D. RIP

20. Internet 的核心协议是(　　　)。

　　A. X.25　　　　　　B. TCP/IP　　　　　C. ICMP　　　　　　D. FTP

二、名词解释(1、3 题 3 分,2 题 4 分,共 10 分)

1. 计算机网络　　　　2. 自治系统　　　　3. 往返时间(RTT)

三、计算题(每题 10 分,共 30 分)

1. 设发送端要传送的报文码位序列为 110011,生成多项式 $G(x) = x^4 + x^3 + 1$,求 CRC 校验码位序列(要写出计算过程)。

2. 设某路由器建立了如下的路由表(这三列分别是目的网络、子网掩码和下一跳路由器,若直接交付则最后一列表示应当从哪一个接口转发出去):

128.96.39.0	255.255.255.128	接口 0
128.96.39.128	255.255.255.128	接口 1
128.96.40.0	255.255.255.128	R2
192.4.153.0	255.255.255.192	R3
*(默认)	—	R4

现共收到 5 个分组,其目的 IP 地址分别是:

(1) 128.96.39.10

(2) 128.96.40.12

(3) 128.96.40.151

(4) 192.4.153.17

(5) 192.4.153.90

试分别计算其下一跳。

3. 假定网络中路由器 A 的路由表有如左图的项目(这三列分别表示"目的网络"、"跳数"、"下一跳路由器"),采用 RIP 协议。现在 A 收到 C 发来的路由信息如右图所示(这两列分别表示"目的网络"、"跳数"):

N1	3	B	N3	3
N2	4	C	N2	5
N3	5	E	N5	3
N6	6	F	N6	6
N9	7	D		

试求路由器 A 更新后的路由表。

四、简答题(每题 10 分,共 20 分)

1. 简答三次握手建立 TCP 连接的过程。

2. 叙述 ARP 的作用和工作过程。

【参考答案】

一、选择题(每题 2 分,共 40 分)

1. A　2. C　3. D　4. B　5. B　6. D　7. C　8. D　9. A　10. A
11. C　12. C　13. D　14. C　15. A　16. D　17. C　18. B　19. D　20. B

二、名词解释(1、3 题 3 分,2 题 4 分,共 10 分)

1. 计算机网络:将若干个具有独立功能的计算机通过传输介质互联,并通过网络软件相互联系在一起而实现资源共享的计算机系统(3 分)。

2. 自治系统:因特网将整个互联网划分为许多个小的集合,每个集合有权自主地决定在本系统中采用何种路由选择协议,每个集合内的所有网络都属于一个行政单位管辖,这样的集合叫作自治系统(4 分)。

3. 往返时间(RTT):表示从发送端发送数据开始,到发送端收到来自接收端的确认,总共经历的时延(3 分)。

三、计算题(每题 10 分,共 30 分)

1. 解:$G(X)=11001$,计算过程如图 9.2 所示。

冗余位为 1001,加上校验位后的输出码字为 1100111001。

(评分标准:由多项式写出除数得 2 分,正确补位得 2 分,计算过程 2 分,计算正确得 2 分,结论 2 分)

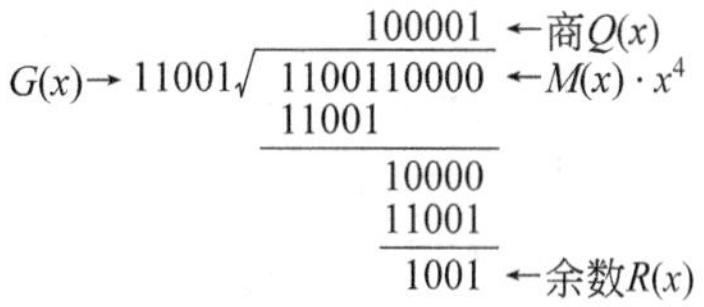

图 9.2　CRC 校验码位序列

2. (评分标准:每小题 2 分)

(1) 接口 0　　(2) R2　　(3) R4　　(4) R3　　(5) R4

3. 答:路由器 B 更新后的路由表为:

N1	3	B
N2	6	C
N3	4	C
N6	6	F
N9	7	D
N5	4	C

四、简答题(每题 10 分,共 20 分)

1. 答:假设运行客户进程的主机是 A,运行服务器进程的主机是 B。

(1) 主机 A 的 TCP 向主机 B 的 TCP 发出连接建立请求段。

(2) 主机 B 的 TCP 收到连接请求报文段后,如同意,则发回确认。

(3) 主机 A 的 TCP 收到此报文后,还要向 B 发出确认,具体过程如图 9.3 所示。

2. 答:ARP 用于从 IP 地址到物理地址的转换(2 分)。

假定 A(信源机)要与 E(信宿机)进行通信,首先查看自己的 ARP 缓存表,从中找出 E 的物理地址(2 分)。

但是如果缓存表中没有关于 E 的表项,就按照以下步骤进行:知道 E 的 IP 地址为 IP_E,但不知道 E 的物理地址。A 利用 ARP 协议工作的过程如下:

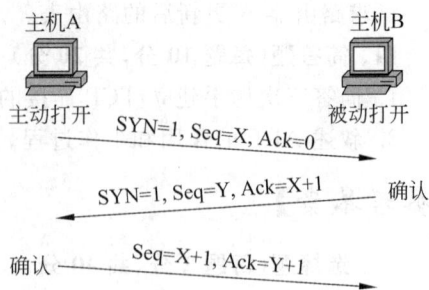

图 9.3 三次握手建立 TCP 连接示意图

① A 首先广播一个 ARP 请求分组,请求 IP 地址为 IP_E 的主机回答其物理地址 P_E (2 分)。

② 局域网上所有主机都将收到该 ARP 请求,但只有主机 E 识别出自己的 IP 地址 IP_E,并向主机 A 发送响应分组,回答自己的物理地址 P_E(2 分)。

③ 这样,IP 地址就被转化成了物理地址。主机 A 收到这个 ARP 响应分组后就可以与 E 进行通信了(2 分)。

9.3 综合测试题三

一、选择题(每题 1 分,共 20 分)

1. Internet 的前身是( )。

    A. ChinaNet   B. DDN   C. ARPAnet   D. ISDN

2. 一个大学内的计算机网络系统属于( )。

    A. PAN   B. LAN   C. MAN   D. WAN

3. 提高信道带宽可以减少数据的( )。

    A. 传播时延   B. 排队时延   C. 等待时延   D. 发送时延

4. 在物理层传输的协议数据单元是( )。

    A. 比特流   B. 数据包   C. 报文段   D. 帧

5. ( )上传送需进行调制编码。

    A. 数字数据在数字信道   B. 数字数据在模拟信道

    C. 模拟数据在数字信道   D. 模拟数据在模拟信道

6. 脉冲编码调制(PCM)一般可分为 T1 和 E1 两种载波方式,其中 E1 标准的数据传输速率为( )。

    A. 2.048Mb/s   B. 1.544Mb/s   C. 10Mb/s   D. 100Mb/s

7. 在以太网中最短有效帧长为(　　)字节。
　　A. 32　　　　　　B. 64　　　　　　C. 128　　　　　D. 256

8. 以下 IP 地址中属于 B 类地址的是(　　)。
　　A. 10.20.30.40　　　　　　　　　B. 172.16.26.36
　　C. 192.168.200.10　　　　　　　D. 202.101.244.101

9. 路由信息协议(RIP)经过的最长距离的站点个数是(　　)个。
　　A. 1　　　　　　B. 5　　　　　　C. 10　　　　　D. 15

10. UDP 提供的分用和复用功能是基于(　　)的。
　　A. 端口　　　　　B. 地址　　　　　C. 连接　　　　　D. 无连接

11. WWW 服务使用的默认端口号为(　　)。
　　A. 21　　　　　　B. 80　　　　　　C. 34　　　　　D. 1028

12. 下列应用层应用中,在传输层使用 TCP 的是(　　)。
　　A. SNMP　　　　B. HTTP　　　　C. DNS　　　　D. RIP

13. 以下设备中,(　　)工作于 OSI 的相同层。
　　A. 网桥和交换机　　　　　　　　B. 中继器和网关
　　C. 集线器和网卡　　　　　　　　D. 路由器和防火墙

14. 在不同自治系统之间交换信息采用(　　)。
　　A. IGP　　　　　B. OSPF　　　　C. RIP　　　　　D. BGP-4

15. 在封装过程中,加入的地址信息是指(　　)。
　　A. 物理地址　　　　　　　　　　B. IP 地址
　　C. 网络服务访问点　　　　　　　D. 根据具体协议而定

16. IP 数据报首部中,表示数据报在网络中的寿命的字段是(　　)。
　　A. TTL　　　　　B. flag　　　　　C. TOS　　　　　D. MF

17. 下列属于采用拓扑结构分类的计算机网络是(　　)。
　　A. 环形网　　　　B. 光纤网　　　　C. 科研网　　　　D. 宽带网

18. 对于基带 CSMA/CD 而言,为了确保发送站点在传输时能检测到可能存在的冲突,数据帧的传输时延至少要等于信号传播时延的(　　)倍。
　　A. 1　　　　　　B. 2　　　　　　C. 4　　　　　　D. 2.5

19. 把网络 202.112.78.0 划分为多个子网(子网掩码为 255.255.255.192),则所有子网中可用的主机地址总数和是(　　)。
　　A. 254　　　　　B. 180　　　　　C. 128　　　　　D. 124

20. 下列 4 项中,合法的电子邮件地址是(　　)。
　　A. www.zhou.cqut.edu.cn　　　　B. cqut.edu.cn-zhou
　　C. cqut.edu.cn@zhou　　　　　　D. zhou@cqut.edu.cn

二、判断题(每题 1 分,共 **10** 分)

1. 主机通信中的对等方式从本质上看仍然使用客户服务器方式。

2. 分组交换的特点是将报文分成一个个分组独立路由。

3. TCP 比 UDP 可靠,而且实时性更好。

4. 当 IP 数据报要进行再次分片时,每个小片中的标识字段递增。

5. 数据链路层使用的信道主要有点对点信道和广播信道两种。

6. PPP 协议含有要用 LCP 协议来建立、配置和测试数据链路链接。

7. OSPF 有好消息传得快,坏消息传得慢的特点。

8. ADSL 的下载速度比上传速度快。

9. IP 一个组的组播成员有 90 个,那么一次要发 90 个数据包来给每个成员。

10. 协议是水平的,服务是垂直的。

三、简答题(每题 5 分,共 10 分)

1. 简述静态路由和动态路由。

2. 简述 ARP 协议的过程。

四、计算题(每题 10 分,共 60 分)

1. 设发送端要传送的报文码位序列为 1010,生成多项式 $G(x) = x^3 + x + 1$,求 CRC 校验码位序列(要写出计算过程)。

2. 卫星信道的数据传输率为 1Mb/s,取卫星信道的单程传播时延为 0.25s,每一个数据帧长都是 2000b。忽略误码率、确认帧长和处理时间。试计算下列情况下的信道利用率:

(1) 停止等待协议(2 分)。

(2) 连续 ARQ 协议,且发送窗口等于 7(2 分)。

(3) 连续 ARQ 协议,且发送窗口等于 127(2 分)。

(4) 连续 ARQ 协议,且发送窗口等于 255(4 分)。

3. 以下 20 个字节为一个 IPv4 数据报的头部,请分析该头部并回答以下问题:

编号	1	2	3	4	5	6	7	8	9	10
数据	45	00	00	30	52	52	40	00	80	06
编号	11	12	13	14	15	16	17	18	19	20
数据	2C	23	C0	A8	01	01	D8	03	E2	15

(1) 该 IP 包的发送主机和接收主机的地址分别是什么(3 分)?

(2) 该 IP 包的总长度是多少? 头部长度是多少(3 分)?

(3) 该 IP 分组有分片吗? 如果有分片它的分片偏移量是多少(2 分)?

(4) 该 IP 包是由什么传输层协议发出的(2 分)?

4. 某公司需要将一个局域网划分成三个子网,现在公司申请下来一个 B 类地址为 169.78.0.0,请按表 9.1 写出 IP 地址分配方案。

表 9.1 子网掩码分配方案表

网络地址(含子网地址)	子网掩码	该子网内最小的 IP 地址	该子网内最大的 IP 地址

5. 局域网 A、B 和 C,分别包含 10 台,8 台和 5 台计算机,通过路由器互联,并通过该路由器的接口 d 联入因特网。路由器各端口名分别为 a、b、c 和 d(假设端口 d 接入 IP 地址为 61.60.21.80 的互联网地址)。局域网 A 和局域网 B 公用一个 C 类网络 IP 地址 202.38.60.0,并将此 IP 地址中主机地址的高两位作为子网编号。局域网 A 的子网编号为 01,局域网 B 的子网编号为 10。IP 地址的低 6 位作为子网中的主机编号。局域网 C 的网络号是 202.36.61.0。请回答下列问题:

(1) 为连接局域网的路由器的端口分配 IP 地址,并写出三个网段的子网掩码(3 分)。

(2) 列出路由器的路由表(3 分)。

(3) 若局域网 B 中的一主机要向局域网 B 广播一个分组,写出该分组的目的 IP 地址(2 分)。

(4) 若局域网 B 中的一主机要向局域网 C 广播一个分组,写出该分组的目的 IP 地址(2 分)。

6. 设 A、B 两站相距 4km,使用 CSMA/CD 协议,信号在网络上的传播速度为 200 000km/s,两站发送速率为 100Mb/s,A 站先发送数据,如果发送碰撞,则:

(1) 最先发送数据的 A 站最晚经过多长时间才检测到发生了碰撞? 最快又是多少(3 分)?

(2) 检测到碰撞后,A 站已发送数据长度的范围是多少(设 A 要发送的帧足够长)(3 分)?

(3) 若距离减少到 2km,为了保证网络正常工作,则最小帧长度是多少(2 分)?

(4) 若发送速率提高,最小帧长不变,为了保证网络正常工作应采取什么解决方案(2 分)?

【参考答案】

一、选择题(每题 1 分,共 20 分)

1. C　2. B　3. D　4. A　5. B　6. A　7. B　8. B　9. D　10. A
11. B　12. B　13. A　14. D　15. D　16. A　17. A　18. B　19. D　20. D

二、判断题(每题 1 分,共 10 分)

1. T　2. T　3. F　4. F　5. T　6. T　7. F　8. T　9. F　10. T

三、简答题(每题 10 分,共 10 分)

简述静态路由和动态路由

由系统管理员事先设置好固定的路由表称为静态(Static)路由表,一般是在系统安装时就根据网络的配置情况预先设定的,它不会随未来网络结构的改变而改变。

动态(Dynamic)路由表是路由器根据网络系统的运行情况而自动调整的路由表。

四、计算题(每题 10 分,共 60 分)

1. (1)由 $G(x)=x^3+x+1$ 可推出除数为 1011。

(2) 把原始报文 C(X)左移 3(R)位变成 1010000。

(3) 用生成多项式对应的二进制数对左移 3 位后的原始报文进行模 2 除,即除数为生成多项式,被除数为左移 3 位后的原始报文,得到余数 011。

（4）编码后的报文为 1011011。

所以，CRC 校验码位序列为 011，最后发送的代码为 1011011。

（评分标准：由多项式写出除数得 2 分，正确补位得 2 分，计算过程 2 分，计算正确得 2 分，结论 2 分）

2. 卫星信道端到端的传播时延是 250ms，当以 1Mb/s 的数率发送数据时，2000b 长的帧的发送时延是 2ms。用 t=0 表示开始传输时间，那么在 t=2ms，第一帧发送完毕；t=252ms，第一帧完全到达接收方；t=254ms，对第一帧的确认帧发送完毕；t=502ms 时带有确认的帧完全到达接收方。因此周期是 502ms（确认帧的发送时间忽略不计）。如果在 502ms 内可以发送 k 帧（每帧的发送用时 2ms），则信道利用率是 2k/504。

（1）停止等待协议，此时 k=1，则信道的利用率为 2/502=1/251。

（2）WT=7，14/502=7/251。

（3）WT=127，254/502=127/251。

（4）WT=255，可以看出 2WT=510>502，也就是说第一帧的确认到达发送方时，发送方还在发送数据，即发送方就没有休息的时刻，故信道利用率为 1。

3. （1）根据出 IP 头部的格式，可以得出源 IP 地址是第 13，14，15，16 字节，也就是 C0 A8 01 01 转换为十进制点分表示得到源 IP 地址为 192.168.1.1。目标 IP 地址是第 17，18，19，20 字节即 D8 03 E2 15，转换为十进制点分表示得到目标 IP 地址为：216.3.226.21。

（2）IP 包的总长度域是 IP 头部的第 3，4 字节，即 00 30。转换为十进制得到该 IP 包的长度是 48。而头部长度为 IHL 域，是第一字节的后 4 个位表示，根据题目的数据 IHL 值是 5，再将 IHL 的值乘以 4 即得到头部的长度为 20。

（3）是否分片的标识在 IP 包头的第 7 字节的第 7 位表示，那么该分组的第 7 字节为 40，对应第 7 位是 1，即 DF 位置为 1 表示没有分片。

（4）协议域是第 10 字节，值为 06，用于表示传输层的协议，根据 RFC 标准 6 表示的是 TCP 协议。

4. IP 地址分配结果如表 9.2 所示。

表 9.2 IP 地址分配结果表

网络地址（含子网地址）	子网掩码	该子网内最小的 IP 地址	该子网内最大的 IP 地址
169.78.32.0	255.255.224.0	169.78.32.1	169.78.63.254
169.78.64.0	255.255.224.0	169.78.64.1	169.78.95.254
169.78.96.0	255.255.224.0	169.78.96.1	169.78.127.254
169.78.128.0	255.255.224.0	169.78.128.1	169.78.159.254
169.78.160.0	255.255.224.0	169.78.160.1	169.78.191.254
169.78.192.0	255.255.224.0	169.78.192.1	169.78.223.254

（评分标准：在上面 6 行中任意答出 3 行都算对，每答对一行得 3 分）

由于没有限制每个子网内的主机数目，只要分法合理都可以算对。

5. （1）端口号　　　　　IP 地址　　　　　　子网掩码（也是三个网段的子网掩码）

　　　　端口 a　　202.38.60.65　　　　255.255.255.192

　　　　端口 b　　202.38.60.129　　　　255.255.255.192

端口 c	202.38.61.1	255.255.255.0	
端口 d	61.60.21.80	255.0.0.0	

（2）路由器的路由表如下：

目的网络地址	子网掩码	下一跳地址	接口
202.38.60.64	255.255.255.192	直接	a
202.38.60.128	255.255.255.192	直接	b
202.38.61.0	255.255.255.0	直接	c
61.0.0.0	255.0.0.0	直接	d
0.0.0.0	0.0.0.0	61.60.21.80	d

（3）202.38.60.191。

（4）202.38.61.255。

6. 解答前应先明确时延的概念，传输时延（发送时延）是指发送数据时，数据块从结点进入到传输媒体所需的时间，即发送数据帧的第一个比特开始，到该帧的最后一个比特发送完毕所需的时间，发送时延＝数据块长度/信道带宽（发送速率）。传播时延是电磁波在信道中需要传播一定的距离而花费的时间。信号传输速率（发送速率）和信号在信道上的传播速率是完全不同的概率。传播时延＝信道长度/信号在信道上的传播速度。之后，根据 CSMA/CD 协议的原理即可求解。

（1）当 A 站发送的数据就要到达 B 站时，B 站才发送数据，此时 A 站检测到冲突的时间最长为 $T_{max}=2\times(4km\div200\,000km/s)=40\mu s$；当站 A 和站 B 同时向对方发送数据时，A 站检测到冲突的时间最短：$T_{max}=2\times(2km\div200\,000km/s)=20\mu s$。

（2）若要发送的帧足够长，则已发送数据的位数＝发送速率×发送时间。因此，当检测冲突时间为 $40\mu s$ 时，发送的数据最多，为 $L_{max}=100Mb/s\times40\mu s=4000b$；当检测冲突时间为 $20\mu s$ 时，发送的数据最少，为 $L_{min}=100Mb/s\times20\mu s=2000b$。因此，已发送数据长度的范围为 2000～4000b。

（3）当距离减少到 2km 后，单程传播时延为 $2/200\,000=10^{-5}s$，即 $10\mu s$，往返传播时延是 $20\mu s$。为了使 CSMA/CD 协议能正常工作，最小帧长的发送时间不能小于 $20\mu s$。发送速率为 100Mb/s，则 $20\mu s$ 可以发送的比特数为 $(20\times10^{-6})\times(1\times10^{-8})=2000$，因此，最小帧长应该为 2000。

（4）当提高发送速率时，保持最小帧长不变，则 A 站发送最小帧长的时间会缩短。此时，应相应地缩短往返传播时延，因此应缩短 A、B 两站的距离，以减少传播时延。

9.4　综合测试题四

一、选择题（每题 1 分，共 15 分）

1. 计算机网络中可以共享的资源包括（　　）。

  A. 硬件、软件、数据、通信信道   B. 主机、外设、软件、通信信道

  C. 硬盘、程序、数据、通信信道   D. 主机、程序、数据、通信信道

2. 在网络的拓扑结构中,只要有一个结点发生故障,网络通信就无法进行的结构是( )。

  A. 星型结构   B. 树型结构   C. 网型结构   D. 环型结构

3. 数据报和虚电路属于( )。

  A. 电路交换   B. 报文交换   C. 分组交换   D. 信元交换

4. ( )是实现局域网-广域网互联的主要设备。

  A. 集线器   B. 路由器   C. 路由器或网关   D. 网关

5. Telnet 主要工作在( )。

  A. 数据链路层   B. 网络层   C. 传输层   D. 应用层

6. 在 OSI 七层结构模型中,处于数据链路层与传输层之间的是( )。

  A. 物理层   B. 网络层   C. 会话层   D. 表示层

7. 下列( )不是实现防火墙的主流技术。

  A. 包过滤技术   B. 应用级网关技术

  C. 代理服务器技术   D. NAT 技术

8. 下面是某单位主页的 Web 地址 URL,其中符合 URL 格式的是( )。

  A. http//www. cqut. edu. cn   B. http:www. cqut. edu. cn

  C. http://www. cqut. edu. cn   D. http:/www. cqut. edu. cn

9. 电话系统采用的是( )。

  A. 电路交换   B. 报文交换   C. 分组交换   D. 信元交换

10. 在以下几种传输媒体中,传输速率最高的是( )。

  A. 双绞线   B. 同轴电缆   C. 光纤   D. 通信卫星

11. FTP 属于( )协议。

  A. 数据链路层   B. 网络层   C. 传输层   D. 应用层

12. VLAN 在现代组网技术中占有重要地位,同一个 VLAN 中的两台主机( )。

  A. 必须连接在同一交换机上   B. 可以跨越多台交换机

  C. 必须连接在同一集线器上   D. 可以跨越多台路由器

13. 网络协议的主要要素为( )。

  A. 数据格式、编码、信号电平   B. 数据格式、控制信息、速度匹配

  C. 语法、语义、同步   D. 编码、控制信息、同步

14. 动态分配时间片的复用技术是( )。

  A. 频分多路复用   B. 时分多路复用

  C. 统计时分复用   D. 码分复用

15. 对网际控制报文协议(ICMP)描述错误的是( )。

  A. ICMP 封装在 IP 数据报的数据部分

  B. ICMP 是属于应用层的协议

  C. ICMP 是 IP 协议必需的一个部分

D. ICMP 可用来进行拥塞控制

二、填空题(每空 1 分,共 20 分)

1. TCP/IP 网络模型包含 4 层,分别是网络接口层,_____、_____、应用层。

2. 按照规模大小,可以把计算机网络划分为_____、广域网和城域网。

3. 典型的有线网络传输介质有_____、同轴电缆、光纤等。

4. 从一个 IP 数据报的首部并不能判断源主机或目的主机所连接的网络是否进行了子网划分,需要通过_____识别 IP 地址中的子网部分。

5. IEEE802.3 规定的网络访问控制方式是_____;IEEE802.4 规定的网络访问控制方式是 Token Bus。

6. 网桥(Bridge)工作在 OSI 模型的_____层。

7. 100M 直通网线接法标准有两个,分别是_____和 568B。

8. TCP/IP 地址可分为 5 类,每类地址中规定了_____和主机编号。

9. Internet 服务提供者称为_____。

10. 路由器工作在 OSI 模型的_____层。

11. 按照 TCP/IP 协议规定,IP 地址由_____位二进制组成,为了表示的方便,采用 4 个十进制数形式。

12. 发送邮件的协议是_____,接收邮件的协议是_____。

13. 从功能上把计算机网络分为_____和通信子网。

14. 网络协议的组成要素有_____、_____、_____。

15. IP 地址 128.1.0.5 属于_____类地址。

16. URL 由 5 部分组成,分别是_____、主机地址、服务端口、资源路径和名字。

三、名词解释(每题 3 分,共 9 分)

1. 局域网　　　2. 误码率　　　3. SMTP

四、简述题(每小题 5 分,共 35 分)

1. 简述因特网发展的三个阶段。

2. 简述 TCP 和 UDP 的异同之处。

3. 如何理解 IP over Everything 和 Everything over IP?

4. 简述网络协议分层的优缺点。

5. 简述 IP 多播的工作原理。

6. IP 地址是如何分类的?

7. TCP/IP 协议中的端口主要起什么作用? 举两个常用的端口及其默认用途。

五、计算题(第 1 小题 12 分,第 2 小题 9 分,共 21 分)

1. 考虑某路由器具有下列路由表项:

网络前缀	下一跳
142.150.64.0/24	A
142.150.71.128/28	B
142.150.71.128/30	C
142.150.0.0/16	D

(1) 假设路由器接收到一个目的地址为 142.150.71.132 的 IP 分组,请确定该路由器为该 IP 分组选择的下一跳,并解释说明(4分)。

(2) 在上面的路由器由表中增加一条路由表项,该路由表项使以 142.150.71.132 为目的地址的 IP 分组选择 A 作为下一跳,而不影响其他目的地址的 IP 分组转发(2分)。

(3) 在上面的路由表中增加一条路由表项,使所有目的地址与该路由表中任何路由表项都不匹配的 IP 分组被转发到下一跳 E(2分)。

(4) 将 142.150.64.0/24 划分为 4 个规模尽可能大的等长子网,给出子网掩码及每个子网的可分配地址范围(4分)。

2. 主机 A 向主机 B 连续发送了 3 个 TCP 报文段。第 1 个报文段的序号为 90,第 2 个报文段的序号为 120,第 3 个报文段的序号为 150。请回答:

(1) 第 1 和第 2 个报文段携带了多少字节的数据(3分)?

(2) 主机 B 收到第 2 个报文段后,发回的确认中的确认号应该是多少(2分)?

(3) 如果主机 B 收到第 3 个报文段后,发回的确认中的确认号是 200,试问 A 发送的第 3 个报文段中的数据有多少字节(2分)?

(4) 如果第 2 个报文段丢失,而其他两个报文段正确到达了主机 B。那么主机 B 在第 3 个报文段到达后,发往主机 A 的确认报文中的确认号应该是多少(2分)?

【参考答案】

一、选择题(每题 1 分,共 15 分)

1. A   2. D   3. C   4. B   5. D   6. B   7. D   8. C   9. A   10. C
11. D   12. B   13. C   14. B   15. B

二、填空题(每空 1 分,共 20 分)

1. 网络层(网际层) 传输层	2. 局域网	3. 双绞线
4. 子网掩码	5. CSMA/CD	6. 2(数据链路)
7. 568A	8. 网络编号	9. ISP
10. 3(网络层)	11. 32	12. SMTP POP3
13. 资源子网	14. 语法 语义 时序	
15. B	16. 协议	

三、名词解释(每题 3 分,共 9 分)

1. 局域网:在一个局部的地理范围内将各种计算机、外部设备等互相联接起来组成的计算机通信网。

2. 误码率:衡量数据在规定时间内数据传输精确性的指标。

3. SMTP:简单邮件传送协议,用于电子邮件的发送。

四、简述题(每小题 5 分,共 35 分)

1. 第一阶段:从单个网络 ARPAnet 向互联网发展的过程。

   第二阶段:建成了三级结构的因特网。

   第三阶段:逐渐形成了多层次 ISP 结构的因特网。

2. TCP 和 UDP 都是传输层协议,实现用户数据的传输。但 TCP 采用了一系列机制实现可靠传输方式,UDP 是非可靠传输。

3. everything over IP:未来的通信网是以数据信息业务为重心,各种业务都可以通过 IP 网络来实现。IP over everything:由于 IP 协议的开放性和通用性,可以运行在各种现有的网络基础上。

4. 优点:简化问题,分而治之,有利于升级更新。缺点:各层之间相互独立,都要对数据进行分别处理;每层处理完毕都要加一个头结构,增加了通信数据量。

5. 一台主机往一个特定的多播地址发出数据包,由路由器实现数据包分发给多个有需要的主机,这台主机和那些主机就形成了一个多播组。

6. 每一个 IP 地址包括两部分:IP 地址共 32 位,共分为 5 类。(1)A 类地址。第一个 8 位位组的第一位为 0,使用第一个 8 位位组表示网络地址。(2)B 类地址。B 类地址的第一个 8 位位组的前两位总置为 10,使用两个 8 位位组表示网络号。(3)C 类地址。C 类地址的前三位数为 110,使用三个 8 位位组表示网络地址。(4)D 类地址。D 类地址的前 4 位恒为 1110,用于多播。(5)E 类地址。保留作研究之用。

7. 通过端口来区分不同的应用和用户请求,使得一个 IP 上可以运行多个进程,实现多种服务。FTP 通常使用 21 号端口,HTTP 用 80 号端口,Telnet 用 23 号端口。

五、计算题(第 1 小题 12 分,第 2 小题 9 分,共 21 分)

1. (1)首先要知道使用 CIDR 时,可能会导致有多个匹配结果,但是我们应该遵循一个原则就是:应当从匹配结果中选择具有最长网络前缀的路由。首先网络前缀 142.150.0.0/16(即 142.150)和 142.150.71.132 是相匹配的,因为前面 16 位都相同。

下面分析表中这 4 项的匹配性:

① 142.150.64.0/24 和 142.150.71.132 是不匹配的,因为前 24 位不相同。

② 142.150.71.128/28 和 142.150.71.132 首先前 24 位是匹配的,只需在看后面 4 位是否一样,128 转换成二进制是 10000000,132 转换成二进制是 10000100,所以前面 5 位一样,故匹配了,且匹配了 28 位。

③ 142.150.71.128/30 和 142.150.71.132 首先前 24 位是匹配的,只需在看后面 6 位是否一样,前面已经计算过,只有前面 5 位一样,第 6 位不一样,故不匹配。

④ 前面讲过 142.150.0.0/16 和 142.150.71.132 是匹配的,且匹配了 16 位。

综上,只有②④匹配,且②匹配的位数比④长,再根据最长匹配原则,应当从匹配结果中选择具有最长网络前缀的路由,故应当选取第二项的下一跳地址 B。

(2)要想该路由表项使以 142.150.71.132 为目的地址的 IP 分组选择"A"作为下一跳,而不影响其他目的地址的 IP 分组转发,这个道理很简单,只需要构造一个网络前缀和该地址匹配 32 位就行了,故路由器可以增加这样一条表项:

```
142.150.71.132/32    A
```

(3)这里考查的就是默认路由的概念,增加的表项如下:

```
网络前缀 0.0.0.0/0、下一跳 E
```

(4)将 142.150.64.0/24 划分为 4 个规模尽可能大的等长子网,只需要 2 位(在分类的 IP 地址中,不能使用全 0 或全 1 的子网号,但在 CIDR 中可以使用)。所以子网块地址分别为 142.150.64.00000000、142.150.64.01000000、142.150.64.10000000、142.150.64.11000000，即 142.150.64.0/26、142.150.64.64/26、142.150.64.128/26、142.150.64.192/26；子网掩码都是 11111111 11111111 11111111 11000000，即 255.255.255.192；关于可分配地址范围只详细讲解一个：142.150.64.0/26，因为主机号为后面 6 位，所以地址范围为 142.150.64.00000001～142.150.64.00111110(全 0 和全 1 都去掉)，即 142.150.64.1 到 142.150.64.62；其他三个以此类推，最后的详细答案如下：

子网地址块	子 网 掩 码	可分配地址范围
142.150.64.0/26	255.255.255.192	142.150.64.1～142.150.64.62
142.150.64.64/26	255.255.255.192	142.150.64.65～142.150.64.126
142.150.64.128/26	255.255.255.192	142.150.64.129～142.150.64.190
142.150.64.192/26	255.255.255.192	142.150.64.193～142.150.64.254

2. TCP 首部的序号字段是用来保证数据能有序提交给应用层，序号是建立在传送的字节流之上；确认号字段是期望收到对方的下一个报文段的数据的第一个字节的序号。

(1) 第 1 个报文段的序号是 90，说明其传送的数据从字节 90 开始，第 2 个报文段的序号是 120，说明其传送的数据从字节 120 开始，即第 1 个报文段的数据为第 90～119 号字节，共 30 字节。同理，可得出第 2 个报文段的数据为 30 个字节。

(2) 主机 B 收到第 2 个报文段后，期望收到 A 发送的第 3 个报文段，第 3 个报文段的序号字段为 150，故发回的确认中的确认号为 150。

(3) 主机 B 收到第 3 个报文段后发回的确认中的确认号为 200，则说明已收到第 199 号字节，故第 3 个报文段的数据为第 150～199 号字节，共 50 字节。

(4) TCP 默认使用累计确认，即 TCP 只确认数据流中至第一个丢失(或未收到)字节为止的字节。题中，第 2 个报文段丢失，故主机 B 应发送第 2 个报文段的序号 120。

9.5   综合测试题五

一、填空题(每空 1 分，共 20 分)

1. 计算机网络向用户提供的最重要的两个功能分别是_____和_____。

2. 最基本的带通调制方法有_____、_____、_____。

3. 从通信的双方信息交互的方式来看，可以有单工通信、_____、_____。

4. 数据链路层功能有多种，主要都是解决_____、_____、_____这三个基本问题的。

5. 当以太网使用 CSMA/CD 协议进行冲突避免时，如果一个数据发送端发现数据出现碰撞，则需要推迟一定的时间才能再次发送，常用的确定等待时间的算法为二进制指数退避。现在假设以太网的争用期为 2τ，请说明当第二次发生碰撞后可以选择的等待时间为_____、_____、_____和_____。

6. 在 IP 地址的 A 类地址、B 类地址和 C 类地址中，_____类地址对应的网络中网络数最少而主机数最多。

7. 给定一个 IP 地址为 15.122.10.6,子网掩码为 255.255.192.0,则该 IP 所在的子网地址为_____。

8. TCP 协议连接的端点称为套接字,一个套接字由_____和_____组成。

9. 通过 TCP 协议作为网络应用的运输层协议,发送方的发送窗口受到_____和_____的制约,发送窗口小于等于这两个窗口的最小者。

二、选择题(每题 2 分,共 20 分)

1. 收发两端之间的传输距离为 1000km,信号在媒体上的传播速率为 $2 \times 10^8 \text{m/s}$,数据的传播时延为(　　)s。

    A. 0.001　　　　　B. 0.002　　　　　C. 0.005　　　　　D. 0.05

2. 在没有对交换机配置虚拟局域网(VLAN)的情况下,通过使用以太网交换机(多端口网桥)可以缩小(　　)的范围。

    A. 广播域　　　　　B. 碰撞域　　　　　C. 单播域　　　　　D. 都不是

3. 下列路由协议中,(　　)是一种距离向量协议。

    A. IS-IS　　　　　B. OSPF　　　　　C. RIP　　　　　D. BGP

4. IP 地址为 172.16.101.20,子网掩码为 255.255.255.0,则该 IP 地址中子网号共占用了(　　)位。

    A. 6　　　　　　　B. 8　　　　　　　C. 16　　　　　　D. 24

5. 光导纤维电缆分为单模光纤和多模光纤,其中传输率较低的是(　　)。

    A. 多模光纤　　　　B. 单模光纤　　　　C. 两者相同　　　　D. 以上都不对

6. ARP 协议所属的协议层次及其主要功能分别是(　　)。

    A. 网络层,在知道通信对方的物理地址情况下获得其 IP 地址

    B. 数据链路层,在知道通信对方的 IP 地址情况下获得其物理地址

    C. 网络层,在知道通信对方的 IP 地址情况下获得其物理地址

    D. 应用层,用于动态分配地址给联网主机

7. 中继器、多端口网桥、路由器分别工作在(　　)协议层。

    A. 数据链路层、网络层、应用层　　　　　B. 网络层、数据链路层、应用层

    C. 物理层、数据链路层、网络层　　　　　D. 物理层、数据链路层、应用层

8. 如果 TCP 数据接收端的一个 TCP 报文的头部信息中"确认号"字段的值为 51,"窗口"字段的值为 300,则表示该接收方有接收如下(　　)字节编号的 TCP 报文的缓存空间。

    A. 51~350　　　　B. 50~300　　　　C. 50~301　　　　D. 51~300

9. 假设 TCP 的 ssthresh 的初始值为 8(单位为报文段),当 cwnd 上升到 12 的时候网路发生拥塞,TCP 使用慢开始和拥塞避免。那么第 1 轮次和第 15 轮次传输的 cwnd 大小分别为(　　)。

    A. 1、10　　　　　B. 1、8　　　　　C. 3、10　　　　　D. 1、9

10. 运输层的 TCP 协议和 UDP 协议分别是(　　)。

    A. 面向连接的和面向报文的　　　　　　B. 面向报文的和面向连接的

    C. 面向连接的和面向"流"的　　　　　D. 面向字节的和面向连接的

三、问答及计算题(60分)

1. 首先指出图 9.4 中分别是哪一种交换方式,同时简要说明这三种交换方式的交换特点(10 分)。

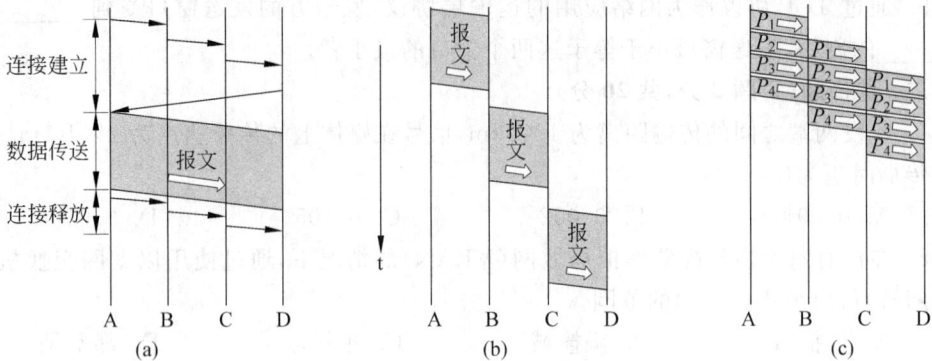

图 9.4　报文交换示意图

2. 主机 A 向主机 B 连续发送了两个 TCP 报文段,其序号分别为 70 和 100。试问:

(1) 第一个报文段携带了多少个字节的数据(2 分)?

(2) 主机 B 收到第一个报文段后发回的确认中的确认号应当是多少(2 分)?

(3) 如果主机 B 收到第二个报文段后发回的确认中的确认号是 180,试问 A 发送的第二个报文段中的数据有多少字节(3 分)?

(4) 如果 A 发送的第一个报文段丢失了,但第二个报文段到达了 B。B 在第二个报文段到达后向 A 发送确认。试问这个确认号应为多少(3 分)?

3. 请简单叙述 TCP 协议的主要特点(10 分)。

4. 计算机网络的体系结构为什么要采用分层次的结构?请简单说明这样设计有哪些好处(10 分)。

5. 在某个网络中,R1 和 R2 为相邻路由器,其中 R1 的原路由表和 R2 广播的距离向量报文<目的网络,距离>分别如下,请根据 RIP 协议更新 R1 的路由表,并写出更新后的 R1 路由表如下:

目的网络	距离	下一跳
10.0.0.0	0	直接
30.0.0.0	7	R7
40.0.0.0	3	R2
45.0.0.0	4	R8
180.0.0.0	5	R2
190.0.0.0	10	R5

R2 广播的距离向量报文表如下:

目的网络	距离
10.0.0.0	4

30.0.0.0	4
40.0.0.0	2
41.0.0.0	3
180.0.0.0	5

请分别说明这 5 个分组的下一跳,并给出基本的计算过程(10 分)。

6. 假定网络中路由器 A 的路由表有如下项目(三列分别表示"目的网络"、"距离"、"下一跳路由器"):

N1	4	B
N3	1	F
N4	5	G
N5	7	F

现在路由器 A 收到来自相邻路由器 C 发来的路由信息:

N1	2
N2	1
N3	3
N4	7
N5	6

请给出路由器 A 更新后的路由表,详细说明每一个步骤(路由器采用 RIP 路由选择协议)(10 分)。

【参考答案】

一、填空题(每空 1 分)

1. 连通性　共享
2. 调频　调相　调幅
3. 半双工通信　全双工通信
4. 帧定界　透明传输　差错检测
5. 0　2τ　4τ　6τ
6. A
7. 15.122.0.0
8. IP 地址　端口号
9. 接收窗口　拥塞窗口

二、选择题(每题 2 分)

1. C　2. B　3. C　4. B　5. A　6. C　7. C　8. A　9. D　10. A

三、问答及计算题

1. 答:(a)为电路交换,(b)为报文交换,(c)为分组交换(各给 2 分)。

电路交换需要独占通信资源,但传输可靠稳定,通信资源浪费较大;报文交换的报文较大,不需要提前预先占用通信资源,资源浪费较电路交换节约,但中间存储时间较长导致通信时延较大;分组交换是现在 Internet 的核心交换技术,把报文进一步细分为更小的分组,不需要提前预留通信资源,中间节点在收到分组后就可以转发,同时继续接收分组,节约通信资源且时延较小。

(电路交换、报文交换各 1 分,分组交换 2 分)

2. (1)第二个报文段的开始序号是 100,说明第一个报文段的序号是 70~99,故第一个报文段携带了 30 字节的信息。

（2）由于主机已经收到第一个报文段，即最后一个字节的序号应该是 99，故下一次应当期望收到第 100 号字节，故确认中的确认号是 100。

（3）由于主机 B 收到第二个报文段后发回的确认中的确认号是 180，说明已经收到了第 179 号字节，也就说明第二个报文段的序号是从 100～179，故第二个报文段有 80 字节。

（4）确认的概念就是前面的序号全部收到了，只要有一个没收到，都不能发送更高字节的确认，所以主机 B 应该发送第一个报文段的开始序号，即 70。

3. 答：

（1）TCP 是面向连接的运输层协议。

（2）TCP 通信只能连接两个端点，即点对点的。

（3）TCP 能提供可靠的数据交付（服务）。

（4）TCP 能提供全双工的通信。

（5）TCP 是面向"字节流"的。

（每个特点各 5 分）

4. 答：计算机网络采用分层的体系结构带来的主要好处是：

（1）各层之间是独立的。某一层可以使用其下一层提供的服务而不需要知道服务是如何实现的。

（2）灵活性好。当某一层发生变化时，只要其接口关系不变，则这层以上或以下的各层均不受影响。

（3）结构上可分割开。各层可以采用最合适的技术来实现。

（4）易于实现和维护。

（5）能促进标准化工作。

（回答对三个以上的给满分）

5.（1）首先将 R2 广播的距离向量报文表中的距离都加 1，并把下一跳路由器都改为 R2，得出下表：

目的网络	距离	下一跳
10.0.0.0	5	R2
30.0.0.0	5	R2
40.0.0.0	3	R2
41.0.0.0	4	R2
180.0.0.0	6	R2

把这个表的每一行和 R1 的原路由表进行比较。

第一行的 10.0.0.0 在 R1 的原路由表中有，但下一跳路由器不相同。于是就要比较距离，新的路由信息的距离是 5，大于原来表中的 0，因此不更新。

第二行的 30.0.0.0 在 R1 的原路由表中有，但下一跳路由器不相同。于是就要比较距离，新的路由信息的距离是 5，小于原来表中的 7，因此需要更新。

第三行的 40.0.0.0 在 R1 的原路由表中有，且下一跳路由器也是 R2，因此要更新（距离没变）。

第四行的 41.0.0.0 在 R1 的原路由表中没有,因此要将这一行添加到 R1 的原路由表中。

第五行的 180.0.0.0 在 R1 的原路由表中有,且下一跳路由器也是 R2,因此要更新(距离增大了)。

综上,路由器 R1 的路由表更新后如下表:

目的网络	距离	下一跳
10.0.0.0	0	直接
30.0.0.0	5	R2
40.0.0.0	3	R2
41.0.0.0	4	R2
45.0.0.0	4	R8
180.0.0.0	6	R2
190.0.0.0	10	R5

6. 答:A 更新后的路由表为:

N1	3	C
N2	2	C
N3	1	F
N4	5	G
N5	7	F

(10 分,每行 2 分)

9.6　综合测试题六

一、填空题(每空 1 分,共 20 分)

1. 计算机网络的功能主要有数据通信、_____和_____三个方面。

2. TCP/IP 参考模型中,传输层定义了两种协议:_____和_____。

3. TCP/IP 参考模型的层次包括网络接口层、_____、_____、_____。

4. 请分别写出 A、B、C 三类 IP 地址的地址范围。A 类_____,B 类_____,C 类_____。

5. 给定一个 IP 地址为 192.168.10.0,子网掩码为 255.255.255.240。这种子网划分一共可以划分出_____子网(不允许全 0 全 1 的子网号)。

6. 设主机 H1(IP1,MAC1)和 H2(IP2,MAC2)通信,中间需要经过路由器 R1 和 R2。其中,R1 和 H1 连接的接口 IP 地址为 IP3,物理地址为 MAC3,而 R1 和 R2 相连接的接口 IP 地址为 IP4,物理地址为 MAC4。R2 和 R1 连接的接口 IP 地址为 IP5,物理地址为 MAC5。另外,R2 和 H2 连接的接口 IP 地址为 IP6,物理地址为 MAC6。请问,IP 数据报从 H1 发送到 H2,在经过 R1 转发后(即在 R1→R2 的路径的时候),IP 数据报头部信息中源地址为_____,目的地址为_____。而数据链路层(MAC 层)的头部信息中源地址为_____,目的地址为_____。

7. 有 5 个主机连接到以太网上,如果 10 个站都接到一个 100Mb/s 以太网集线器上,每个主机能得到的带宽为_____;而如果 10 个主机都接到一个 100Mb/s 以太网交换机上,每个主机能得到的带宽为_____。

8. 入侵检测按时间分类,可分为_____和_____两种。

9. 假设 TCP 的 ssthresh 的初始值为 8(单位为报文段),当 cwnd 上升到 12 的时候网路发生拥塞,TCP 使用慢开始和拥塞避免,那么在第 15 轮次传输的 cwnd 大小是_____。

二、选择题(每题 2 分,共 20 分)

1. 收发两端之间的传输距离为 1000km,信号在媒体上的传播速率为 2×10^8 m/s。另外,数据长度为 10^7 位,数据的发送速率为 100Mb/s。那么数据的发送时延是( )s。

    A. 0.1   B. 0.01   C. 0.5   D. 0.02

2. 在 IP 地址的 A 类地址、B 类地址、C 类地址和 D 类地址中,( )地址对应的网络中网络数最少而主机数最多。

    A. A 类   B. B 类   C. C 类   D. D 类

3. ARP 协议的主要功能是( )。

    A. 让主机在知道通信对方的 IP 地址的情况下获取对方的 MAC 地址

    B. 让主机在知道通信对方的 MAC 地址的情况下获取对方的 IP 地址

    C. 让主机在知道本机 IP 地址的情况下获取通信对方的 MAC 地址

    D. 让主机在知道本机 MAC 地址的情况下获取通信对方的 MAC 地址

4. IP 地址为 192.168.2.16,子网掩码为 255.255.255.240,则最多可以划分出( )个子网(不允许全 0 全 1 的子网号)。

    A. 14   B. 15   C. 16   D. 18

5. 在 TCP/IP 协议集中,ICMP 协议工作在( )。

    A. 应用层   B. 运输层   C. 网络层   D. 网络接口层

6. 每个子网所能容纳的计算机大于 60 台,最合适的子网掩码为( )。

    A. 255.255.255.192   B. 255.255.255.248

    C. 255.255.255.224   D. 255.255.255.240

7. 集线器、三层交换机、路由器分别工作在 TCP/IP 协议的( )。

    A. 物理层、数据链路层、网络层   B. 网络层、数据链路层、网络层

    C. 数据链路层、数据链路层、网络层   D. 物理层、数据链路层、应用层

8. 以下单词代表远程登录的是( )。

    A. WWW   B. FTP   C. Telnet   D. Gopher

9. 以下路由协议中,( )是"链路状态"的分布式路由协议。

    A. RIP   B. OSPF   C. BGP   D. IS-IS

10. 下列不属于 TCP 协议常采用的拥塞控制策略的是( )。

    A. 快恢复   B. 慢开始   C. 拥塞避免   D. 累积确认

三、问答及计算题(60 分)

1. 请列举出三种主要的交换方式,在 Internet 中广泛使用的是哪一种交换方式? 这

种交换方式最大的优点是什么(至少列举两个优点)(10 分)?

2. 为什么在传输信息的时候要使用信道复用技术? 常用的信道复用技术都有哪些(至少列举三种)(10 分)?

3. 考虑的采用基于距离矢量的路由选择算法的子网。假设路由器 C 刚启动,并测得到达它的邻接路由器 B、D 和 E 的时延分别等于 6、3 和 5。此后,路由器 C 依次收到下列矢量:来自 D 的(16,12,6,0,9,10)、来自 E 的(7,6,3,9,0,4)以及来自 B 的(5,0,8,12,6,2)。上面的矢量表示的是发送该矢量的结点分别与结点 A、B、C、D、E、F 的延时,则路由器 C 在收到 3 个矢量之后的新路由表是什么?

4. 网络层通常可以采用虚电路服务的方式或者数据报服务的方式实现,请对比说明这两种服务的主要特点(10 分)。

5. 公司新申请到一个网络地址为 172.16.0.0,现需要分配 60 个子网,每个子网最多能容纳 800 台计算机(全 1 和全 0 的子网号不允许),回答:

(1) 合理的子网掩码是多少(2 分)?

(2) 如按照(1)的方式划分,最多可以划分出多少个子网? 每个子网有多少主机(4 分)?

(3) 写出前 4 个子网的网络地址(4 分)。

6. 如图 9.5 所示,A、B、C、D、E、F 为 6 台接入到网络中的主机,B1 和 B2 为两台多接口网桥(交换机),当有:B 发送帧给 D、F 发送帧给 C、B 发送帧给 A、B 发送帧给 E、C 发送帧给 A 这 5 个数据通信产生后,请分析后写出 B1 和 B2 的转发表的内容(需要简单说明转发表产生的过程)(10 分)。

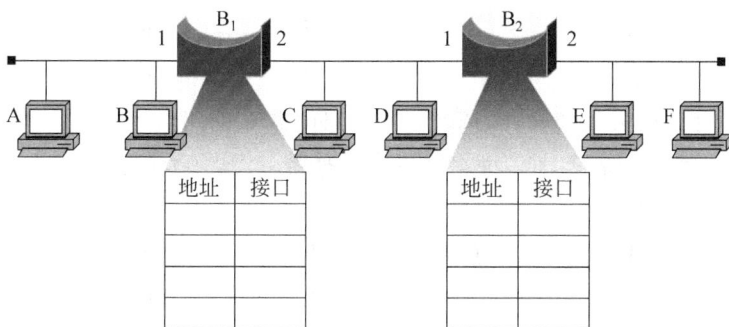

图 9.5　网络拓扑结构示意图

【参考答案】

一、填空题

1. 资源共享　分布处理　　　2. 传输控制协议(TCP)　用户数据报协议(UDP)

3. 网际层　传输层　应用层

4. 1.0.0.1-126.255.255.254　　128.0.0.1-191.255.255.254
   192.168.0.0-223.255.255.254

5. 14　　　　6. IP1　IP2　MAC4　MAC5　　　7. 10Mb/s　100Mb/s

8. 实时入侵检测　事后入侵检测　　　　　　　9. 9

二、选择题

1. A　2. A　3. A　4. A　5. C　6. A　7. A　8. C　9. B　10. D

三、问答及计算题

1. 电路交换,分组交换,报文交换(各1分)。

Internet 中常用的是分组交换(2分)。

优点:(1)高效性;(2)灵活,自主选择路由;(3)可靠性(共5分)。

2. (1) 可以提高信道的利用率,使得多路信号在一条物理线路上传输,大大降低了信号的传输成本(5分)。

(2) 频分复用、波分复用、码分复用(5分,答对任何一个得2分,两个得4分,完全答对得5分)。

3. 已知路由器 C 测得到自己的另连接路由器 B、D 和 E 的时延分别等于 6、3 和 5。在收到来自 D 的矢量(16,12,6,0,9,10)后,路由器 C 的路由表如下:

站点	下一跳	度量	站点	下一跳	度量
A	D	19	D	D	3
B	B	6	E	E	5
C	—	—	F	D	13

在收到来自 E 的矢量(7,6,3,9,0,4)后,路由器 C 的路由表如下:

站点	下一跳	度量	站点	下一跳	度量
A	E	12	D	D	3
B	B	6	E	E	5
C	—	—	F	E	9

在收到来自 B 的矢量(5,0,8,12,6,2)后,路由器 C 的路由表如下:

站点	下一跳	度量	站点	下一跳	度量
A	B	11	D	D	3
B	B	6	E	E	5
C	—	—	F	B	8

4. 答:

(1) 在设计思路上有差异,虚电路由网络来保证可靠通信,数据报服务由用户主机来保证可靠通信。

(2) 连接建立不同,虚电路在通信前必须有连接的建立过程,数据报则不需要提前建立连接。

(3) 终点地址的使用不同,虚电路只在连接建立阶段使用终点地址,数据报的每个分组都要写入完整的终点地址。

(4) 分组转发不同。

(5) 当节点出现故障时的处理方法不同。

(6) 分组发送的顺序存在差异。

（7）端到端的差错处理和流量控制的处理位置不同。

（每个点 2.5 分,只要答对 4 个以上得全分）

5. 答:

（1）255.255.252.0(2 分)。

（2）$2^6-2=62$ 个子网,$2^{10}-2=1022$ 台主机(4 分)。

（3）172.16.4.0,172.16.8.0,172.12.8.0,172.16.16.0(4 分)。

6. 答:

B	1	B	1
F	2	F	2
C	2		

（B1 和 B2 的转发表各 5 分,如没有描述扣 4 分）

9.7　综合测试题七

一、选择题（每题 1 分,共 10 分）

1. Internet 起源于(　　)。
　　A. DECnet　　　　B. Novell　　　　C. UNIX　　　　D. ARPAnet

2. 下列各种方式中,(　　)方式既可以用于环型结构的网络,也可以用于总线型结构的网络。
　　A. 令牌方式　　　B. 总线方式　　　C. 顺序方式　　　D. 集中方式

3. TCP/IP 已成为(　　)网络的主要核心协议簇。
　　A. Internet　　　B. Linux　　　　C. UNIX　　　　D. Novell

4. IEEE802.3 标准是(　　)。
　　A. 逻辑链路控制　　　　　　　　B. 令牌环网访问方法和物理层规范
　　C. 令牌总线访问方法和物理层规范　　D. CSMA/CD 访问方法和物理层规范

5. TCP 提供面向(　　)的传输服务。
　　A. 端口　　　　　B. 地址　　　　　C. 连接　　　　D. 无连接

6. 在下列传输介质中,(　　)传输介质的抗电磁干扰性最好。
　　A. 双绞线　　　　B. 光纤　　　　　C. 同轴电缆　　　D. 无线介质

7. IPv6 地址的长度是(　　)位。
　　A. 16　　　　　　B. 32　　　　　　C. 64　　　　　　D. 128

8. 光导纤维电缆分为单模光纤和多模光纤,其中传输率较低的是(　　)。
　　A. 多模光纤　　　B. 单模光纤　　　C. 二者相同　　　D. 以上都不对

9. 传送速率单位 b/s 代表(　　)。
　　A. bytes per second　　　　　　　B. billion per second
　　C. baud per second　　　　　　　D. bits per second

10. 同轴电缆可分为两种,其中阻抗为 50Ω 的是(　　)。
　　A. 双绞线　　　　B. 基带同轴电缆　C. 宽带同轴电缆　D. 以上都不是

二、填空题(每空 1 分,共 20 分)

1. TCP/IP 有 4 层,分别是网络接口层、_____、_____、_____。

2. 计算机网络的拓扑结构可分为混合型拓扑、_____、_____、_____、

_____、_____。

3. 导向传输介质主要有、_____、_____、_____。

4. 双绞线可分为_____和_____两类。

5. 数据通信线路的工作模式分为单工、_____、_____。

6. 多路复用技术有时分复用、_____、_____、_____。

7. 计算机网络的数据交换方式可分为电路交换、_____、_____。

三、简答题(每题 10 分,共 40 分)

1. 已知:IP 地址为 140.252.20.69,没有进行子网划分。要求:将 IP 地址转为二进制,判断它属于 A 类、B 类还是 C 类地址,它的网络号和主机号分别为多少?

2. 什么是路由? 路由器的主要功能是什么?

3. TCP 的拥塞窗口 cwnd 大小与传输轮次 n 的关系如下所示:

cwnd	1	2	4	8	16	32	33	34	35	36	37	38	39
n	1	2	3	4	5	6	7	8	9	10	11	12	13
cwnd	40	41	42	21	22	23	24	25	26	1	2	4	8
n	14	15	16	17	18	19	20	21	22	23	24	25	26

(1) 分别指明 TCP 工作在慢开始阶段和拥塞避免阶段的时间间隔(2 分)。

(2) 在第 16 轮次和第 22 轮次之后发送方是通过收到三个重复的确认还是通过超时检测到丢失了报文段(2 分)?

(3) 在第 1 轮次,第 18 轮次和第 24 轮次发送时,门限 ssthresh 分别被设置为多大(2 分)?

(4) 在第几轮次发送出第 70 个报文段(2 分)?

(5) 假定在第 26 轮次之后收到了三个重复的确认,因而检测出了报文段的丢失,那么拥塞窗口 cwnd 和门限 ssthresh 应设置为多大(2 分)?

4. 设有 4 台主机 A、B、C 和 D 都处在同一物理网络中,它们的 IP 地址分别为 192.155.28.112、192.155.28.120、192.155.28.135 和 192.155.28.202,子网掩码都是 255.255.255.224,请回答:

(1) 该网络的 4 台主机中哪些可以直接通信? 哪些需要通过设置路由器才能通信? 请画出网络连接示意图,并注明各个主机的子网地址和主机地址(3 分)。

(2) 如要加入第 5 台主机 E,使它能与主机 D 直接通信,其 IP 地址的范围是多少(2 分)?

(3) 若不改变主机 A 的物理位置,而将其 IP 改为 192.155.28.168,则它的直接广播地址和本地广播地址各是多少? 若使用本地广播地址发送信息,请问哪些主机能够收到(3 分)?

(4) 若要使该网络中的 4 台主机都能够直接通信,可采取什么办法(2 分)?

四、问答题(每题 10 分,共 30 分)

1. OSI 七层参考模型中各层的主要功能是什么?

2. 中继设备转发器、网桥和网关处于哪一层及其功能是什么?

3. 共享式局域网与交换式局域网的区别是什么? 与集线器相比,交换机的优势是什么?

【参考答案】

一、选择题(每题 1 分,共 10 分)

1. D　2. A　3. A　4. D　5. C　6. B　7. D　8. A　9. D　10. B

二、填空题(每空 1 分,共 20 分)

1. 网间网层(网络层,IP 层)　传输层(TCP 层)　应用层

2. 总线型　星型　环型　树型　网型　　3. 双绞线　同轴电缆　光纤

4. 屏蔽双绞线　非屏蔽双绞线　　5. 半双工　全双工

6. 频分多路复用　波分复用　码分多址　　7. 报文交换　分组交换

三、简答题(每题 10 分,共 40 分)

1. IP 地址对应为 10001100　11111100　00010100　01000101(2 分)。

它属于 B 类地址(2 分)。它的网络号为 140.252(3 分)。

主机号为 00010100　01000101(3 分)。

2. 路由指的是从本地到网络的各个地方应该走的路径,由路由器根据目的地址将数据帧转发到不同的路径(4 分)。

路由器的功能有:选择最佳的转发数据的路径,建立非常灵活的联接,均衡网络负载(2 分);利用通信协议本身的流量控制功能来控制数据传输,有效解决拥挤问题(2 分);具有判断需要转发的数据分组的功能,把一个大的网络划分成若干个子网(2 分)。

3. (1) 慢开始的时间间隔:[1,6]和[23,26];拥塞避免的时间间隔:[6,16]和[17,22]。

(2) 在第 16 轮次之后发送方通过收到三个重复的确认检测到丢失的报文段。在第 22 轮次之后发送方是通过超时检测到丢失的报文段。

(3) 在第 1 轮次发送时,门限 ssthresh 被设置为 32。

在第 18 轮次发送时,门限 ssthresh 被设置为发生拥塞时的一半,即 21。

在第 24 轮次发送时,门限 ssthresh 是第 22 轮次发生拥塞时的一半,即 13。

(4) 第 70 报文段在第 7 轮次发送出。

(5) 拥塞窗口 cwnd 和门限 ssthresh 应设置为 8 的一半,即 4。

4. (1) 根据主机的 IP 地址及子网掩码可得,主机 A、B、C 和 D 的子网地址分别为 192.155.28.96、192.155.28.96、192.155.28.128 和 192.155.28.192。只有处于同一个网络的主机之间才能直接通信,因此,只有主机 A 和主机 B 之间才可以直接通信。主机 C 和主机 D,以及它们同 A 和 B 的通信必须经过路由器。

(2) 若要加入第 5 台主机 E,使它能与 D 直接通信,那么主机 E 必须位于和 D 相同的网络中,即 192.155.28.192,这样地址范围是 192.155.28.193 到 192.155.28.222,注意

要除掉 192.155.28.202。

(3) 主机 A 地址改为 192.155.28.168,那么它所处的网络为 192.155.28.160。由定义可知,直接广播地址是主机号各位全为 0,用于任何网络向该网络上所有的主机发送报文,每个子网的广播地址则是直接广播地址。本地广播地址,又称为有限广播地址,它的 32 位全为"1",用于该网络不知道网络号时内部广播。因此,主机 A 的直接广播地址为 192.155.28.191,本地广播地址是 255.255.255.255,若使用本地广播地址发送信息,所有主机都能够收到。

(4) 若希望 4 台主机直接通信,可以修改子网掩码为 255.255.255.0,这样 4 台主机就处于一个网络中,可以直接通信。

五、问答题(每题 10 分,共 30 分)

1. 答:物理层的作用是使原始的数据比特流能在物理媒体上传输(2 分)。

数据链路层的作用是通过校验、确认和反馈重发等手段将不可靠的物理链路改造成对网络层来说无差错的数据链路(2 分)。

网络层的作用是为传输层实体提供端到端的数据传送功能,并进行路由选择和拥塞控制等(2 分)。

运输层的作用是提供端到端的透明数据运输服务(1 分)。

会话层的作用是组织和同步不同主机上各种进程间的通信(1 分)。

表示层的作用是为应用层用户提供共同的数据或信息的语法表示变换(1 分)。

应用层的作用是为各种网络应用提供服务(1 分)。

2. 答:转发器处于物理层(1 分)。

转发器的功能是放大信号,延长传输距离,扩大网络范围(2 分)。

网桥处于数据链路层(1 分)。

网桥的功能是提供链路层间的协议转换,在局域网之间存储和转发帧(3 分)。

网关处于运输层及其以上各层(1 分)。

网关的作用是提供运输层及其以上各层间的协议转换(2 分)。

3. 答:传统共享式以太网使用集线器,而交换式以太网使用交换机(3 分)。

对于使用共享式集线器的用户,在某一时刻只能有一对用户进行通信(3 分),而交换机则提供了多个通道,它允许多个用户之间同时进行数据传输(2 分)。交换机对数据帧的转发方式有直接交换方式、存储转发方式、改进的直接交换方式(2 分)。

9.8   综合测试题八

一、选择题(每题 1 分,共 15 分)

1. OSI 指的是(   )。

    A. 开放系统互连   B. 国际电报电话咨询委员会

    C. 美国国家标准局   D. 国际标准化组织

2. 同轴电缆可分为两种,其中阻抗为 50Ω 的是(   )。

    A. 双绞线   B. 基带同轴电缆

  C. 宽带同轴电缆　　　　　　　　　　D. 以上都不是

3. 调制解调器(Modem)的主要功能是(　　)。

  A. 模拟信号的放大　　　　　　　　　B. 数字信号的整形

  C. 模拟信号与数字信号的转换　　　　D. 数字信号的编码

4. ATM 信元的长度是(　　)个字节。

  A. 5　　　　　　B. 38　　　　　　C. 48　　　　　　D. 53

5. 在网络的拓扑结构中,只要有一个结点发生故障,网络通信就无法进行的结构是(　　)。

  A. 星型结构　　　B. 树型结构　　　C. 网型结构　　　D. 环型结构

6. UDP 提供面向(　　)的传输服务。

  A. 端口　　　　　B. 地址　　　　　C. 连接　　　　　D. 无连接

7. 载波采用 4-PSK 的移相键控,调制速率是 600Baud,那么数据速率是(　　)。

  A. 1200b/s　　　B. 1800b/s　　　C. 2400b/s　　　D. 4800b/s

8. FDDI 使用的是(　　)标准。

  A. IEEE 802.3　B. IEEE 802.4　C. IEEE 802.5　D. IEEE 802.6

9. 下列(　　)服务是无连接的服务。

  A. 数据报服务　　B. 虚电路服务　　C. A 和 B 都是　　D. A 和 B 都不是

10. 停止等待协议的发送窗口和接收窗口大小分别是(　　)。

  A. 1,1　　　　　B. 1,2　　　　　C. 2,2　　　　　D. 2,1

11. 抗电磁干扰能力较强的双绞线是(　　)。

  A. 屏蔽双绞线　　　　　　　　　　　B. 非屏蔽双绞线

  C. 绝缘双绞线　　　　　　　　　　　D. A 和 B 两者一样

12. 滑动窗口协议是用于(　　)。

  A. 流量控制　　　B. 差错控制　　　C. 路由选择　　　D. 拥塞控制

13. 当前最流行的网络管理协议是(　　)。

  A. TCP/IP　　　B. SNMP　　　　C. SMTP　　　　D. TCP

14. IPv4 地址的长度是(　　)位。

  A. 16　　　　　　B. 32　　　　　　C. 64　　　　　　D. 128

15. 采用支撑树算法的网桥是(　　)。

  A. 透明网桥　　　B. 源路由网桥　　C. 多端口网桥　　D. 以太网交换机

二、填空题(每空 1 分,共 20 分)

1. 按网络的作用范围分类,网络可分为局域网、_____和_____三类。

2. 时延包括发送时延、_____和_____三部分。

3. 按网络的交换功能分类,网络可分为报文交换、_____和_____三类。

4. 最基本的二元调制方法有调幅、_____和_____三种。

5. 局域网按拓扑结构分类可分为星型网、_____、_____和_____ 4 种。

6. CSMA/CD 的三个要点是多点接入、_____和_____。

7. RARP 实现的是从_____地址到_____地址的转换。

8. 从 IPv4 到 IPv6 的过渡策略有_____和_____两种。

9. TCP 连接的端点称为插口,它包括 IP 地址和_____两部分。

10. 域名服务器可分为本地域名服务器、_____和_____三类。

三、名词解释(每题 5 分,共 15 分)

1. 三网融合　　2. 往返时延　　3. 虚拟局域网(VLAN)

四、简答题(每题 7 分,共 14 分)

1. 简答 IP 地址与物理地址的含义及区别。

2. 简答 TCP 的三次握手技术。

五、计算题(每题 8 分,共 16 分)

1. 设发送端要传送的报文码位序列为 10001001,生成多项式 $G(x)=x^4+x^2+1$,求 CRC 校验码位序列(要求写出计算式)。

2. 已知:IP 地址为 140.252.20.68,子网掩码为 255.255.255.224,那么它属于 A 类、B 类还是 C 类地址? 它的网络号、子网号和主机号为多少(要求写出计算式)?

六、问答题(每题 10 分,共 20 分)

1. 论述联网设备中继器、网桥、路由器和网关处于 OSI 中哪一层及其功能。

2. 采用 RIP 路由协议,假定网络中路由器 B 的路由表有如下项目(这三列分别表示"目的网络"、"距离"和"下一跳路由器"):

N1　　7　　A
N2　　2　　B
N6　　8　　F
N8　　4　　E
N9　　4　　F

现在 B 收到从 C 发来的路由信息(这两列分别表示"目的网络"、"距离"):

N2　　4
N3　　8
N6　　4
N8　　3
N9　　5

试求出路由器 B 更新后的路由表(详细说明每一个步骤)。

【参考答案】

一、选择题(每题 1 分,共 15 分)

1. A　2. B　3. C　4. D　5. D　6. D　7. A　8. C　9. A　10. A
11. A　12. A　13. B　14. B　15. A

二、填空题(每空 1 分,共 20 分)

1. 城域网　广域网　　2. 传播时延　处理时延　　3. 分组交换　电路交换
4. 调频　调相　　5. 环型网　总线型网　树型网　　6. 载波监听　碰撞检测
7. 物理地址(MAC 地址)　IP 地址　　8. 双协议栈　隧道技术

9. 端口号　　　　　　　　　　　　10. 根域名服务器　授权域名服务器

三、名词解释(每题 5 分,共 15 分)

1. 答:三网指的是电信网络、有线电视网络和计算机网络(3 分)。

三网融合指的是三种网络正在逐渐演变,力图使自己具有其他网络的优点(2 分)。

2. 答:往返时延是计算机网络的一个重要的性能指标(1 分)。

往返时延指的是从发送端发送数据开始,到发送端收到来自接收端的确认(接收端收到数据后立即发送确认)总共经历的时延(4 分)。

3. 答:虚拟局域网是由一些局域网网段构成的与物理位置无关的逻辑组,而这些网段具有某些共同的需求(3 分)。

虚拟局域网只是局域网提供给用户的一种服务,而不是一种新型局域网(2 分)。

四、简答题(每题 7 分,共 14 分)

1. IP 地址(Internet Protocol Address)是每个连接在因特网上的主机(或路由器)分配一个在全世界范围是唯一的标识符(2 分)。

硬件地址又叫 MAC 地址,是计算机所插入的网卡上固化在 ROM 中的全球唯一地址(2 分)。

TCP/IP 用 IP 地址来标识源地址和目标地址,但源和目标主机却位于某个网络中,故源地址和目标地址都由网络号和主机号组成。但这种标号只是一种逻辑编号,而不是路由器和计算机网卡的物理地址。对于一台计算机而言,IP 地址是可变的,而物理地址是固定的(3 分)。

2. 假设运行客户进程的主机是 A,运行服务器进程的主机是 B(1 分)。

主机 A 的 TCP 向主机 B 的 TCP 发出连接建立请求段(2 分)。

主机 B 的 TCP 收到连接请求报文段后,如同意,则发回确认(2 分)。

主机 A 的 TCP 收到此报文后,还要向 B 发出确认(2 分)。

五、计算题(每题 8 分,共 16 分)

1. 多项式 $x^4 + x^2 + 1$ 对应的代码为 10101,所以冗余码位数为 4(1 分)。

传送的位码为 10001001,即对应多项式 $K(x) = x^7 + x^3 + 1$,则 $x^4 \cdot K(x) = x^{11} + x^7 + x^4$,对应的代码为 100010010000(1 分)。

由模 2 除法求余得到的余数为 1101(要求写出计算式)(5 分)。

因此,CRC 校验码位序列为 1101(1 分)。

2. 属于 B 类地址(2 分)。

网络号为 140.252 或 10001100.11111100(2 分)。

子网号为 00010101010(2 分)。

主机号为 00101(2 分)。

六、问答题(每题 10 分,共 20 分)

1.(1) 转发器处于物理层(1 分)。

转发器的功能是放大信号,延长传输距离,扩大网络范围(2 分)。

(2) 网桥处于数据链路层(1 分)。

网桥的功能是提供链路层间的协议转换,在局域网之间存储和转发帧(1 分)。

(3) 路由器处于网络层(1分)。

路由器的功能是提供网络层间的协议转换,在不同的网络之间存储和转发分组(1分)。

(4) 网关处于运输层及其以上各层(1分)。

网关的作用是提供运输层及其以上各层间的协议转换(2分)。

2. 路由器 B 更新后的路由表如下:

N1   7   A   无新信息,不改变
N2   5   C   相同的下一跳,更新
N3   9   C   新的项目,添加进来
N6   5   C   不同的下一跳,距离更短,更新
N8   4   E   不同的下一跳,距离一样,不改变
N9   4   F   不同的下一跳,距离更大,不改变

9.9   综合测试题九

一、选择题(每题 2 分,共 20 分)

1. 一座大楼内的计算机网络系统属于( )。

    A. PAN   B. LAN   C. MAN   D. WAN

2. 在网络的各个节点上,为了顺利实现 OSI 模型中同一层次的功能,必须共同遵守的规则叫作( )。

    A. 协议   B. TCP/IP   C. Internet   D. 以太

3. 数据报和虚电路属于( )。

    A. 线路交换   B. 报文交换   C. 分组交换   D. 信元交换

4. 在 OSI 七层结构模型中,处于物理层与网络层之间的是( )。

    A. 物理层   B. 数据链路层   C. 会话层   D. 表示层

5. 下列 4 项中,合法的 IP 地址是( )。

    A. 210.45.233   B. 202.38.64.4

    C. 101.3.305.77   D. 115.232.60.245

6. 下列 4 项中,合法的电子邮件地址是( )。

    A. www.liu.cqut.edu.cn   B. cqut.edu.cn-liu

    C. cqut.edu.cn@liu   D. liu@cqut.edu.cn

7. 以下单词代表远程登录的是( )。

    A. WWW   B. FTP   C. Telnet   D. Gopher

8. B 类 IP 地址的默认子网掩码为( )。

    A. 255.0.0.0   B. 255.255.0.0

    C. 255.255.255.0   D. 255.255.255.255

9. 下面是某单位主页的 Web 地址 URL,其中符合 URL 格式的是( )。

    A. http//www.cqut.edu.cn   B. http://www.cqut.edu.cn

　　C. http:www.cqut.edu.cn　　　　　　D. http:/www.cqut.edu.cn

　　10. C 类 IP 地址的网络号占(　　)位。

　　　A. 8　　　　　　　B. 16　　　　　　　C. 24　　　　　　　D. 32

二、填空题(每空 1 分,共 20 分)

　　1. 计算机网络系统由通信子网和_____子网组成。

　　2. OSI 参考模型中,物理层的基本传输单位是比特流,数据链路层的基本传输单位是_____,网络层的基本传输单位是_____。

　　3. 网络协议的组成要素有语法、_____、时序同步。

　　4. OSI 七层模型由低到高分别是物理层、_____、网络层、传输层、会话层、表示层和_____。

　　5. 信号有_____和_____两种形式。

　　6. 信道容量指信道所能承受的最大数据传输速率,单位为_____。

　　7. 物理地址的长度为_____位,IPv4 地址的长度为_____位,IPv6 地址的长度为_____位。

　　8. 局域网中最常用的网络拓扑是_____、_____和环状拓扑。

　　9. IPV4 地址书写采用点分十进制法表示,IPV6 地址书写采用_____表示。

　　10. 请分别写出一个正确的网址和 E-mail 地址：_____、_____。

　　11. 发送邮件的协议为_____,读取邮件的协议为_____。

　　12. 入侵检测按时间分类,可分为_____和事后入侵检测两种。

三、名词解释(每题 5 分,共 20 分)

　　1. 数据传输速率　　　2. VLAN　　　3. OSI 参考模型　　　4. 网络安全

四、计算题(每题 10 分,共 20 分)

　　1. 已知：IP 地址为 192.252.21.69,子网掩码为 255.255.255.192,那么：

　　(1) 它属于 A 类、B 类还是 C 类地址？

　　(2) 它的网络号、子网号和主机号分别占多少位？

　　(3) 该 IP 地址的实际"网络地址"是多少？

　　2. 如果对于带宽为 6MHz 的信道,若用 16 种不同的状态来表示数据,在不考虑噪声的情况下,该信道的最大数据传输速率是多少？

五、简答题(第 1、2 题各 6 分,第 3 题 8 分,共 20 分)

　　1. 简述数据传输速率、信道容量、误码率及三者之间的关系。

　　2. 简述静态路由和动态路由。

　　3. 简述计算机病毒的防范措施。

【参考答案】

一、选择题(每题 2 分,共 20 分)

　　1. B　2. A　3. C　4. B　5. B　6. D　7. C　8. B　9. B　10. C

二、填空题(每空 1 分,共 20 分)

　　1. 资源　　　　　　　　　　　　　　　　2. 帧　分组

3. 语义
4. 数据链路层　应用层
5. 模拟信号　数字信号
6. b/s
7. 48　32　128
8. 星型拓扑　总线型拓扑
9. 冒号十六进制法
10. 无固定答案　无固定答案
11. SMTP　POP3
12. 实时入侵检测

三、名词解释(每题 5 分,共 20 分)

1. 数据传输速率:又称为比特率,指单位时间内所传送的二进制位的个数,单位为位每秒,表示为 b/s。数据传输速率可用公式表示为 $S=(1/T)\log^{2N}$。

2. VLAN:VLAN(虚拟局域网)是由一些局域网网段构成的与物理位置无关的逻辑组,而这些网段具有某些共同的需求。每一个虚拟局域网的帧都有一个明确的标识符,指明发送这个帧的工作站是属于哪一个 VLAN。虚拟局域网其实只是局域网给用户提供的一种服务,而并不是一种新型局域网。

3. OSI 参考模型:OSI(Open System Interconnect,开放式系统互联)是 ISO(国际标准化组织)组织在 1985 年研究的网络互联模型。该体系结构标准定义了网络互连的 7 层框架:物理层、数据链路层、网络层、传输层、会话层、表示层和应用层。

4. 网络安全:指网络系统的硬件、软件及其系统中的数据受到保护,不受偶然的或者恶意的原因而遭到破坏、更改、泄露,系统可以连续可靠正常地运行,网络服务不中断。

四、计算题(每题 10 分,共 20 分)

1. 答:C 类地址。

网络号:24 位,子网号:2 位,主机号:6 位。

网络地址为 11000000 11111100 00010101 01000000。

2. 答:根据前提条件可知,使用奈奎斯特公式计算:

$$C=2H\log2^N=2\times6M\times\log_2{2^{16}}=2\times6M\times4=48Mb/s$$

五、简答题(第 1、2 题各 6 分,第 3 题 8 分,共 20 分)

1. 答:

(1) 数据速率用于衡量信道传输数据的快慢,是信道的实际数据传输速率。

(2) 信道容量用于衡量信道传输数据的能力,是信道的最大数据传输速率。

(3) 误码率用于衡量信道传输数据的可靠性。

2. 答:由系统管理员事先设置好固定的路由表称为静态(Static)路由表,一般是在系统安装时就根据网络的配置情况预先设定的,它不会随未来网络结构的改变而改变。

动态(Dynamic)路由表是路由器根据网络系统的运行情况而自动调整的路由表。

3. 答:

(1) 及时下载操作系统补丁。

(2) 利用杀毒软件和防火墙。

(3) 使用系统自带命令。

(4) 检查计算机的注册表。

(5) 检查系统配置文件。

对各种防范措施进行简单介绍即可。

9.10　综合测试题十

一、选择题（每题 2 分，共 20 分）

1. 目前世界上最大的计算机网络是（　　）。

　　A. ARPA 网　　　　　B. IBM 网　　　　　C. Internet　　　　　D. Intranet

2. 在网络的拓扑结构中，只要有一个结点发生故障，网络通信就无法进行的结构是（　　）。

　　A. 星型结构　　　　　B. 树型结构　　　　　C. 网型结构　　　　　D. 环型结构

3. TCP/IP 层的网络接口层对应 OSI 的（　　）。

　　A. 物理层　　　　　　　　　　　　B. 链路层

　　C. 网络层　　　　　　　　　　　　D. 物理层和链路层

4. 计算机网络的目标是实现（　　）。

　　A. 数据处理　　　　　　　　　　　B. 信息传输与数据处理

　　C. 文献查询　　　　　　　　　　　D. 资源共享与信息传输

5. 在 OSI 七层结构模型中，处于数据链路层与传输层之间的是（　　）。

　　A. 物理层　　　　　B. 网络层　　　　　C. 会话层　　　　　D. 表示层

6. 在 TCP/IP 协议中，保证端—端的可靠性是在（　　）上完成的。

　　A. 网络接口层　　　B. 网络层　　　　　C. 运输层　　　　　D. 应用层

7. 以下单词代表文件传输协议的是（　　）。

　　A. WWW　　　　　B. FTP　　　　　　C. Telnet　　　　　D. Gopher

8. Modem 的主要功能是（　　）。

　　A. 模拟信号的放大　　　　　　　　B. 数字信号的编码

　　C. 模拟信号与数字信号的转换　　　D. 数字信号的放大

9. B 类 IP 地址的网络号占（　　）位。

　　A. 8　　　　　　　　B. 16　　　　　　　C. 24　　　　　　　D. 32

10. 具有检错和纠错功能的编码是（　　）。

　　A. 奇偶校验法　　　B. CRC　　　　　　C. 海明码　　　　　D. 以上三种都是

二、填空题（每空 1 分，共 20 分）

1. 计算机网络系统由＿＿＿＿子网和资源子网组成。

2. 网络协议的三个组成要素是语法、语义和＿＿＿＿。

3. OSI 七层模型由低到高分别是物理层、＿＿＿＿、＿＿＿＿、传输层、会话层、表示层和应用层。

4. 典型的有线网络传输介质有双绞线、＿＿＿＿、＿＿＿＿。

5. 192.168.1.1/24 的子网掩码也可以表示为＿＿＿＿。

6. 每一类 IP 地址都由两个固定长度的字段组成，其中一个字段是＿＿＿＿，它标志主机（或路由器）所连接到的网络；而另一个字段则是＿＿＿＿，它标志该主机（或路由器）。

7. 搜索引擎由_____、_____和_____三部分构成。

8. IPV4 地址书写采用_____表示，IPv6 地址书写采用冒号十六进制法表示。

9. 网页按照在网站中的位置可分为_____和_____。

10. 入侵检测分为三步：信息收集、_____和_____。

11. 无线局域网的传输技术主要采用_____和_____两种。

12. 入侵检测按时间分类，可分为实时入侵检测和_____两种。

三、名词解释（每题 5 分，共 20 分）

1. ARP 协议和 RARP 协议   2. DNS   3. IPv6   4. HTTP

四、计算题（每题 10 分，共 20 分）

1. 已知：IP 地址为 140.252.21.69，子网掩码为 255.255.255.224，那么：

(1) 它属于 A 类、B 类还是 C 类地址？

(2) 它的网络号、子网号和主机号分别占多少位？

(3) 该 IP 地址的实际"网络地址"是多少？

2. 设发送端要传送的报文码位序列为 10110，生成多项式 $G(x)=x^4+x+1$，求 CRC 校验码位序列（要写出计算过程）。

五、简答题（第 1、2 题各 6 分，第 3 题 8 分，共 20 分）

1. 简述单工、半双工、全双工三种传输方式。

2. 简述常见的网络拓扑结构有哪几种？并简要说明各自的特点。

3. 什么是多路复用技术？常用的多路复用技术有哪几种？

【参考答案】

一、选择题（每题 2 分，共 20 分）

1. C   2. D   3. D   4. D   5. B   6. A   7. B   8. C   9. B   10. B

二、填空题（每空 1 分，共 20 分）

1. 通信   2. 时序同步   3. 数据链路层   网络层

4. 同轴电缆   光纤   5. 255.255.255.0   6. 网络号   主机号

7. 信息提取系统   信息管理系统   信息检索系统

8. 点分十进制法   9. 主页   内页   10. 信息分析   结果处理

11. 微波扩频技术   红外线技术   12. 事后入侵检测

三、名词解释（每题 5 分，共 20 分）

1. ARP 协议和 RARP 协议：地址解析协议（Address Resolution Protocol，ARP）把 IP 地址转换为物理地址；逆地址解析协议（Reverse Address Resolution Protocol，RARP）将物理地址转化为 IP 地址。

2. DNS：DNS（Domain Name System，域名系统）用于实现 IP 地址与域名之间的对应。

3. IPv6：IPv6 协议最显著的特征是采用 128 位地址长度来代替 IPv4 的 32 位地址长度，达到提高下一代互联网地址容量的目的，它几乎可以不受限制地提供地址。IPv6 还能解决一些 IPv4 不能解决的问题，主要包括端到端 IP 连接、服务质量、安全性、多播、移动性、即插即用等,这使得它可以支持丰富多彩的创新业务应用。

4. HTTP:HTTP 是 Web 的核心,是 WWW 浏览器和服务器之间进行通信的通信协议。工作于 TCP/IP 模型的应用层,由两部分程序组成:运行于客户端的客户端程序和运行于服务器的服务器程序。

四、计算题(每题 10 分,共 20 分)

1. 答:B 类地址。

网络号:16 位,子网号:11 位,主机号:5 位。

网络地址为 10001100 11111100 00010101 01000000。

2. 答:

(1) 由 $G(x) = x^4 + x + 1$ 可推出除数为 10011。

(2) 把原始报文 C(X)左移 4(R)位变成 10100000。

(3) 用生成多项式对应的二进制数对左移 4 位后的原始报文进行模 2 除,即除数为生成多项式,被除数为左移 4 位后的原始报文,得到余数 1000。

(4) 编码后的报文为 101101000。

所以,CRC 校验码位序列为 1000,最后发送的代码为 101101000。

五、简答题(第 1、2 题各 6 分,第 3 题 8 分,共 20 分)

1. 答:

(1) 单工数据传输方式指的是两个数据站之间只能沿一个指定的方向进行数据传输。

(2) 半双工数据传输方式是两个数据站之间可以在两个方向上进行数据传输,但不能同时进行。

(3) 全双工数据传输方式是在两个数据站之间可以两个方向同时进行数据传输。

2. 答:常见的网络拓扑结构有总线型、星型、环型、树型与网状拓扑等。

简要说明各种拓扑结构的特点即可。

3. 答:为了提高信道利用率,使多个信号沿同一信道传输而互不干扰的技术称为多路复用技术。

常用的多路复用技术有频分复用技术、时分复用技术、波分复用技术、码分多址(CDMA)技术、空分复用技术。

简要说明各种复用技术的原理即可。

9.11　综合测试题十一

(全国硕士研究生入学统一考试计算机科学网络试题汇编)

一、选择题(每题 2 分,共 96 分)

1. 在 OSI 参考模型中,自下而上第一个提供端到端服务的层次是(　　)。

　　A. 数据链路层　　　B. 传输层　　　　　C. 会话层　　　　　D. 应用层

2. 在无噪声情况下,若某通信链路的带宽为 3kHz,采用 4 个相位,每个相位具有 4 种振幅的 QAM 调制技术,则该通信链路的最大数据传输速率是(　　)。

        A. 12kb/s   B. 24kb/s   C. 48kb/s   D. 96kb/s

3. 数据链路层采用后退 N 帧(GBN)协议,发送方已经发送了编号为 0～7 的帧。当计时器超时时,若发送只收到 0,2,3 号帧的确认,则发送方需要重发的帧数是(　　)。

        A. 2   B. 3   C. 4   D. 5

4. 以太网交换机进行转发决策时使用的 PDU 地址是(　　)。

        A. 目的物理地址   B. 目的 IP 地址   C. 源物理地址   D. 源 IP 地址

5. 在一个采用 CSMA/CD 协议的网络中,传输介质是一根完整的电缆,传输速率为 1Gb/s,电缆中的信号传播速度为 200 000km/s。若最小数据帧长度减少 800 位,则最远的两个站点之间的距离至少需要(　　)。

        A. 增加 160m   B. 增加 80m   C. 减少 160m   D. 减少 80m

6. 主机甲与主机乙之间已建立一个 TCP 连接,主机甲向主机乙发送了两个连续的 CP 段,分别包含 300B 和 500B 的有效载荷,第一个段的序列号为 200,主机乙正确接收到两个段后,发送给主机甲的确认序列号是(　　)。

        A. 500   B. 700   C. 800   D. 1000

7. 一个 TCP 连接总是以 1KB 的最大段长发送 TCP 段,发送方有足够多的数据要发送。当拥塞窗口为 16KB 时发生了超时,如果接下来的 4 个 RTT(往返时间)内的 TCP 段的传输都是成功的,那么当第 4 个 RTT 内发送的所有 TCP 段都得到肯定应答时,拥塞窗口大小是(　　)KB。

        A. 7   B. 8   C. 9   D. 16

8. FTP 客户端和服务器间传递 FTP 命令时,使用的连接是(　　)。

        A. 建立在 TCP 之上的控制连接   B. 建立在 TCP 之上的数据连接

        C. 建立在 UDP 之上的控制连接   D. 建立在 UDP 之上的数据连接

9. 下列选项中,不属于网络体系结构所描述的内容是(　　)。

        A. 网络的层次   B. 每层使用的协议

        C. 协议的内部实现细节   D. 每层必须完成的功能

10. 在图 9.6 所示采用"存储-转发"方式的分组交换网络中,所有链路的数据传输速率为 100Mb/s,分组大小为 1000B,其中分组头大小为 20B。若主机 H1 向主机 H2 发送一个大小为 980 000B 的文件,则在不考虑分组拆装时间和传播延迟的情况下,从 H1 发送开始到 H2 接收完为止,需要的时间至少是(　　)ms。

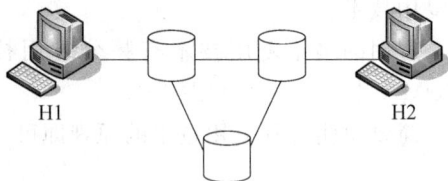

图 9.6　数据传输示意图

        A. 80   B. 80.08   C. 80.16   D. 80.24

11. 某自治系统内采用 RIP 协议,若该自治系统内的路由器 R1 收到其邻居路由器 R2 的距离矢量,距离矢量中包含信息<net1,16>,则能得出的结论是(　　)。

        A. R2 可以经过 R1 到达 net1,跳数为 17

        B. R2 可以到达 net1,跳数为 16

        C. R1 可以经过 R2 到达 net1,跳数为 17

D. R1 不能经过 R2 到达 net1

12. 若路由器 R 因为拥塞丢弃 IP 分组,则此时 R 可向发出该 IP 分组的源主机发送的 ICMP 报文类型是（　　　）。

    A. 路由重定向　　　　B. 目的不可达　　　　C. 源点抑制　　　　D. 超时

13. 某网络的 IP 地址空间为 192.168.5.0/24,采用定长子网划分,子网掩码为 255.255.255.248,则该网络中的最大子网个数、每个子网内的最大可分配地址个数分别是（　　　）。

    A. 32,8　　　　　　B. 32,6　　　　　　C. 8,32　　　　　　D. 8,30

14. 下列网络设备中,能够抑制广播风暴的是（　　　）。

    Ⅰ. 中继器　　　　　Ⅱ. 集线器　　　　　Ⅲ. 网桥　　　　　Ⅳ. 路由器

    A. 仅 Ⅰ 和 Ⅱ　　　　B. 仅 Ⅲ　　　　　　C. 仅 Ⅲ 和 Ⅳ　　　　D. 仅 Ⅳ

15. 主机甲和主机乙之间已建立了一个 TCP 连接,TCP 最大段长度为 1000B。若主机甲的当前拥塞窗口为 4000B,在主机甲向主机乙连续发送两个最大段后,成功收到主机乙发送的第一个段的确认段,确认段中通告的接收窗口大小为 2000B,则此时主机甲还可以向主机乙发送的最大字节数是（　　　）。

    A. 1000　　　　　　B. 2000　　　　　　C. 3000　　　　　　D. 4000

16. 如果本地域名服务器无缓存,当采用递归方法解析另一个网络某主机域名时,用户主机、本地域名服务器发送的域名请求消息数分别为（　　　）。

    A. 一条,一条　　　　　　　　　　　B. 一条,多条

    C. 多条,一条　　　　　　　　　　　D. 多条,多条

17. TCP/IP 参考模型的网络层提供的是（　　　）。

    A. 无连接不可靠的数据报服务　　　　B. 无连接可靠的数据报服务

    C. 有连接不可靠的虚电路服务　　　　D. 有连接可靠的虚电路服务

18. 若某通信链路的数据传输速率为 2400b/s,采用 4 相位调制,则该链路的波特率是（　　　）波特。

    A. 600　　　　　　　B. 1200　　　　　　C. 4800　　　　　　D. 9600

19. 数据链路层采用选择重传协议（SR）传输数据,发送方已发送了 0～3 号数据帧,现已收到 1 号帧的确认,而 0、2 号帧依次超时,则此时需要重传的帧数是（　　　）。

    A. 1　　　　　　　　B. 2　　　　　　　　C. 3　　　　　　　　D. 4

20. 下列选项中,对正确接收到的数据帧进行确认的 MAC 协议是（　　　）。

    A. CSMA　　　　　　B. CDMA　　　　　　C. CSMA/CD　　　　D. CSMA/CA

21. 某网络拓扑如图 9.7 所示,路由器 R1 只有到达子网 192.168.1.0/24 的路由。为使 R1 可以将 IP 分组正确地路由到图中所有的子网,则在 R1 中需要增加的一条路由（目的网络,子网掩码,下一跳）是（　　　）。

    A. 192.168.2.0　255.255.255.128　192.168.1.1

    B. 192.168.2.0　255.255.255.0　192.168.1.1

    C. 192.168.2.0　255.255.255.128　192.168.1.2

    D. 192.168.2.0　255.255.255.0　192.168.1.2

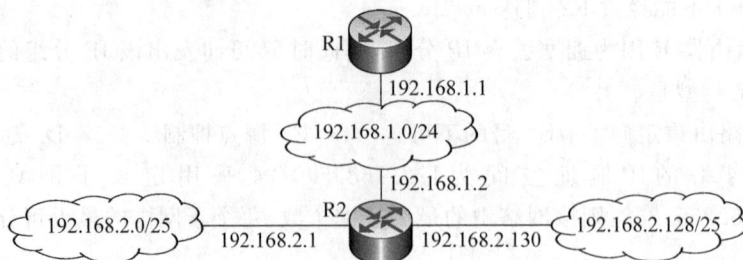

图 9.7　网络拓扑结构图

22. 在子网 192.168.4.0/30 中,能接收目的地址为 192.168.4.3 的 IP 分组的最大主机数是(　　)。

　　A. 0　　　　　　　B. 1　　　　　　　C. 2　　　　　　　D. 4

23. 主机甲向主机乙发送一个(SYN=1,seq=11220)的 TCP 段,期望与主机乙建立 TCP 连接,若主机乙接受该连接请求,则主机乙向主机甲发送的正确 TCP 段可能是(　　)。

　　A. (SYN=0,ACK=0,seq=11221,ack=11221)

　　B. (SYN=1,ACK=1,seq=11220,ack=11220)

　　C. (SYN=1,ACK=1,seq=11221,ack=11221)

　　D. (SYN=0,ACK=0,seq=11220,ack=11220)

24. 主机甲与主机乙之间已建立一个 TCP 连接,主机甲向主机乙发送了三个连续的 TCP 段,分别包含 300B、400B 和 500B 的有效载荷,第三个段的序号为 900。若主机乙仅正确接收到第一个段和第三个段,则主机乙发送给主机甲的确认序号是(　　)。

　　A. 300　　　　　　B. 500　　　　　　C. 1200　　　　　　D. 1400

25. 在 TCP/IP 体系结构中,直接为 ICMP 提供服务的协议是(　　)。

　　A. PPP　　　　　　B. IP　　　　　　C. UDP　　　　　　D. TCP

26. 在物理层接口特性中,用于描述完成每种功能的事件发生顺序的是(　　)。

　　A. 机械特性　　　B. 功能特性　　　C. 过程特性　　　D. 电气特性

27. 以太网的 MAC 协议提供的是(　　)。

　　A. 无连接不可靠服务　　　　　　　　B. 无连接可靠服务

　　C. 有连接不可靠服务　　　　　　　　D. 有连接可靠服务

28. 两台主机之间的数据链路层采用后退 N 帧协议(GBN)传输数据,数据传输速率为 16kb/s,单向传播时延为 270ms,数据帧长度范围是 128~512 字节,接收方总是以与数据帧等长的帧进行确认。为使信道利用率达到最高,帧序号的位数至少为(　　)位。

　　A. 5　　　　　　　B. 4　　　　　　　C. 3　　　　　　　D. 2

29. 下列关于 IP 路由器功能的描述中,正确的是(　　)。

　　Ⅰ. 运行路由协议,设置路由表

　　Ⅱ. 监测到拥塞时,合理丢弃 IP 分组

　　Ⅲ. 对收到的 IP 分组头进行差错校验,确保传输的 IP 分组不丢失

Ⅳ. 根据收到的 IP 分组的目的 IP 地址,将其转发到合适的输出线路上

    A. 仅Ⅲ、Ⅳ

    B. 仅Ⅰ、Ⅱ、Ⅲ

    C. 仅Ⅰ、Ⅱ、Ⅳ

    D. Ⅰ、Ⅱ、Ⅲ、Ⅳ

30. ARP 协议的功能是(　　　)。

    A. 根据 IP 地址查询 MAC 地址

    B. 根据 MAC 地址查询 IP 地址

    C. 根据域名查询 IP 地址

    D. 根据 IP 地址查询域名

31. 某主机的 IP 地址为 180.80.77.55,子网掩码为 255.255.252.0。若该主机向其所在子网发送广播分组,则目的地址可以是(　　　)。

    A. 180.80.76.0

    B. 180.80.76.255

    C. 180.80.77.255

    D. 180.80.79.255

32. 若用户 1 与用户 2 之间发送和接收电子邮件的过程如图 9.8 所示,则图中①、②、③阶段分别使用的应用层协议可以是(　　　)。

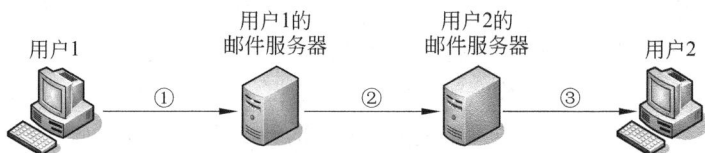

图 9.8　邮件发送和接收示意图

    A. SMTP、SMTP、SMTP

    B. POP3、SMTP、POP3

    C. POP3、SMTP、SMTP

    D. SMTP、SMTP、POP3

33. 在 OSI 参考模型中,下列功能需由应用层的相邻层实现的是(　　　)。

    A. 对话管理

    B. 数据格式转换

    C. 路由选择

    D. 可靠数据传输

34. ARPAnet 属于(　　　)网络。

    A. 分组交换　　　 B. 报文交换　　　 C. 虚电路　　　 D. 线路交换

35. 主机甲通过一个路由器(存储转发方式)与主机乙互联,两段链路的数据传输速率均为 10Mb/s,主机甲分别采用报文交换和分组大小为 10KB 的分组交换向主机乙发送一个大小为 8MB($1M=10^6$)的报文。若忽略链路传播延迟、分组头开销和分组拆装时间,则两种交换方式完成该报文传输所需的总时间分别为(　　　)ms。

    A. 800,1600　　 B. 801,1600　　 C. 1600,800　　 D. 1600,801

36. 下列介质访问控制方法中,可能发生冲突的是(　　　)。

    A. CDMA　　　 B. CSMA　　　 C. TDMA　　　 D. FDMA

37. HDLC 协议对 0111111000111111110 组帧后对应的位串为(　　　)。

    A. 01111110000111111010

    B. 0111110001111101011111110

    C. 01111100011111010

    D. 0111110001111110011111101

38. 对于 100Mb/s 的以太网交换机,当输出端口无排队,以直通交换(Cut-Through Switching)方式转发一个以太网帧(不包括前导码)时,引入的转发延迟至少是(　　　)μs。

    A. 0　　　 B. 0.48　　　 C. 5.12　　　 D. 121.44

39. 主机甲与主机乙之间已建立一个 TCP 连接,双方持续有数据传输,且数据无差错与丢失。若甲收到一个来自乙的 TCP 段,该段的序号为 1913,确认序号为 2046,有效载荷为 100 字节,则甲立即发送给乙的 TCP 段的序号和确认序号分别是(　　)。

    A. 2046,2012　　　B. 2046,2013　　　C. 2047,2012　　　D. 2047,2013

40. 下列关于 SMTP 协议的叙述中正确的是(　　)。

    Ⅰ. 只支持传输 7 位 ASCII 码内容

    Ⅱ. 支持在邮件服务器之间发送邮件

    Ⅲ. 支持从用户代理向邮件服务器发送邮件

    Ⅳ. 支持从邮件服务器向用户代理发送邮件

    A. 仅Ⅰ、Ⅱ和Ⅲ　　　　　　　　　　B. 仅Ⅰ、Ⅱ和Ⅳ

    C. 仅Ⅰ、Ⅲ和Ⅳ　　　　　　　　　　D. 仅Ⅱ、Ⅲ和Ⅳ

41. 在 OSI 参考模型中,直接为会话层提供服务的是(　　)。

    A. 应用层　　　　B. 表示层　　　　C. 传输层　　　　D. 网络层

42. 某以太网拓扑及交换机当前转发表如图 9.9 所示,主机 00-e1-d5-00-23-a1 向主机 00-e1-d5-00-23-c1 发送一个数据帧,主机 00-e1-d5-00-23-c1 收到该帧后向主机 00-e1-d5-00-23-a1 发送一个确认帧,交换机对这两个帧的转发端口分别是(　　)。

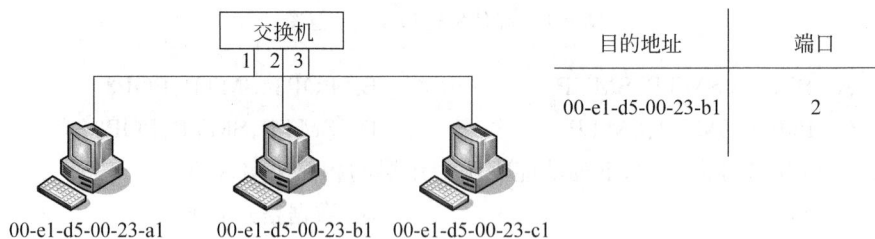

目的地址	端口
00-e1-d5-00-23-b1	2

图 9.9　以太网拓扑结构

    A. {3}和{1}　　　B. {2,3}和{1}　　　C. {2,3}和{1,2}　　　D. {1,2,3}和{1}

43. 下列因素中不会影响信道数据传输速率的是(　　)。

    A. 信噪比　　　　B. 频率宽带　　　　C. 调制速率　　　　D. 信号传播速度

44. 主机甲与主机乙之间使用后退 N 帧协议(GBN)传输数据,甲的发送窗口尺寸为 1000,数据帧长为 1000 字节,信道带宽为 100Mb/s,乙每收到一个数据帧立即利用一个短帧(忽略其传输延迟)进行确认,若甲乙之间的单向传播延迟是 50ms,则甲可以达到的最大平均数据传输速率约为(　　)Mb/s。

    A. 10　　　　　　B. 20　　　　　　C. 80　　　　　　D. 100

45. 站点 A、B、C 通过 CDMA 共享链路,A、B、C 的码片序列(Chipping Sequence)分别是(1,1,1,1)、(1,-1,1,-1)和(1,1,-1,-1)。若 C 从链路上收到的序列是(2,0,2,0,0,-2,0,-2,0,2,0,2),则 C 收到 A 发送的数据是(　　)。

    A. 000　　　　　B. 101　　　　　C. 110　　　　　D. 111

46. 主机甲和主机乙已建立了 TCP 连接,甲始终以 MSS 为 1KB 大小的段发送数据,并一直有数据发送;乙每收到一个数据段都会发出一个接收窗口为 10KB 的确认段。若甲在 t 时刻发生超时拥塞窗口为 8KB,则从 t 时刻起,不再发生超时的情况下,经过 10 个 RTT 后甲的发送窗口是(　　)KB。

    A. 10　　　　　　　B. 12　　　　　　　C. 14　　　　　　　D. 15

47. 下列关于 UDP 协议的叙述中,正确的是(　　)。

    Ⅰ. 提供无连接服务　　　　　　　　　　Ⅱ. 提供复用/分用服务

    Ⅲ. 通过差错校验,保障可靠数据传输

    A. 仅Ⅰ　　　　　　B. 仅Ⅰ、Ⅱ　　　　　C. 仅Ⅱ、Ⅲ　　　　　D. Ⅰ、Ⅱ、Ⅲ

48. 使用浏览器访问某大学 Web 网站主页时,不可能使用到的协议是(　　)。

    A. PPP　　　　　　B. ARP　　　　　　C. UDP　　　　　　D. SMTP

二、综合应用题(每题 9 分,共 54 分)

1. 某网络拓扑如图 9.10 所示,路由器 R1 通过接口 E1、E2 分别连接局域网 1、局域网 2,通过接口 L0 连接路由器 R2,并通过路由器 R2 连接域名服务器与互联网。R1 的 L0 接口的 IP 地址是 202.118.2.1,R2 的 L0 接口的 IP 地址是 202.118.2.2,L1 接口的 IP 地址是 130.11.120.1,E0 接口的 IP 地址是 202.118.3.1,域名服务器的 IP 地址是 202.118.3.2。

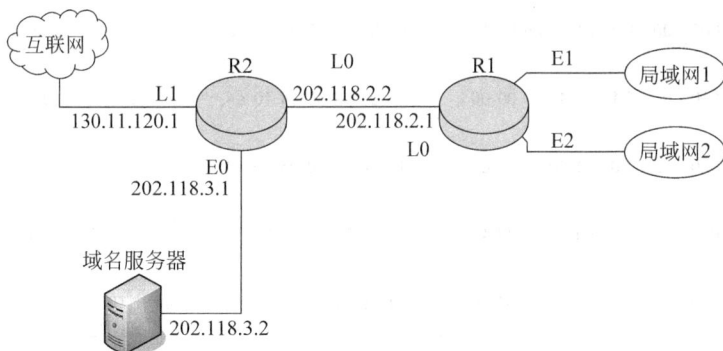

图 9.10　网络拓扑结构图

R1 和 R2 的路由表结构为:

目的网络 IP 地址	子网掩码	下一跳 IP 地址	接口

(1) 将 IP 地址空间 202.118.1.0/24 划分为两个子网,分别分配给局域网 1、局域网 2,每个局域网需分配的 IP 地址数不少于 120 个。请给出子网划分结果,说明理由或给出必要的计算过程。

(2) 请给出 R1 的路由表,使其明确包括到局域网 1 的路由、局域网 2 的路由、域名服务器的主机路由和互联网的路由。

(3) 请采用路由聚合技术,给出 R2 到局域网 1 和局域网 2 的路由。

2. 某局域网采用 CSMA/CD 协议实现介质访问控制,数据传输速率为 10Mb/s,主机甲和主机乙之间的距离为 2km,信号传播速度为 200 000km/s。请回答下列问题,要求说明理由或写出计算过程。

（1）若主机甲和主机乙发送数据时发生冲突，则从开始发送数据时刻起，到两台主机均检测到冲突时刻止，最短需经过多长时间？最长需经过多长时间（假设主机甲和主机乙发送数据过程中其他主机不发送数据）？

（2）若网络不存在任何冲突与差错，主机甲总是以标准的最长以太网数据帧（1518B）向主机乙发送数据，主机乙每成功收到一个数据帧后立即向主机甲发送一个 64B 的确认帧，主机甲收到确认帧后方可发送下一个数据帧。此时主机甲的有效数据传输速率是多少（不考虑以太网的前导码）？

3. 某主机的 MAC 地址为 00-15-C5-C1-5E-28，IP 地址为 10.2.128.100（私有地址）。图 9.11 是网络拓扑，图 9.12 是该主机进行 Web 请求的一个以太网数据帧前 80B 的十六进制及 ASCII 码内容。

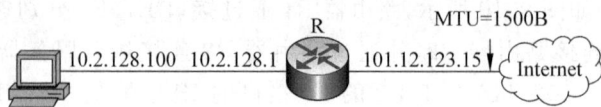

图 9.11　网络拓扑结构图

```
0000    00 21 27 21 51 ee 00 15    c5 c1 5e 28 08 00 45 00    . ! | !Q . . . . .^(. .E.

0010    01 ef 11 3b 40 00 80 06    ba 9d 0a 02 80 64 40 aa    . . . :@. . . . . . . .d@.

0020    62 20 04 ff 00 50 e0 e2    00 fa 7b f9 f8 05 50 18    b . . .P. . . {. . .P.

0030    fa f0 1a c4 00 00 47 45    54 20 2f 72 66 63 2e 68    . . . . . .GE T /rfc.h

0040    74 6d 6c 20 48 54 54 50    2f 31 2e 31 0d 0a 41 63    tml HTTP /1.1..Ac
```

图 9.12　以太网数据帧图（前 80B）

请参考图 9.12 中的数据回答以下问题：

（1）Web 服务器的 IP 地址是什么？该主机的默认网关的 MAC 地址是什么？

（2）该主机在构造题如图 9.13 的数据帧时，使用什么协议确定目的 MAC 地址？封装该协议请求报文的以太网帧的目的 MAC 地址是什么？

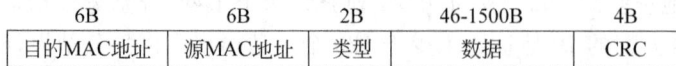

6B	6B	2B	46-1500B	4B
目的MAC地址	源MAC地址	类型	数据	CRC

图 9.13　以太网帧结构图

（3）假设 HTTP/1.1 协议以持续的非流水线方式工作，一次请求-响应时间为 RTT，rfc.html 页面引用了 5 个 JPEG 小图像，则从发出图 9.14 中的 Web 请求开始到浏览器收到全部内容为止需要多少个 RTT？

（4）该帧所封装的 IP 分组经过路由器 R 转发时需修改 IP 分组头中的哪些字段？

注：以太网数据帧结构和 IP 分组头结构分别如图 9.13 和图 9.14 所示。

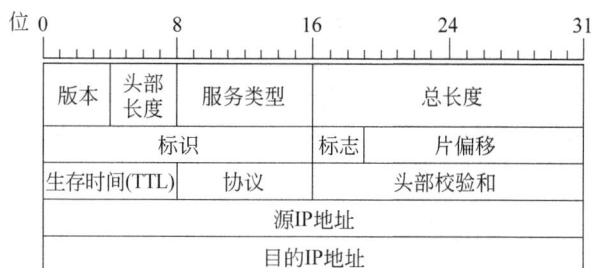

图 9.14　IP 分组头结构图

4. 主机 H 通过快速以太网连接 Internet，IP 地址为 192.168.0.8，服务器 S 的 IP 地址为 211.68.71.80。H 与 S 使用 TCP 通信时，在 H 上捕获的其中 5 个 IP 分组如表 9.3 所示。

表 9.3　IP 分组表

编号	IP 分组的前 40 字节内容（十六进制）				
1	45 00 00 30	01 9b 40 00	80 06 1d e8	c0 a8 00 08	d3 44 47 50
2	43 00 00 30	00 00 40 00	31 06 6e 83	d3 44 47 50	c0 a8 00 08
3	45 00 00 28	01 9c 40 00	80 06 1d ef	c0 a8 00 08	d3 44 47 50
4	45 00 00 38	01 9d 40 00	80 06 1d de	c0 a8 00 08	d3 44 47 50
5	45 00 00 28	68 11 40 00	31 06 06 7a	d3 44 47 50	c0 a8 00 08

回答下列问题：

(1) 表 9.3 中的 IP 分组中，哪几个是由 H 发送的？哪几个完成了 TCP 连接建立过程？哪几个在通过快速以太网传输时进行了填充？

(2) 根据表 9.3 中的 IP 分组，分析 S 已经收到的应用层数据字节数是多少？

(3) 若表 9.3 中的某个 IP 分组在 S 发出时的前 40 字节如图 9.15 所示，则该 IP 分组到达 H 时经过了多少个路由器？

来自S的分组	45 00 00 28　68 11 40 00　40 06 ec ad　d3 44 47 50　ca 76 01 06
	13 88 a1 08　e0 59 9f f0　84 6b 41 d6　50 10 16 d0　b7 d6 00 00

图 9.15　数据组成示意图

注：IP 分组头和 TCP 段头结构分别如图 9.14 和图 9.16 所示。

5. 假设 Internet 的两个自治系统构成的网络如图 9.17 所示，自治系统 ASI 由路由器 R1 连接两个子网构成；自治系统 AS2 由路由器 R2、R3 互联并连接三个子网构成。各子网地址、R2 的接口名、R1 与 R3 的部分接口 IP 地址如图 9.17 所示。

请回答下列问题：

(1) 假设路由表结构如下表所示。请利用路由聚合技术给出 R2 的路由表，要求包括到达图 9.17 中所有子网的路由，且路由表中的路由项尽可能少。

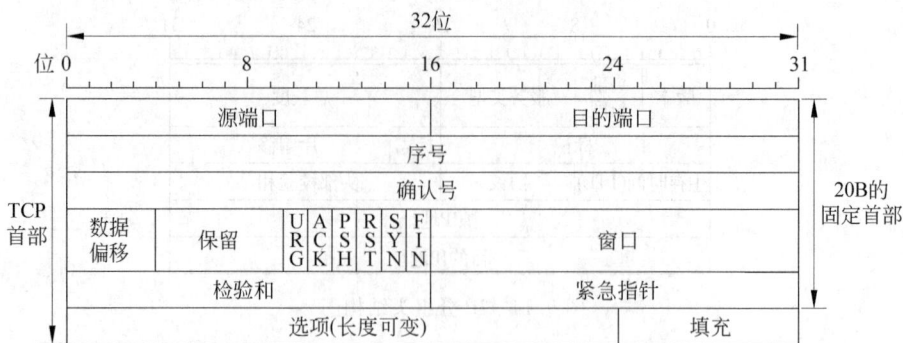

图 9.16 TCP 段头结构

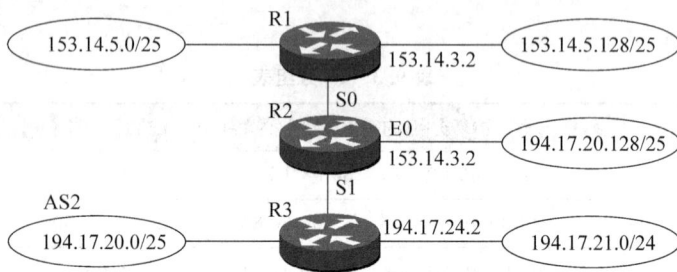

图 9.17 网络拓扑结构图

目的网络	下一跳	接口

（2）若 R2 收到一个目的 IP 地址为 194.17.20.200 的 IP 分组，R2 会通过哪个接口转发该 IP 分组？

（3）R1 与 R2 之间利用哪个路由协议交换路由信息？该路由协议的报文被封装到哪个协议的分组中进行传输？

6. 某网络中的路由器运行 OSPF 路由协议，表 9.4 是路由器 R1 维护的主要链路状态信息（LSI），图 9.18 是根据表 9.4 中的数据及 R1 的接口名构造出来的网络拓扑。

表 9.4 R1 所维护的 LSI

		R1 的 LSI	R2 的 LSI	R3 的 LSI	R4 的 LSI	备　注
Router ID		10.1.1.1	10.1.1.2	10.1.1.5	10.1.1.6	标识路由器的 IP 地址
Link1	ID	10.1.1.2	10.1.1.1	10.1.1.6	10.1.1.5	所连路由器的 RouterID
	IP	10.1.1.1	10.1.1.2	10.1.1.5	10.1.1.6	Link1 的本地 IP 地址
	Metric	3	3	6	6	Link1 的费用
Link2	ID	10.1.1.5	10.1.1.6	10.1.1.1	10.1.1.2	所连路由器的 RouterID
	IP	10.1.1.9	10.1.1.13	10.1.1.10	10.1.1.14	Link2 的本地 IP 地址
	Metric	2	4	2	4	Link2 的费用

续表

		R1 的 LSI	R2 的 LSI	R3 的 LSI	R4 的 LSI	备　注
Net1	Prefix	192.1.1.0/24	192.1.6.0/24	192.1.5.0/24	192.1.7.0/24	直连网络 Net1 的网络前缀
	Metric	1	1	1	1	到达直连网络 Net1 的费用

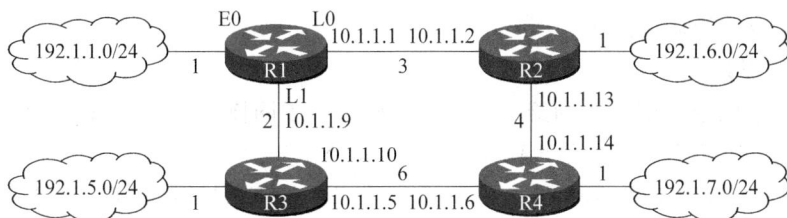

图 9.18　R1 构造的网络拓扑

请回答下列问题:

(1) 按照迪杰斯特拉(Dijikstra)算法的策略,依次给出 R1 到达图 9.18 中子网 192.1.x.x 的最短路径及费用。

(2) 假设路由表结构如下表所示,请给出图 9.18 中 R1 的路由表,要求包括到达图 9.18 中子网 192.1.x.x 的路由,且路由表中的路由项尽可能少。

目的网络	下一跳	接口

(3) 当主机 192.1.1.130 向主机 192.1.7.211 发送一个 TTL=64 的 IP 分组时,R1 通过哪个接口转发该 IP 分组? 主机 192.1.7.211 收到的 IP 分组 TTL 是多少?

(4) 若 R1 增加一条 Metric 为 10 的链路连接 Internet,则表 9.4 中 R1 的 LSI 需要增加哪些信息?

【参考答案】

一、选择题(每小题 2 分,共 96 分)

1. B	2. B	3. C	4. A	5. D	6. D	7. C	8. A
9. C	10. C	11. D	12. C	13. B	14. D	15. A	16. A
17. A	18. B	19. B	20. D	21. D	22. C	23. C	24. B
25. B	26. C	27. A	28. B	29. C	30. A	31. D	32. D
33. B	34. A	35. D	36. B	37. A	38. B	39. B	40. A
41. C	42. B	43. D	44. C	45. B	46. A	47. B	48. D

二、综合应用题(每题 9 分,共 54 分)

1. 解答:

(1) CIDR 中的子网号可以全 0 或全 1,但主机号不能全 0 或全 1。

因此,若将 IP 地址空间 202.118.1.0/24 划分为两个子网,且每个局域网需分配的 IP 地址个数不少于 120 个,子网号至少要占用一位。

由 $2^6-2<120<2^7-2$ 可知,主机号至少要占用 7 位。

由于源 IP 地址空间的网络前缀为 24 位,因此主机号位数+子网号位数=8。综上可得主机号位数为 7,子网号位数为 1。

因此,子网的划分结果为子网 1:202.118.1.0/25,子网 2:202.118.1.128/25。

地址分配方案:子网 1 分配给局域网 1,子网 2 分配给局域网 2;或子网 1 分配给局域网 2,子网 2 分配给局域网 1。

【评分说明】

① 每个子网地址解答正确给 1 分,共 2 分;每个子网掩码解答正确给 1 分,共 2 分。

② 采用 CIDR 方式正确给出两个子网,给满分 4 分。

(2) 由于局域网 1 和局域网 2 分别与路由器 R1 的 E1、E2 接口直接相连,因此在 R1 的路由表中,目的网络为局域网 1 的转发路径是直接通过接口 E1 转发的,目的网络为局域网 2 的转发路径是直接通过接口 E1 转发的。由于局域网 1、2 的网络前缀均为 25 位,因此它们的子网掩码均为 255.255.255.128。

根据题意,R1 专门为域名服务器设定了一个特定的路由表项,因此该路由表项中的子网掩码应为 255.255.255.255。对应的下一跳转发地址是 202.118.2.2,转发接口是 L0。根据题意,到互联网的路由实质上相当于一个默认路由,默认路由一般写作 0/0,即目的地址为 0.0.0.0,子网掩码为 0.0.0.0。对应的下一跳转发地址是 202.118.2.2,转发接口是 L0。

综上可得路由器 R1 的路由表如下。

若子网 1 分配给局域网 1,子网 2 分配给局域网 2,如表 9.5 所示。

表 9.5 网段分配表 1

目的网络 IP 地址	子网掩码	下一跳 IP 地址	接口
202.118.1.0	255.255.255.128		E1
202.118.1.128	255.255.255.128		E2
202.118.3.2	255.255.255.255	202.118.2.2	L0
0.0.0.0	0.0.0.0	202.118.2.2	L0

若子网 1 分配给局域网 2,子网 2 分配给局域网 1,如表 9.6 所示。

表 9.6 网段分配表 2

目的网络 IP 地址	子网掩码	下一跳 IP 地址	接口
202.118.1.128	255.255.255.128		E1
202.118.1.0	255.255.255.128		E2
202.118.3.2	255.255.255.255	202.118.2.2	L0
0.0.0.0	0.0.0.0	202.118.2.2	L0

【评分说明】

① 上述 4 个路由项每正确解答一项给 1 分,共 4 分。

② 若路由表中的"接口"未使用接口名,而正确使用相应的 IP 地址,也给分;到局域网 1、局域网 2 的两个路由项对应的"下一跳 IP 地址"为空白或填写"直接到达"等同义词,也给分。

③ 若每个路由表项部分解答正确,可酌情给分。

(3) 局域网 1 和局域网 2 的地址可以聚合为 202.118.1.0/24,而对于路由器 R2 来说,通往局域网 1 和局域网 2 的转发路径都是从 L0 接口转发,因此采用路由聚合技术后,路由器 R2 到局域网 1 和局域网 2 的路由如表 9.7 所示。

表 9.7　路由表

目的网络 IP 地址	子网掩码	下一跳 IP 地址	接口
202.118.1.0	255.255.255.0	202.118.2.1	L0

【评分说明】

① 若路由表中的"接口"未使用接口名,而正确使用相应的 IP 地址,也给分。

② 若该路由表项部分解答正确,可酌情给分。

2. 解答:

(1) 当主机甲和主机乙同时向对方发送数据时,信号在信道中发生冲突后,冲突信号继续向两个方向传播。这种情况下两台主机均检测到冲突需要经过的最短时间等于单程的传播时延 $t0 = 2\text{km}/200\,000\text{km/s} = 0.01\text{ms}$。

主机甲(或主机乙)先发送一个数据帧,当该数据帧即将到达主机乙(或主机甲)时,主机乙(或主机甲)也开始发送一个数据帧,这时主机乙(或主机甲)将立刻检测到冲突,而主机甲(或主机乙)要检测到冲突,冲突信号还需要从主机乙(或主机甲)传播到主机甲(或主机乙),因此甲、乙两台主机均检测到冲突所需的最长时间等于双程的传播时延 $2 \times t0 = 0.02\text{ms}$。

(2) 主机甲发送一个数据帧的时间,即发送时延 $t1 = 1518 \times 8/(10\text{Mb/s}) = 1.2144\text{ms}$;主机乙每成功收到一个数据帧后,向主机甲发送确认帧,确认帧的发送时延 $t2 = 64 \times 8\text{b}/10\text{Mb/s} = 0.0512\text{ms}$;主机甲收到确认帧后,即发送下一数据帧,故主机甲的发送周期 $T =$ 数据帧发送时延 $t1 +$ 确认帧发送时延 $t2 +$ 双程传播时延 $= t1 + t2 + 2 \times t0 = 1.2856\text{ms}$;于是主机甲的有效数据传输率为 $1500 \times 8/T = 12\,000\text{b}/1.2856\text{ms} \approx 9.33\text{Mb/s}$(以太网有效数据为 1500B,即以太网帧的数据部分)。

3. 解答:

(1) 以太网帧的数据部分是 IP 数据报,只要数出相应字段所在的字节即可。以太网帧头部有 $6+6+2 = 14$ 字节,IP 数据报首部的目的 IP 地址字段前有 $4 \times 4 = 16$ 字节,从帧的第 1 字节开始数 $14 + 16 = 30$ 字节,得目的 IP 地址 40.aa.62.20(十六进制),转换成十进制为 64.170.98.32。以太网帧的前 6 字节 00-21-27-21-51-ee 是目的 MAC 地址,即为主机的默认网关 10.2.128.1 端口的 MAC 地址。

(2) ARP 协议用于解决 IP 地址到 MAC 地址的映射问题。主机的 ARP 进程在本以太网以广播的形式发送 ARP 请求分组,在以太网上广播时,以太网帧的目的地址为全 1,即 FF-FF-FF-FF-FF-FF。

(3) HTTP/1.1 协议以持续的非流水线方式工作时,服务器在发送响应后仍然在一段时间内保持这段连接,客户端在收到前一个请求的响应后才能发出下一个请求。第一个 RTT 用于请求 Web 页面,客户端收到第一个请求的响应后(还有 5 个请求未发送),每访问一次对象就用去一个 RTT,故共需 1+5=6 个 RTT 后浏览器收到全部内容。

(4) 私有地址和 Internet 上的主机通信时须由 NAT 路由器进行网络地址转换,把 IP 数据报的源 IP 地址(本题为私有地址 10.2.128.100)转换为 NAT 路由器的一个全球 IP 地址(本题为 101.12.123.15)。因此,源 IP 地址字段 0a 02 80 64 变为 65 0c 7b 0f。IP 数据报每经过一个路由器,生存时间 TTL 值就减 1,并重新计算首部校验和。若 IP 分组的长度超过输出链路的 MTU,则总长度字段、标志字段、片偏移字段也要发生变化。

4. 解答:

(1) 由于表 9.2 中 1、3、4 号分组的源 IP 地址(第 13~16 字节)均为 192.168.0.8 (c0a80008H),因此可以判定 1、3、4 号分组是由 H 发送的(3 分)。

表 9.2 中 1 号分组封装的 TCP 段的 FLAG 为 02H(即 SYN=1,ACK=0),seq= 846b41c5H;2 号分组封装的 TCP 段的 FLAG 为 12H(即 SYN=1,ACK=1),seq= e0599fefH,ack=846b41c6H;3 号分组封装的 TCP 段的 FLAG 为 10H(即 ACK=1), seq=846b41c6H,ack=e0599ff0H,所以 1、2、3 号分组完成了 TCP 连接建立过程(1 分)。

由于快速以太网数据帧有效载荷的最小长度为 46 字节,表中 3、5 号分组的总长度为 40(28H)字节,小于 46 字节,其余分组总长度均大于 46 字节,所以 3、5 号分组通过快速以太网传输时进行了填充(1 分)。

(2) 由 3 号分组封装的 TCP 段可知,发送应用层数据初始序号为 seq=846b41c6H; 由 5 号分组封装的 TCP 段可知,ack 为 seq=846b41d6H,所以 5 号分组已经收到的应用层数据的字节数为 846b41d6H-846b41c6H=10H=16(2 分)。

【评分说明】

其他正确解答,也给 2 分;若解答结果不正确,但分析过程正确,给 1 分;其他情况酌情给分。

(3) 由于 S 发出的 IP 分组的标识为 6811H,因此该分组所对应的是表 9.3 中的 5 号分组。S 发出的 IP 分组的 TTL=40H=64,5 号分组的 TTL=31H=49,64-49=15,所以,可以推断该 IP 分组到达 H 时经过了 15 个路由器(2 分)。

【评分说明】

若解答结果不正确,但分析过程正确,给 1 分;其他情况酌情给分。

5. (1)在 AS1 中,子网 153.14.5.0/25 和子网 153.14.5.128/25 可以聚合为子网 153.14.5.0/24;在 AS2 中,子网 194.17.20.0/25 和子网 194.17.21.0/24 可以聚合为子网 194.17.20.0/23,但缺少 194.17.20.128/25;子网 194.17.20.128/25 单独连接到 R2 的接口 E0。于是可以得到 R2 的路由表如表 9.8 所示。

表 9.8　R2 的路由表

目的网络	下一跳	接口
153.14.5.0/24	153.14.3.2	S0
194.17.20.0/23	194.17.24.2	S1
194.17.20.128/25	—	E0

【评分说明】

① 每正确解答一个路由项,给 2 分,共 6 分;每条路由项正确解答目的网络 IP 地址但无前缀长度,给 0.5 分;正确解答前缀长度给 0.5 分;正确解答下一跳 IP 地址给 0.5 分;正确解答接口给 0.5 分。

② 路由项解答部分正确或路由项多于三条,可酌情给分。

(2) 该 IP 分组的目的 IP 地址 194.17.20.200 与路由表中 194.17.20.0/23 和 194.17.20.128/25 两个路由表项均匹配,根据最长匹配原则,R2 将通过 E0 接口转发该 1P 分组(1 分)。

(3) R1 与 R2 之间利用 BGP4(或 BGP)交换路由信息(1 分);BGP4 的报文被封装到 TCP 协议段中进行传输(1 分)。

【评分说明】

若考生解答为 EGP 协议,且正确解答 EGP 采用 IP 协议进行通信,也给分。

6. 解答:

(1) 计算结果如表 9.9 所示(4 分)。

表 9.9　路由表 1

	目的网络	路　径	代价(费用)
步骤 1	192.1.1.0/24	直接到达	1
步骤 2	192.1.5.0/24	R1　R3　192.1.5.0/24	3
步骤 3	192.1.6.0/24	R1　R2　192.1.6.0/24	4
步骤 4	192.1.7.0/24	R1　R2　R4　192.1.7.0/24	8

(2) 因为题目要求路由表中的路由项尽可能少,所以这里可以把子网 192.1.6.0/24 和 192.1.7.0/24 聚合为子网 192.1.6.0/23。其他网络照常,可得到路由表如表 9.10 所示（6 分）。

表 9.10　路由表 2

目的网络	下一条	接口
192.1.1.0/24	—	E0
192.1.6.0/23	10.1.1.2	L0
192.1.5.0/24	10.1.1.10	L1

【评分说明】

① 每正确解答一个路由项,给 1 分,共 3 分。

② 路由项解答不完全正确,或路由项多于三条,可酌情给分。

(3) 通过查路由表可知:R1 通过 L0 接口转发该 IP 分组。因为该分组要经过三个路由器(R1、R2、R4),所以主机 192.1.7.211 收到的 IP 分组的 TTL 是 $64-3=61$(1 分)。

(4) R1 的 LSI 需要增加一条特殊的直连网络,网络前缀 Prefix 为 0.0.0.0/0,Metric 为 10(1 分)。

【评分说明】

考生只要回答:增加前缀 Prefix 为 0.0.0.0/0,Metric 为 10,同样给分。

参 考 文 献

[1] 谢希仁. 计算机网络. 第 6 版. 北京：电子工业出版社，2013.

[2] 谢希仁.《计算机网络》释疑与习题解答. 北京：电子工业出版社，2011.

[3] Andrew S Tanenbaum，Davi J Wetherall. 计算机网络. 第 5 版. 北京：清华大学出版社，2012.

[4] James F Kurose，Keith W Ross. 计算机网络：自顶向下方法(原书第 6 版). 北京：机械工业出版社，2014.

[5] 全国硕士研究生入学统一考试辅导用书编委会. (2015)考研计算机专业基础综合历年真题标准解析. 北京：高等教育出版社，2014.

[6] 王文彦. 计算机网络实践教程：基于 GNS3 网络模拟器（CISCO 技术）. 北京：人民邮电出版社，2014.

[7] 吴功宜. 计算机网络. 第 3 版. 北京：清华大学出版社，2011.

[8] 何波，崔贯勋. 计算机网络实验教程. 北京：清华大学出版社，2013.

[9] 高传善，曹袖，毛迪林等. 计算机网络教程. 第 2 版. 北京：高等教育出版社，2013.

[10] 段用文. 计算机网络(第 6 版)同步辅导及习题全解. 北京：中国水利水电出版社，2014.

[11] 刘江，宋晖. 计算机系统与网络技术实验指导与习题解析. 第 2 版. 北京：高等教育出版社，2013.

[12] 陶培基，郭雅. 计算机网络实验指导书. 北京：电子工业出版社，2012.

[13] 杭州华三通信技术有限公司. IPv6 技术. 北京：清华大学出版社，2010.

[14] 杭州华三通信技术有限公司. H3C 以太网交换机典型配置指导. 北京：清华大学出版社，2010.

[15] 杭州华三通信技术有限公司. H3C 路由器典型配置指导. 北京：清华大学出版社，2013.

[16] 张凤生，张齐，张寒冰. 构建 H3C 无线局域网络实训指导教程. 北京：清华大学出版社，2014.

[17] 金瑜，王建勇，杨湘. 计算机网络实验教程. 北京：科学出版社，2013.

[18] 徐明伟，崔勇，徐恪. 计算机网络原理实验教程. 第 2 版. 北京：机械工业出版社，2013.

[19] 袁宗福. 计算机网络基础实验与课程设计. 第 2 版. 南京：南京大学出版社，2014.

[20] 刘琰，罗军勇，常斌. Windows 网络编程课程设计. 北京：机械工业出版社，2014.

[21] 武法提. 网络课程设计与开发. 北京：高等教育出版社，2007.

[22] 吴功宜. 计算机网络课程设计. 北京：机械工业出版社，2005.

[23] 王勇，代桂平. 计算机网络课程设计. 北京：清华大学出版社，2009.

[24] 天勤论坛. 2013 年计算机专业基础综合之八套考研模拟卷. 北京：机械工业出版社，2012.

[25] 王道论坛. 2014 年计算机专业基础综合考试最后 8 套模拟题. 北京：电子工业出版社，2013.